TRAITÉ RAIS

DE LA

DISTILLATION,

OU

LA DISTILLATION

REDUITE EN PRINCIPES,

Par M. DÉJEAN, Diſtillateur.

QUATRIEME ÉDITION,

Revue, corrigée & beaucoup augmentée par l'Auteur.

―――――――――――

A PARIS;

Chez {
GUILLIN, au Lys d'Or. } Quai des Au-
SAUGRAIN J. à la Fleur { guſtins, du cô-
de Lys d'or. } té du Pont S.
BAILLY, à l'Occaſion. } Michel.

M. DCC. LXXVIII.

On trouve chez les mêmes Libraires, par le même Auteur : *Traité des Odeurs , suite du Traité de la Distillation* , 1 vol. in-12. 2 liv. 10 f.

L'Auteur demeure rue Neuve des Petits-Champs, au coin de la rue des Bons-Enfans, au Magasin de Provence.

A MESSIEURS

LES MAITRES

LIMONADIERS - DISTILLATEURS

De toutes fortes de Liqueurs, Esprit de vin, Huiles & Essences, de la ville & fauxbourgs de Paris.

MESSIEURS,

Je préfente à votre Communauté le fruit de plus de trente ans d'étude, de recherches, de travail & d'expérience. Cette application continuelle à perfectionner l'Art de la Diftillation, m'en a développé les principes; & j'ai cru ne pouvoir mieux contribuer au bien de votre Corps, qu'en travaillant à traiter la matiere qui vous eft propre.

Je n'ai jamais prétendu, MESSIEURS, inftruire, ou fervir de modele à votre Communauté. Je préfente mon Ouvrage à des Maîtres, & je le foumets aux lumieres de mes Juges

a 2

J'y donne une explication claire & précise des Elémens de la Distillation, par le moyen de laquelle on peut former méthodiquement un Éleve, & le conduire de principes en principes à la perfection. C'est une voie sûre pour avoir toujours d'habiles Artistes dans la Communauté, & pour la distinguer de plus en plus.

Il manquoit aux Distillateurs d'avoir travaillé à détruire la fausse opinion qu'on a du danger de l'usage des Liqueurs. L'Exposé simple que je fais des compositions & des différens alliages, détrompera bien des gens qui ont cru jusqu'ici qu'il étoit pernicieux ; & ils s'y livreront avec d'autant plus de confiance, que le mystere seul qu'on affectoit, les avoit alarmés.

J'y ajoute mes Observations sur chaque chose, ainsi que mes découvertes. J'y donne les recettes, tant anciennes que modernes, avec le procédé de chaque opération, afin que mon Traité soit sans nuages.

Puisse-t-il mériter, MESSIEURS, d'être reçu de vous comme un gage de mon zele pour le bien de la Communauté, & un témoignage du respect avec lequel je suis,

MESSIEURS,

Votre très-humble & très-obéissant Serviteur, DÉJEAN.

PRÉFACE.

LE defir de former un Eleve felon mes principes, me fit écrire, il y a quelques années, toute la matiere de ce Traité, fans penfer aucunement qu'il dût un jour être donné au Public. Les confeils d'une perfonne éclairée, auxquels j'ai dû déférer, m'engagerent à le revoir; & l'utilité dont j'ai cru qu'il pourroit être, m'a déterminé à le publier.

Comme l'ambition de l'efprit n'a aucune part à cet Ouvrage, je l'ai écrit fans fafte. Uniquement occupé de mon objet, je donne mes principes, les procédés, les recettes de chaque opération de la façon la plus claire & la plus précife. Je me fuis donc borné à lui donner une difpofition plus nette & plus fuivie que dans mon premier plan.

Si j'avois cru que l'Art de la Diftillation eût été borné à des con-

noiſſances ſtériles , je me ſerois bien
gardé de perdre du temps à le diſcu-
ter ; mais l'utilité réelle dont il eſt ,
& qui m'a paru démontrée par ſes
produits , a fixé mon irréſolution.

Sans entrer dans des détails qu'on
trouvera à chaque page de ce Traité,
nous pouvons dire ici généralement,
que la Diſtillation eſt une des parties
les plus étendues & les plus eſſentielles du commerce de la France ,
parce qu'elle fournit elle ſeule plus
de matieres à diſtiller qu'aucun Pays
de l'Europe.

La conſommation immenſe qui ſe
fait des Eaux-de-vie, les préparations
ou mélanges qui en facilitent ou ac-
célerent le débit , ſont à mon avis
des preuves ſans réplique de ce que
j'avance , par rapport à la néceſſité
de la Diſtillation.

Je ne parle pas de ces produits
agréables , comme de conſerver &
de perfectionner toutes les ſubſtances ſur leſquelles elle opere ; mais on
peut mettre au nombre de ſes pro-

duits effentiels., ce qu'elle extrait
pour la fanté, des plantes & des
fleurs, tant aromatiques que vulnéraires., & c'eft un avantage que l'expérience journaliere lui confirme de
plus en plus.

Je ne crois pas qu'il foit néceffaire
de prévenir le Lecteur fur les raifons
qui m'ont engagé à difpofer les matieres comme elles le font. Je leur ai
donné l'arrangement qui m'a paru le
plus naturel, foit pour les matieres,
foit pour le travail; & d'ailleurs,
de la façon dont elles font traitées,
il eft indifférent, aux principes près,
de les lire de fuite, ou de les prendre comme elles fe préfenteront,
pourvu qu'on n'interrompe pas la
lecture d'un Chapitre pour paffer à
un autre.

Je crois que les Diftillateurs, les
Amateurs de la diftillation, & tous
ceux qui font quelque chofe qui a
rapport à cet Art, comme Parfumeurs, Officiers, &c. y trouveront
une méthode fûre. Une expérience

de plus de trente ans, toujours heureuse, me garantit la certitude de mes principes; & je n'avance rien ici, qu'elle ne m'ait confirmé constamment.

Je prie mes Lecteurs de ne pas juger de l'Ouvrage sur la façon dont il est écrit : je suis Distillateur, & en cette qualité je ne dois être jugé que sur le fond. Si je me suis trompé sur ce second article, je dois me réformer : le premier ne m'est pas également possible.

TRAITÉ

DE LA

DISTILLATION.

CHAPITRE PREMIER.

De la Diftillation en général.

LA DISTILLATION des Liqueurs eft une des chofes qui ont le plus befoin d'être éclaircies & raifonnées, parce qu'elle eft une de celles contre lefquelles on s'eft le plus élevé.

Le préjugé général eft contre elle. Le myftere qu'en ont fait jufqu'ici la plupart des Diftillateurs, lui a fourni des armes. C'eft pour le détruire que j'entreprends ce Traité. L'expofition la plus claire & la plus fimple fera le feul moyen que j'emploierai pour le faire.

Pour conduire mes Lecteurs avec méthode dans la carriere où je les fais entrer, je commencerai d'abord par leur expliquer ce que c'eft que la Diftillation ; combien il y a d'efpeces de Diftillations ; quels font les inftrumens avec lefquels on diftille ; quels font les accidens

A

qui peuvent arriver en diſtillant ; quelles précautions on doit prendre pour les prévenir. J'indiquerai enſuite les remedes qu'on y peut apporter, quand ils arrivent, & j'entrerai enfin dans le détail des Liqueurs, dans celui de leur compoſition, & des différentes façons de les faire.

Je commence donc par une expoſition ſimple & méthodique des principes de cet art : je tâcherai de ne rien omettre de ce qui pourra ſervir à la parfaite inſtruction des Amateurs de la Diſtillation, ou des Artiſtes qui la profeſſent.

Je prie mes Confreres ou mes Lecteurs de me faire part de leurs lumieres ou de leurs obſervations ; toujours prêt à me réformer ſur les idées qu'on voudra bien me communiquer pour le bien de cet Ouvrage.

La Diſtillation en général eſt l'art d'extraire les eſprits des corps.

Extraire les eſprits, c'eſt produire par la chaleur une action qui les enleve des corps dans leſquels ils ſont retenus.

Si cette chaleur eſt propre au corps, & fait la ſéparation ſans aucun ſecours étranger, on l'appelle fermentation.

Si elle eſt produite à l'extérieur par le feu ou d'autres matieres chaudes dans leſquelles l'Alambic eſt placé, on l'appelle digeſtion ou diſtillation : digeſtion, ſi la chaleur ne fait que préparer les matieres à la diſtillation de leurs eſprits ; diſtillation enfin, ſi l'action eſt aſſez puiſſante pour les enlever & les faire diſtiller.

C'eſt cette chaleur qui, mettant en mouvement les parties inſenſibles d'un corps, quel qu'il ſoit, les détache, les diviſe & fait faire paſſage aux eſprits qui y ſont renfermés, en les débarraſſant du phlegme & des terreſtréités qui les enveloppoient.

La Diſtillation, conſidérée ſous ce rapport, peut être digne des ſoins & de l'attention des Savans même.

Cet Art a des parties infinies. Tout ce que la terre produit, fleurs, fruits, graines, épices, plantes aromatiques & vulnéraires, drogues odoriférantes, &c. peuvent être ſon objet, & ſont de ſon reſſort. Mais nous la bornons aux liqueurs de goût, à celles d'odeur, aux eaux ſimples & ſpiritueuſes des plantes aromatiques ou vulnéraires & aux eſſences. Nous ne parlerons point de ſon utilité & de ſes agrémens ; ce ſera dans le cours de cet Ouvrage qu'on trouvera de quoi faire juſtifier ſon éloge.

CHAPITRE II.

De la Diſtillation en particulier.

APRÈS avoir défini en général ce que c'eſt que la diſtillation, nous allons paſſer à quelque choſe de plus particulier ſur cet article.

On compte d'ordinaire trois ſortes de diſtillations. La premiere s'appelle diſtillation *per aſcenſum*, & ſe fait lorſque le feu ou les matieres chaudes dans leſquelles l'Alambic eſt placé fait monter les eſprits. C'eſt la plus commune & preſque la ſeule dont les Diſtillateurs ſe ſervent.

La ſeconde s'appelle la diſtillation *per deſcenſum*, & ſe fait lorſque le feu placé ſur le vaiſſeau dont on ſe ſert, fait précipiter les eſprits. Cette ſeconde n'eſt uſitée parmi les Diſtillateurs-Liqueuriſtes, que pour l'eſſence de girofle, muſcade & macis.

On m'a aſſuré que l'huile eſſentielle du genievre étoit fort bonne, tirée *per deſcenſum*.

Il y en a enfin une troisieme qu'on appelle *per latus* ; elle n'est d'usage que pour les Chimistes, ainsi nous n'en parlerons pas.

Pour ce qui est des différentes façons dont on distille, occasionnées par les divers vaisseaux dont on se sert à cet effet, ou par les matieres dont on se sert pour exciter la chaleur, elles sont de plusieurs sortes, & nous en parlerons à mesure que cela se trouvera placé dans cet Ouvrage.

Par ce moyen, on en compte environ treize sortes & plus, dont les unes suivent de la diverse construction des Alambics. Telles sont la distillation à l'Alambic ordinaire, au réfrigérant, celle à l'Alambic de verre, à celui de terre, à l'Alambic serpentin, à la chaudiere, à la cornue, au vaisseau de rencontre. Les autres sont produites par les matieres chaudes dans lesquelles on place l'Alambic : telles sont la distillation au bain-marie, au bain de vapeurs, au bain de sable, au bain de fumier ou ventre de cheval, à la chaux, & enfin au marc de raisins.

Nous expliquerons ces différentes façons de distiller, à mesure que les matieres auxquelles elles seront plus propres nous l'indiqueront dans le chapitre suivant, où nous allons parler des Alambics & de leurs différentes constructions, parce que toutes celles qui ont quelque rapport à ces différences, s'y trouveront naturellement placées.

CHAPITRE III.

Des Alambics & de leurs différentes constructions.

L'Alambic est un vaisseau ordinairement d'étain ou de cuivre étamé ou d'autre matiere, qui sert & est essentiel à toutes les opérations de la distillation.

On compte neuf sortes d'Alambics, qui different tous par la matiere ou la forme. L'alambic ordinaire au réfrigérant, l'Alambic de terre, celui de verre, l'Alambic au bain-marie, celui au bain de vapeurs, l'Alambic au serpentin, la chaudiere, la cornue & le vaisseau de rencontre.

Comme chacun d'eux est de différente construction, chacun aussi est employé à des usages différens.

L'Alambic en général est composé de deux parties principales ; l'une inférieure appellée poire ou matras, l'autre supérieure appellée chapiteau.

La partie inférieure est composée de deux pieces ; la premiere s'appelle cucurbite ou matras ; la seconde couronnement. Le matras ou la partie inférieure de la poire, est une espece de cuvette plus ou moins grande, selon la forme de l'Alambic, où se mettent ordinairement les matieres à distiller.

Le couronnement ou la partie supérieure de la poire, est une autre espece de cuvette qui se joint au matras & qui ne s'en sépare jamais : il se termine en forme d'entonnoir. Il a à son extrêmité un petit col ou tuyau, qui s'adapte à la

partie fupérieure de l'Alambic par un autre col
ou tuyau. On diftingue le matras du couronnement, parce que les matieres qu'on veut
diftiller ne doivent jamais paffer la féparation
de ces deux pieces, pour les raifons que nous
dirons ci-deffous.

La partie fupérieure de l'Alambic eft appellée
le chapiteau, & elle eft compofée de fix pieces.

1°. Le col, que les Diftillateurs appellent
foupirail ou cheminée, qui eft un long canal
qui s'adapte par le bas au col du couronnement & par le haut à la tête de môre.

Il eft bon de faire remarquer que plus ce
col ou foupirail eft long, plus l'opération eft
parfaite : la raifon en eft, que les phlegmes
ayant plus d'efforts à faire pour monter avec
les efprits, retombent. Un long foupirail tient
à-peu-près lieu de ferpentin.

Il eft bon quelquefois que le col foit court,
pour diligenter & économifer, fur-tout pour
les eaux fimples.

Il y a quelques Alambics dont ce col s'unit
au couronnement par vis ; mais cette conf-
truction eft toujours dangereufe, parce que
ces parties ne fe délutent pas aifément,
au cas qu'on ait oublié quelque chofe dans
la recette, ou qu'il arrive quelque accident,
comme le feu & autres.

2°. La tête de môre. C'eft la partie la plus
élevée de l'Alambic : c'eft une chape de cuivre
étamé en forme de crâne, compofée de deux
parties convexes, l'une en dehors, l'autre en
dedans. Celle qui eft fupérieure fert à arrêter
les efprits d'où ils retombent dans la partie inférieure, qu'on appelle réfervoir, qui par fa
convexité les retient, & d'où ils coulent par
le bec ou tuyau dans le récipient qu'on y attache.

3°. Le récipient eft un vaiffeau ordinairement de verre, dont l'ouverture est étroite, qu'on lute avec le bec ou tuyau pour empêcher l'évaporation. Comme il sert à recevoir ce qui distille, on le prend de verre pour connoître si les esprits sont purs ou nébuleux, pour connoître par l'écoulement le degré du feu, si par hasard les matieres grossieres tomboient dans le récipient, qu'il fût besoin d'y porter remede, & pour voir distinctement lorsqu'il se remplit, par rapport aux quantités qu'on distille, pour éviter l'embarras.

4°. Le réfrigérant est un bassin au sommet de l'Alambic, dans lequel est renfermée la tête de môre : il sert à la rafraîchir, & on l'emplit d'eau à cet effet. Nous dirons aux Chapitres suivans son usage & sa nécessité.

Les grands Alambics, tels que la chaudiere, se rafraîchissent différemment : on fait passer le tuyau du chapiteau à travers un tonneau plein d'eau appellé serpentin, & l'on rafraîchit la tête de môre avec une serpilliere ou linge mouillé.

On met au réfrigérant une fontaine pour faire écouler l'eau quand elle est trop chaude, & pour en substituer de plus fraîche.

L'Alambic de terre est un vaisseau de grés en forme de tonneau, dont le sommet se termine en pointe auquel on adapte un chapiteau de verre ; on ne s'en sert guere que pour des matieres d'odeur forte, & qui laissent des impressions trop inhérentes. L'usage en est dangereux, parce qu'il est très-difficile de le rafraîchir, & d'ailleurs il ne peut guere servir qu'à une seule opération.

L'Alambic de verre est assez semblable au précédent pour sa construction ; mais on ne peut en faire usage qu'au bain-marie ou au bain de sable. On le place dans une bassine ou cuvette de cuivre sur un fourneau ; cette bassine étant pleine d'eau chaude, échauffe les matieres à distiller. De même pour le bain de sable, on met une baffine de fonte ou de creusé remplie de sable sur le fourneau, dans laquelle on place son Alambic de verre. Ces Alambics & la méthode de distiller au bain-marie est excellente pour les quinteffences, les eaux simples, & toutes les choses dont on distille peu à la fois. Comme à cause de sa fragilité, il en est peu qui aient un réfrigérant, on le rafraîchit avec des linges mouillés.

L'Alambic au bain de vapeur est l'Alambic ordinaire ; mais placé sur une cuvette remplie à moitié d'eau qu'on fait toujours bouillir, & dont la vapeur échauffe la cucurbite & les matieres. Cette baffine sur laquelle on le place doit avoir des ouvertures pour remettre de l'eau à mesure que l'évaporation la diminue. L'opération en est prompte, on peut distiller beaucoup avec cette méthode : elle est excellente pour les eaux d'odeurs, pour l'eau-de-vie & pour l'esprit de vin.

Celui au serpentin est semblable à l'Alambic ordinaire, excepté qu'au sommet du chapiteau on ajuste un long canal tortueux d'étain soutenu par deux platines ; c'est le meilleur de tous pour purifier les esprits. Cet usage tient lieu de la rectification ; mais l'opération est longue. Il y a un autre serpentin qu'on appelle bonnet d'huffard ; mais comme c'est l'équivalent de celui-ci, nous n'en parlerons pas. Comme d'ordinaire ce serpentin n'a pas de réfrigérant, on le rafraîchit avec une serpilliere mouillée.

La chaudiere est un grand Alambic à l'ordinaire, toujours placé dans un fourneau à cause de sa grandeur. Comme il ne peut avoir de réfrigérant, parce qu'il seroit d'un trop grand volume, on le fait rafraîchir en faisant paſſer le bec de ſon chapiteau à travers un tonneau rempli d'eau.

La cornue eſt un Alambic de conſtruction arbitraire, ordinairement de fer battu ou de grés pour réſiſter à l'action du feu : on ne s'en ſert que pour les diſtillations les plus violentes.

Le vaiſſeau de rencontre eſt un compoſé de deux matras appliqués à leur orifice & lutés exactement. L'uſage de cette eſpece d'Alambic eſt pour l'extrême rectification des liqueurs qu'on veut dépouiller de tous phlegmes.

Lémeri, *troiſieme partie de ſon cours de Chimie*, penſe que l'on ſe ſert du vaiſſeau de rencontre pour incorporer les eſprits ; je penſe au contraire que c'eſt pour les raréfier davantage. Le vaiſſeau de rencontre étant poſé ſur un feu doux, cette chaleur fait monter les eſprits au ſecond matras, qui par ſa fraîcheur les fait retomber : & dans ces différens mouvemens, tout ce qui peut reſter des parties groſſieres s'attache aux parois des deux matras, & la liqueur ſe rectifie de plus en plus.

CHAPITRE IV.

Des fourneaux & de leur conſtruction.

LA conſtruction des fourneaux ſuit de la forme des Alambics. En général la meilleure eſt celle qui leur donne l'aſſiette la plus ſolide.

Il paroît néceſſaire de donner ici une idée du laboratoire d'un Diſtillateur.

Pour opérer commodément, il faut un lieu vaſte, & où il n'y ait rien d'étranger aux opérations. Pour plus de ſûreté, un laboratoire

A 5

ne devroit avoir que les murs, & être même voûté ou bien plafonné. Il faut que l'endroit soit vaste pour n'être point embarrassé, lorsque quelque cas particulier exige la présence du Distillateur, & pour pouvoir placer toutes choses, de sorte qu'elles se trouvent sous la main dès qu'on en a besoin.

Autant qu'il est possible, un laboratoire doit être isolé & détaché de tout autre édifice, pour obvier aux incendies qui peuvent arriver, malgré l'habileté & les précautions du Distillateur.

Il faut que le laboratoire soit construit en un lieu où l'on puisse avoir de l'eau facilement, c'est-à-dire, au moins un bon puits & une pompe, pour être servi promptement en cas de besoin.

L'Alambic doit être posé à plomb sur l'ouverture du fourneau qui lui est propre; on peut le laisser pencher tant soit peu du côté du bec, pour donner plus d'écoulement aux esprits. Ceci posé, voici comment on peut disposer les fourneaux.

Pour un fourneau sur lequel vous pourrez poser trois Alambics, il faut au moins vingt-cinq pieds de longueur.

Les fourneaux doivent être construits de brique; les cendriers seront disposés trois d'un côté, trois de l'autre, & le fourneau aura au moins de largeur le tiers de sa longueur, c'est-à-dire, dix à douze pieds.

Les ouvertures des fourneaux auront entre elles au moins cinq pieds de distance, pour que le Distillateur puisse tourner sans embarras autour de ses Alambics, & afin qu'on puisse mettre entre chacun un trépied pour placer le récipient. Les ouvertures des fourneaux seront de même forme que les Alambics, avec la profondeur nécessaire pour les affeoir bien folidement. Le foyer fera proportionné à la groffeur de l'Alambic & aux matieres dont on fe fervira pour le feu, foit bois, foit charbon.

Autant que faire fe pourra, il fera bon de faire conftruire aux deux extrêmités du fourneau deux degrés, pour monter & defcendre fans embarras.

Mais comme il n'eft pas poffible à tous les Diftillateurs d'avoir des fourneaux fixes de cette longueur, feulement même pour deux Alambics ; que prefque tous fe fervent de fourneaux portatifs, il eft bon de faire remarquer, que les fourneaux doivent être affis folidement. Le deffus doit être garni de deux barres de fer pour affurer l'Alambic, & le bas, d'une grille pour laiffer tomber la cendre, en obfervant, pour toutes fortes de fourneaux, de placer l'ouverture du côté où il y aura le plus d'air.

Pour les fortes diftillations, comme l'eau-de-vie, il faut fe fervir de bois ; pour les diftillations ordinaires, de charbon ; mais jamais de charbon de terre, à caufe de fon odeur, & parce qu'il ronge les Alambics, ce que j'ai obfervé très-fouvent.

Après avoir parlé des fourneaux, paffons aux accidens qui peuvent arriver en diftillant.

―――――――――――――

CHAPITRE V.

Des accidens qui peuveut arriver en diftillant.

Parmi les accidens qui arrivent fréquemment en diftillant, le moindre de tous eft que l'opération foit inutile, & la marchandife gâtée.

. Comme cette matiere eſt de la plus grande importance, nous la traiterons le mieux qu'il ſera poſſible.

Le feu les occaſionne tous comme premiere cauſe ; le défaut d'attention les laiſſe aller trop avant ; la peur les rend irremédiables.

Le premier accident qui puiſſe arriver par le feu eſt qu'un Diſtillateur, en le pouſſant trop ou en tirant trop de liqueur, fait brûler toute ſa recette au fond du matras, perd ſa marchandiſe par le goût d'empyreume, & détame ſon Alambic.

Le goût d'empyreume eſt une odeur de tabac brûlé que le feu donne aux liqueurs lorſqu'il eſt trop violent. Pour rendre la choſe ſenſible, diſtillez des fruits à écorce, ou des fleurs, ou quelque aromatique que ce ſoit, & ſur-tout quelque choſe dont le parfum monte d'abord ; tirez-en ſeulement le meilleur ; délutez l'Alambic & flairez ce qui reſte, vous n'y trouverez plus qu'une odeur déſagréable. D'où l'on peut conclure que, pour peu qu'on en voulût tirer davantage, on gâteroit ce qui eſt tiré.

Si le feu eſt trop vif, l'ébullition extraordinaire des recettes les fait monter avec les eſprits juſqu'au ſommet du chapiteau ; ils tombent brûlans dans le récipient, la chaleur le fait caſſer, les eſprits ſe répandent & s'enflamment au feu du fourneau.

Si le feu eſt trop pouſſé, il fait rougir la cucurbite, enflamme les matieres, & porte le feu dans le récipient par une ſuite néceſſaire. C'eſt en rectifiant la deuxieme fois que cet accident arrive.

Quand on ſe ſert de l'Alambic de terre, à moins d'une extrême attention, le feu brûle les recettes au fond. Le chapiteau qui n'eſt que de verre, creve ; les eſprits ſe répandent & s'enflamment : & il eſt d'autant plus difficile de remédier à cet acci-

CHAPITRE VI.

*Moyens de prévenir les accidens ; premiérement,
le degré du feu , & le lutage.*

C'Eût été peu d'avertir nos Lecteurs des accidens qui arrivent en diftillant , fi en montrant
le danger , nous euffions négligé de donner les
moyens de le prévenir & d'y remédier. C'eft pour
les raffurer contre le jufte effroi que doit inf-
pirer l'expofition que nous avons faite dans le
Chapitre précédent , que nous allons leur marquer dans celui-ci les remedes à tous les cas que
nous avons détaillés ci-deffus.

Pour prévenir les accidens , il faut connoître
deux chofes fur-tout ; le degré du feu & le lutage.

La connoiffance du feu dépend de celle qu'on
doit avoir des matieres qu'on emploie , foit bois,
foit charbon.

Les bois les plus durs font ordinairement le
feu le plus vif ; tels font le hêtre , le chêne , le char-
me, l'orme, &c. Les bois blancs , comme le trem-
ble , le peuplier , le faule , le bouleau , le font
plus doux. Il en eft de même du charbon de ces
deux différentes efpeces de bois , & conféquemment la nature des bois ou des charbons doit régler le feu ; il faut proportionner fon action fur
l'effet qu'il doit produire , c'eft-à-dire , fur la
capacité de l'Alambic , fur les matieres qu'on
diftille , fur la quantité qu'on en diftille.

Il eft fenfible que , plus l'Alambic eft grand ,
plus il faut de feu. Il en faut plus pour les matieres qui n'ont point été mifes en digeftion, que
pour celles que la digeftion a déjà préparées. Il
faut plus de feu pour diftiller des épices que

pour des fleurs, plus pour une diftillation d'eaux simples que pour une liqueur fpiritueufe, &c.

Le meilleur moyen de s'affurer du degré du feu néceffaire, eft de le régler fur les matieres plus ou moins promptes à diftiller, ce qui fe fait de cette maniere : on ne quitte point fon Alambic, on écoute ce qui fe paffe dedans, lorfque le feu commence à l'échauffer. Si l'on s'apperçoit que l'ébullition foit violente, on retire une partie du bois ou du charbon, & on le couvre de cendre ou de fable.

Un Diftillateur, après beaucoup d'expériences dans les différens cas, a acquis toute la connoif-fance néceffaire à cet égard. Nous ne nous flattons pas de déterminer le point jufte, parce qu'on ne compte, on ne mefure, ni on ne pefe le bois ou le charbon. Il faut que l'intelligence aidée de l'expérience en tienne lieu, parce que chaque recette differe en quantité ou en qualité, & que c'eft fur leur plus ou moins de difpofition à fe mouvoir, qu'il faut fe régler.

Tout étant ainfi réglé par rapport aux différens degrés de feu, nous allons parler de la façon de luter les Alambics.

Luter un Alambic, c'eft fermer par quelque compofition les jointures par lefquelles les efprits pourroient tranfpirer.

Le lut eft une compofition de cendres com-munes bien criblées & détrempées avec de l'eau. On fe fert encore à cet effet de la terre glaife, ou de colle faite avec de la farine ou de l'empois. Son ufage, comme nous l'avons dit, eft de fermer tout paffage à la tranfpiration.

Le lutage eft un des moyens les plus fûrs de prévenir les accidens, parce qu'un Alambic duquel rien ne tranfpire n'a plus à craindre qu'un feu trop vif ; & nous venons de donner ci-deffus le moyen de régler fon action.

L'Alambic au réfrigérant est celui dont on fait le plus d'usage : le matras & le chapiteau s'unissent ensemble ; mais comme malgré la justesse avec laquelle on auroit pu les faire joindre, il reste toujours assez d'intervalle pour la transpiration, & que la plus légere est d'une conséquence infinie, on colle sur la jointure une large bande de papier fort, dont les deux bouts se joignent l'un sur l'autre ; & on a grand soin de ne pas quitter l'Alambic que les esprits n'aient pris leur cours, afin de coller d'autre papier, si l'humidité détrempe le premier lutage. On ne doit s'en rapporter qu'à soi-même sur ce point, & y veiller continuellement, quelques précautions qu'on puisse avoir prises auparavant.

La chaudiere à l'eau-de-vie se lute avec la terre glaise, qu'il faut étendre avec beaucoup de soin autour des jointures, en sorte qu'il ne se fasse aucune transpiration. Les conséquences en sont terribles. Rarement peut-on porter remede, lorsque le feu se met à un grand tirage ; & comme la chaleur fait fendre cette terre à mesure qu'elle seche, il faut l'humecter de temps en temps, & même en ajouter de nouvelle toutes les fois qu'il en est besoin.

On lute le serpentin comme l'Alambic au réfrigérant. La cornue se lute avec la terre glaise ; & comme on se sert aussi de cornue de verre, on l'enduit de tous côtés d'une forte couche de la même terre, afin que les matieres qui y sont contenues ne se perdent pas, au cas que la cornue vînt à fendre par la violence du feu. On lute enfin les Alambics de terre & de verre avec du papier & de la colle de farine, comme ci-dessus. Après avoir expliqué dans ce chapitre de quelle conséquence il est de faire attention au degré du feu & au lutage, pour prévenir les accidens, nous allons passer à un troisieme moyen de les

prévenir, après avoir ajouté une courte obfervation fur les fourneaux portatifs. C'eft que, pour
prévenir la chûte des Alambics, qui ne font jamais
parfaitement affurés fur ces fortes de fourneaux,
il faut faire placer un crochet au réfrigérant pour
l'attacher au mur : de cette façon on ne craint
point de le renverfer en paffant auprès.

CHAPITRE VII.

Des remedes qu'il faut apporter aux accidens lorfqu'ils arrivent.

Quelque effentiel qu'il foit de prévenir les
accidens qui peuvent arriver en diftillant, comme
il eft impoffible de prévoir tous les cas & d'obvier
à tous, il n'eft pas moins important d'indiquer
les remedes qu'on doit employer pour en arrêter
les fuites lorfqu'ils arrivent.

Le point le plus effentiel eft d'avoir du courage
& de la préfence d'efprit ; la peur ne fait que
rendre les accidens de plus en plus irremédiables.

1°. Si le feu eft trop vif, il faut le couvrir, en
obfervant cependant de n'en pas diminuer totalement l'action, ce qui interromproit le cours de
la diftillation, & rendroit l'opération plus difficile
& moins parfaite.

2°. Dans le cas où les recettes brûleroient au
fond du matras, ce qui s'apperçoit facilement
par l'odeur, il faut fur le champ éteindre le feu,
parce que, perte pour perte, il faut toujours empêcher qu'elles ne s'enflamment à un point où
il n'y auroit plus de remede.

3°. Si le feu prend aux recettes, le premier
foin doit être de déluter promptement le récipient,
de boucher l'extrêmité du bec avec un linge
mouillé, ainfi que le gouleau du récipient.

Enfuite il faut éteindre le feu ; & fi la flamme fortoit à l'endroit du lutage, il faut ferrer les jointures de l'Alambic avec un linge mouillé, qu'il faut toujours avoir ainfi que de l'eau, dont un laboratoire ne doit jamais manquer.

4°. Si l'Alambic eft de terre & que les ma- tieres brûlent au fond, éteignez d'abord le feu, déplacez l'Alambic, & jettez de l'eau deffus, jufqu'à ce que vous foyiez affuré que le dan- ger eft paffé ; & pour plus de fûreté, cou- vrez-le encore d'un linge mouillé.

5°. Si malgré vos foins à fermer tous les paf- fages à la tranfpiration, vous vous apperce- viez de quelque chofe pendant que les efprits prennent leur cours, prenez vîte de la terre glaife, ou telle autre compofition que ce puiffe être, pour boucher l'endroit par où fe fait la tranfpiration, & portez toujours avec vous un linge mouillé pour étouffer la flamme, fi elle avoit déjà commencé.

6°. Si la chaleur décole le lutage, ou fi quel- que humidité le détrempe, ayez foin d'en re- mettre promptement un autre : ayez toujours près de vous, en ce cas, ce qu'il faudra pour remédier à cet accident. Si la tranfpiration étoit fi violente que vous ne puffiez refaire le lu- tage promptement, entourez la jointure d'un linge mouillé, & ferrez fort fans quitter, juf- qu'à ce que les efprits aient pris leur cours. Si, malgré vos efforts, la tranfpiration conti- nue, & que vous craigniez l'inflammation, abandonnez le lutage pour détacher & éloi- gner le récipient du feu, & retirez enfuite vôtre Alambic le plus promptement qu'il fera poffible.

7°. Obfervez, quand votre tirage fera fait, de déluter votre récipient avec beaucoup de précautions, pour ne rien répandre fur le fourneau, & de l'éloigner enfuite du feu, enforte que les vapeurs qui s'en exalent ne puiffent s'enflammer.

8°. Obfervez enfin que, par-tout où il fera befoin de porter du remede, il ne faut porter ni feu ni lumiere, parce que les vapeurs fpiritueufes s'enflamment par la moindre chofe, & que le feu fe porte par elles aux vaiffeaux d'où elles fortent.

Tout ce que nous venons de dire jufqu'ici, ne regarde que la conduite de l'Alambic; mais ce qui nous refte à dire eft encore plus intéreffant, & regarde ceux qui le gouvernent, afin qu'en remédiant aux accidens, ils ne fe perdent point eux-mêmes.

Dès qu'on s'appercevra de quelqu'un des accidens ci-deffus, fi les efprits ne font point encore enflammés, on aura foin d'apporter, foit pour le lutage, foit pour la violence du feu, les remedes que nous avons dits précédemment.

Mais fi la flamme eft dans l'Alambic, voici les précautions qu'il faut prendre pour fa fûreté.

Il ne faut approcher de l'Alambic qu'avec un linge mouillé fur la bouche & fur le nez, parce qu'il eft mortel de refpirer la vapeur enflammée.

Il faut obferver, en remédiant aux accidens, de courir du côté où l'air ne pouffe point la flamme; car, fans cette attention, vous en feriez couvert, & difficilement vous pourriez échapper au danger.

Si malgré votre attention, l'air en tourbillonnant reportoit la flamme de votre côté, éloignez-vous promptement, & revenez lorfqu'elle aura changé de direction, toujours avec le foin d'avoir un linge devant le nez & la bouche, & du côté oppofé à la flamme, & celui d'avoir toujours un autre linge mouillé pour étouffer la flamme, ou fermer le paffage d'où elle fort.

S'il arrivoit que vous fuffiez vous-même couvert d'efprits enflammés, ayez toujours pour vous en garantir, à tout événement, un drap mouillé dans lequel vous vous envelopperez. Le foin de fa confervation eft un objet affez important, pour ne devoir négliger aucune des précautions qui peuvent fervir à échapper au danger.

Quand les accidens font allés à un point où il n'eft plus poffible de remédier de près, il faut caffer de loin le récipient, & renverfer l'Alambic, & fur-tout n'en laiffer approcher perfonne, moins encore des gens qui ne font point au fait de ces fortes de chofes.

Dans un accident défefpéré, comme feroit celui où le feu prendroit à un grand tirage d'eau-de-vie, s'il en eft temps encore, il faut couper la communication du bec de l'Alambic au récipient, qui d'ordinaire eft un tonneau, en bien fermer la bonde, fans porter de lumiere nulle part autour du récipient, & abandonner le refte, parce qu'il feroit trop dangereux de s'expofer aux flammes d'un grand tirage, & que la fûreté du Diftillateur doit marcher avant tout.

Voilà ce que j'ai cru devoir dire à mes Lecteurs fur les accidens qui arrivent affez communément; & j'efpere que ceux qui profeffent la diftillation, y feront d'autant plus d'attention, que c'eft la partie la plus effentielle de ce Traité.

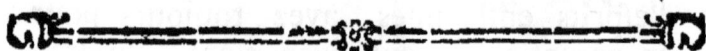

CHAPITRE VIII.

Sur la nécessité de rafraîchir souvent l'Alam-
bic ; autre moyen de prévenir les accidens.

LE réfrigérant est une partie si essentielle
à l'Alambic , qu'à son défaut on se sert de tout
ce qui peut en tenir lieu pour rafraîchir ceux
qui , par leur capacité , ou leur fragilité , ou
enfin leur construction , n'en peuvent avoir.

Ordinairement le réfrigérant se mesure sur
la capacité de l'Alambic : on peut les faire tous
sur cette proportion. Un Alambic de huit pintes
doit avoir un réfrigérant qui en tienne qua-
torze , ainsi du reste.

La nécessité de rafraîchir l'Alambic se démontre d'elle-même pour les personnes qui ont
quelques notions de la distillation. Cet usage
sert à condenser les esprits au sommet du chapiteau , à abattre les phlegmes , à rafraîchir
les esprits qui coulent dans le récipient , &
qui le feroient casser s'ils étoient trop chauds ,
& conséquemment à en prévenir l'inflammation.

Enfin , sans rafraîchir les Alambics , toute
distillation devient impraticable , parce que les
phlegmes monteront avec les esprits , & ren-
dront l'opération inutile ou de peu de valeur ,
& que la fraîcheur seule de la tête de môre
peut les abattre.

Les Alambics au bain-marie & au bain de
vapeurs peuvent & doivent avoir des réfrigé-
rans comme l'Alambic ordinaire , à moins qu'ils
ne soient de verre.

Ceux de terre & de verre se rafraîchissent ,

ainſi que nous avons dit, avec une ſerpilliere ou linge mouillé. On emploie les mêmes choſes pour rafraîchir le ſerpentin; mais il eſt très-facile d'en conſtruire un qui puiſſe être placé dans un réfrigérant, tel que ſeroit celui-ci.

À un matras ordinaire, appliquez & lutez un ſerpentin, qui ſoit un long canal d'étain, formant pluſieurs circonvolutions de même circonférence que le matras, pour lui donner peu d'élévation. Placez ce ſerpentin dans un réfrigérant dont la capacité ſoit proportionnée à celle de l'Alambic : ſi ce réfrigérant, à cauſe de ſa capacité, peſoit trop ſur le col du matras, on peut le faire ſoutenir par un trépied de même circonférence que le baſſin même. L'extrêmité du ſerpentin peut être un long bec pour rendre les eſprits dans le récipient. Cette conſtruction facile épargneroit la peine aux Diſtillateurs de le rafraîchir à chaque minute, & préviendroit d'autant plus ſûrement les accidens, que ſi le ſerpentin eſt bien luté, on ne doit rien craindre que de la violence du feu à laquelle il eſt aiſé d'apporter remede.

Cet uſage donc eſt excellent par trois raiſons principales. La premiere eſt qu'en rafraîchiſſant les eſprits, il conſerve le récipient & obvie aux accidens qui réſultent de la chaleur, ainſi que nous l'avons dit précédemment.

La ſeconde eſt que, lorſque les eſprits n'ont qu'une chaleur modérée, il s'enſuit qu'il y a beaucoup moins de tranſpiration, & que par conſéquent les eſprits diſtillés ont plus de goût, d'odeur & de parfum, qu'ils n'en auroient ſans cette précaution.

L'expérience démontre que, lorſque les eſprits tombent chauds dans le récipient, malgré l'attention du Diſtillateur à luter l'ouverture au bec de l'Alambic, il ſe fait une évaporation fenfible, & que cette évaporation même dans les eaux fimples diminue beaucoup la qualité de la marchandife.

La troifieme enfin eft que, le rafraîchiffement des Alambics contribue beaucoup à faire l'opération la plus parfaite, par la raifon que nous avons dite ci-deffus, que la fraîcheur de la tête de môre abat les phlegmes ; & dans le cas où le feu auroit été trop pouffé d'abord, & où l'ébullition deviendroit trop forte ; fi après avoir retiré du feu, ou après l'avoir couvert elle continuoit, on aura foin de rafraîchir le couronnement, en appliquant des linges mouillés jufqu'à ce que cette effervefcence foit calmée.

Ce que nous venons de dire prouve la néceffité de rafraîchir les Alambics, & on ne peut trop y faire attention. Enfin le contrafte du froid & du chaud, qui concourent également par deux moyens diamétralement oppofés à une même opération, & à la perfection de la diftillation, eft un phénomene affez curieux pour mériter l'attention des perfonnes qui aiment à s'occuper de cet art.

CHAPITRE IX.

De la néceffité de mettre de l'eau dans l'Alambic pour plufieurs diftillations.

LA néceffité de mettre de l'eau dans l'Alambic pour plufieurs diftillations, a deux avantages principaux, defquels nous allons parler dans ce chapitre.

Le premier de ces avantages eft de prévenir la perte que feroit le Diftillateur fans cette

précaution,

précaution, & de prévenir l'altération de fa marchandife. Un exemple va rendre fenfible ce que nous avons à dire fur cet article.

Suppofons, 1°. qu'un Diftillateur faffe de l'efprit de vin fans mettre d'eau dans l'Alambic, il eft fûr que le feu en confumera une partie qui eft en pure perte pour le Fabricant, & qui ne rendra pas par conféquent la quantité d'efprit de vin qu'elle eût rendue, fi quelque chofe eût modéré l'action du feu, qui s'eft toute exercée fur elle.

2°. Si l'on fait des liqueurs dont les recettes foient fortes & fur-tout en grains, ou fleurs de lavandes & plantes, &c. que la quantité de grains foit fuffifante, par fuppofition, pour fe charger de tous les phlegmes qui peuvent être dans l'eau-de-vie, il faut néceffairement y laiffer beaucoup d'efprits, ou les recettes brûleront, & par conféquent la liqueur prendra infailliblement le goût d'empyreume, goût d'autant plus préjudiciable à la marchandife, que celui du feu fe perd, au lieu que celui-ci en vieilliffant empire.

3°. Si l'on ne met point d'eau dans l'Alambic avec les recettes, l'eau-de-vie étant fortifiée par elles, pour peu que le feu foit pouffé, les recettes peuvent fe brûler, & les efprits s'enflamment; accident qui arriveroit fans cette précaution.

Elle empêche donc les accidens. Cette eau d'ailleurs fe mêlant avec les recettes, les empêche de fe brûler, & n'affoiblit pas les efprits; car dès que le feu met les recettes en mouvement, les efprits montent d'abord, & la liqueur ne perd rien de fa qualité, pourvu qu'on obferve de déluter l'Alambic, dès qu'on s'apperçoit que le phlegme monte.

L'eau empêche les efprits de fe confommer

B

& de cette façon le Diſtillatèur ne perd rien de ſa marchandiſe. Sans l'eau, les eſprits s'imbibant dans les matieres qui compoſent la recette, occaſionneroient au Fabricant une perte réelle. Quant au phlegme, il eſt facile de connoître quand il monte, parce que la premiere goûte eſt nébuleuſe, & quand il en tombe quelque peu, on s'en apperçoit au fond du récipient, par la blancheur qu'il y forme.

Au ſurplus l'eau-de-vie ainſi levée eſt meilleure pour la délicateſſe du goût, par la raiſon que l'eau purge les eſprits, & retient la plus grande partie de leur goût déſagréable : le Marchand n'y perd rien pour la qualité de la liqueur, qui n'en eſt point affoiblie, ainſi que nous l'avons dit précédemment ; d'où réſultent les deux avantages que nous avons dit, le profit du Diſtillateur, & la perfection de la liqueur. Paſſons maintenant aux différentes façons dont on diſtille.

CHAPITRE X.

Des avantages de chaque diſtillation en particulier.

Nous avons parlé en général au deuxieme chapitre des différentes eſpeces de diſtillations : nous allons dans celui-ci parler des avantages de chacune en particulier, & dans quelle circonſtance on ſe ſert des unes & des autres.

Pour diſtiller, il faut garnir ſon Alambic des recettes qu'on diſtille, & le mettre ſur le feu ou dans des matieres propres à produire cet effet ; ce que nous allons expliquer plus amplement.

Comment on distille à l'Alambic ordinaire au réfrigérant.

Cette maniere de distiller est la plus usitée & la plus prompte, & une des plus profitable, parce qu'elle coûte moins de préparatifs & emporte moins de temps.

Pour distiller à l'Alambic ordinaire, il faut commencer par bien rincer la poire, pour ôter toute odeur au goût que pourroient y avoir laissé les recettes précédentes, & la bien essuyer. Cela fait, on garnit la cucurbite de la recette qu'on veut distiller, avec l'attention qu'elle n'excede pas la hauteur de la cucurbite même, c'est-à-dire, la moitié de la poire entiere, afin que les recettes aient assez de jeu dans le bouillonnement, pour ne pas engorger le col ou soupirail de l'Alambic. On aura la même attention pour le chapiteau, qu'il faut sur-tout bien essuyer, tant à cause de quelques gouttes d'huile essentielle qui s'attachent le long du col du chapiteau, que parce qu'il arrive souvent que, lorsqu'il reste quelque humidité dans le réservoir, le commencement de la distillation est nébuleux, & si l'on veut le séparer du reste, on perd une partie du parfum, & le plus exquis. Si on change de recette, crainte que votre Alambic ne soit chargé d'huile essentielle, qui ne manqueroit pas de communiquer son goût à votre nouvelle recette, alors on garnit son Alambic avec de l'eau simplement, & on distille ; elle entraîne les parties huileuses, & met votre Alambic en état de faire telle opération que l'on veut. On appelle ceci purger son Alambic.

Ceci fait, on lutera avec beaucoup de soin les deux parties de l'Alambic avec de bon papier gris qu'on collera bien, & on le mettra auffi-ôt fur le feu, de peur qu'une trop longue infufion ne faffe perdre quelque chofe de fa qualité à la liqueur qu'on diftille.

Comme cet Alambic diftille à feu nud, l'opération en eft plus prompte que de tous les autres. Il faut bien faire attention au degré de feu, parce que chaque recette demande une conduite différente. Il faut changer de temps en temps l'eau du réfrigérant qui s'échauffe, & rafraîchir l'Alambic en entier, fi le cas l'exige ; & fur-tout le bec, pour que la fraîcheur donne de la qualité aux efprits.

La fraîcheur abat les phlegmes, & les efprits en font plus purs : le récipient eft en fûreté, fans craindre l'évaporation des efprits au travers du lutage du bec avec le récipient.

Comment on diftille au fable, & dans quel cas il faut s'en fervir.

On diftille au fable de deux façons ; premiérement, en couvrant le feu avec du fable, ou des cendres, dans les recettes qui demandent cette précaution. Cette méthode eft effentielle pour les digeftions ; elle eft d'un grand ufage pour la parfaite rectification des efprits au vaiffeau de rencontre. Le fable eft abfolument néceffaire pour modérer l'action du feu lorfqu'il eft trop violent, & qu'on a lieu d'appréhender que les recettes ne brûlent au fond de l'Alambic.

La feconde façon de diftiller au fable, & qui eft néceffaire dans plufieurs circonftances, eft de prendre du fable de fontaine le plus fin qu'on peut trouver ; après l'avoir bien lavé, on le met au fond de l'Alambic, de la hauteur environ trois doigts, on garnit enfuite la cucurbite de la recette qu'on veut diftiller. Cette maniere difpenfe de mettre de l'eau dans certains cas, où l'on n'en met point, comme pour diftiller les eaux d'odeurs, des fleurs, &c. le fable qui en tient lieu les empêche de brûler : de même le grain qu'on voudroit diftiller à l'eau-de-vie.

Quand l'opération fera faite, il faut bien laver & nettoyer ce fable, de peur que le goût ou l'odeur qu'il auroit contracté ne fe communiquât à une autre recette qui n'auroit rien de commun avec la précédente.

Comment on diftille au bain-marie : avantage de cette maniere de diftiller.

L'ufage de diftiller au bain-marie eft une des meilleures façons dans plufieurs cas. L'opération en eft la plus parfaite, & n'eft fujette à prefque aucun des accidens qui arrivent fi fréquemment lorfqu'on diftille à feu nud.

Pour diftiller des eaux d'odeurs, des fleurs, des fruits à écorces, des plantes aromatiques, & de plufieurs chofes de cette efpece, fans mette dans l'Alambic ni eau ni eau-de-vie, il eft abfolument néceffaire de fe fervir du bainmarie; car dans toute autre diftillation à feu nud, les recettes brûleroient.

Si l'on vouloit les diftiller au fable, le feu détameroit l'Alambic, & les recettes pourroient brûler encore.

Pour diftiller au bain-marie, on fe fert ordinairement d'un Alambic de verre qu'on place dans une cuvette d'airain; cette cuvette doit être au moins de la hauteur de la moitié de la poire : au fond de cette cuvette on met d'ordinaire une petite couronne ou trépied fur lequel l'Alambic porte, afin qu'il ne touche point au fond de la cuvette, parce que l'eau en bouillant s'écarteroit fur les côtés, &, laiffant le fond à fec, expoferoit les recettes à brûler.

L'ufage du bain-marie eſt excellent pour les choſes, dont on veut diſtiller beaucoup avec peu d'eau-de-vie ; mais ſi l'on ſe ſert d'un Alambic de cuivre, il ſera bon de garnir le fond de ſable, afin que la liqueur diſtillée ne prenne point de mauvais goût. Il eſt bon auſſi pour la rectification des eſprits, à cauſe du danger de cette opération à feu nud.

Si la diſtillation étoit auſſi prompte qu'à feu nud, il faudroit ne ſe ſervir que de celle-là, par rapport à l'avantage conſidérable qu'elle a d'obvier à tous les accidens, & de contribuer à perfectionner la marchandiſe.

Dans quel cas on doit ſe ſervir des Alambics de terre & de verre : avantages & inconve- niens de leur uſage.

Nous avons parlé au chapitre des accidens, des inconvéniens de l'Alambic de terre : ce qui nous reſte à dire, c'eſt qu'on ne doit s'en ſer- vir que pour les matieres d'odeurs fortes ou mauvaiſes, & qu'on ne s'en ſert guere qu'une ſeule fois, à moins que ce ne ſoit pour des recettes de même qualité.

Comme cet Alambic eſt très-difficile à con- duire, nous n'en conſeillons l'uſage que dans le cas ci-deſſus.

Comme on diſtille preſque toujours à feu nud avec cet Alambic, il faut avoir pour cela un fourneau où l'on puiſſe mettre du feu petit à petit, à cauſe des inconvéniens auxquels il eſt ſi ſujet.

L'Alambic de verre eſt d'une conduite d'au- tant plus aiſée, qu'il eſt toujours placé dans un bain-marie. L'uſage en eſt pour les eaux de fleurs & les quinteſſences ; il ſeroit le meilleur de tous, ſi l'opération n'étoit un peu longue.

Comme cette ſorte d'Alambic ne peut avoir

de réfrigérant que difficilement, il faut mettre sur le chapiteau un linge mouillé, qu'on changera souvent pour le rafraîchir.

Il faut encore observer de ne pas mettre un récipient bien grand à cet Alambic, à cause de la fragilité du bec. Si cependant on le courboit tant soit peu, il seroit égal de le mettre plus ou moins grand, parce que de cette sorte le récipient pourroit être assez à plomb sur son trépied : on peut, & il est même d'usage de placer cet Alambic sur une cuvette de sable qui tient lieu de bain-marie.

Avantages de la distillation au serpentin.

C'est à-peu-près la même que celle de l'Alambic ordinaire, si ce n'est que celle-ci fait l'opération infiniment plus parfaite ; elle tient même lieu de rectification. La construction que nous en avons donnée, suffit pour instruire nos Lecteurs de l'effet qu'elle produit à cet égard ; car lorsque cette distillation est bien conduite, & qu'on a soin de rafraîchir le serpentin, la fraîcheur, outre les sinuosités de cet instrument, rend impossible l'ascension des phlegmes, & conséquemment les esprits qu'on tire montent extrêmement purs & rectifiés.

Cet Alambic est plus d'usage parmi les curieux & les amateurs de la distillation, que chez les Distillateurs, à cause de l'excessive longueur de cette opération ; & je ne conseille de s'en servir que pour les liqueurs extrêmement fines, ou pour la rectification des esprits.

Avantages de la Distillation au Bain de vapeurs.

C'est à-peu-près la même que celle au bain-marie, & on l'emploie à-peu-près dans les mêmes circonstances ; mais elle a sur le bain-marie l'a-

B 4

vantage de faire l'opération beaucoup plus
promptement. Lémery, dans la premiere partie de son cours de Chimie, assure que le
bain de vapeurs fait encore l'opération plus
parfaite.

Quoi qu'il en soit, l'usage n'en est pas
moins bon que celui du bain-marie ; quand
on distillera des eaux d'odeurs ou fleurs, il
faudra mettre du sable au fond, pour empêcher que la liqueur ne contracte le goût du
cuivre.

Dans quel cas on doit se servir de fumier, du marc de raisins & de la chaux.

On ne se sert ordinairement des matieres
ci-dessus, que pour mettre les recettes en digestion ; encore ne sont-elles pas d'un grand
usage pour les Distillateurs, qui ne se servent
à cet effet que de cendres chaudes, ou d'un
feu bien couvert.

Si l'on se sert du fumier, il faut prendre
le plus chaud, c'est-à-dire, celui de cheval
ou de mouton, & proportionner le tas à
la chaleur qu'on veut donner. La chaux doit
être vive ; & si la chaleur doit être plus modérée, on se sert de chaux pulvérisée & exposée à l'air pendant quelque temps, ainsi du
marc de raisin ; mais ce qu'il faut observer,
c'est que, de quelque maniere qu'on se serve
des trois que nous venons de dire, il faut
observer que cette digestion se fasse dans
un endroit bien clos & bien couvert.

Voilà sur la distillation les différentes manieres de distiller ; ce que nous avons cru
devoir dire, pour ne rien laisser ignorer à
nos Lecteurs, & les mettre en état de choisir, soit pour la préparation, soit pour l'opération
même, ce qu'ils jugeront plus convenable aux
circonstances où ils se trouveront.

CHAPITRE XI.

Ce qu'on diſtille.

CE chapitre ſeroit ſeul un Traité, ſi nous faiſions une énumération exacte des parties qu'il embraſſe ; mais nous avons dit, dans un diſcours préliminaire, & nous répétons ici, que nous ne ſortirons pas des bornes de la diſtillation des eaux ſimples, des liqueurs, des odeurs & des eſſences.

Si nous rempliſſons notre objet à la ſatiſfaction du Public, nous aurons encore ſujet de nous louer d'avoir traité une partie toute neuve, & la ſeule qui ait été oubliée dans ce genre.

Voici les parties ſur leſquelles le Diſtillateur s'exerce : ce ſont les fleurs, les fruits, les aromates, les épices & les grains.

Il extrait les couleurs, l'odeur des fleurs ; des eaux ſimples & des eſſences.

Il extrait des fruits, au moins de quelques-uns, la couleur, le goût, &c.

Des aromates, le Diſtillateur tire des eſprits purs, des eſſences, des eaux ſimples, des odeurs.

Des épices, on tire des eſſences ou des huiles, pour parler comme les Chimiſtes, on en extrait l'odeur & le parfum ; on diſtille auſſi des eſprits purs.

Des grains enfin, on extrait des eaux ſimples des eſprits purs, & de quelques-uns, des huiles, comme de l'anis, du fenouil, du genievre, &c.

On tire des fleurs la couleur par infuſion ;

B 5

on la tire encore par digeſtion dans l'eau-de-vie & l'eſprit de vin ; l'odeur s'extrait par la diſtillation en en tirant l'eau ſimple, on l'extrait par la diſtillation à l'eau-de-vie & aux eſprits.

Ce qu'on extrait de la couleur des fleurs par infuſion dans l'eau miſe ſur le feu, ou par digeſtion à l'eau-de-vie & à l'eſprit de vin, nous l'appellons, en termes de Diſtillateur liqueuriſte, teinture de fleurs.

La couleur des fruits s'extrait de la même façon que la précédente, par infuſion ou digeſtion ; leur goût s'extrait auſſi par infuſion & digeſtion ; mais il faut obſerver qu'il faut un temps limité pour cette opération, autrement le fruit en fermentant aigrit le jus. On l'extrait auſſi par la diſtillation avec l'eau-de-vie ou l'eſprit de vin.

On extrait des aromates, des eſprits purs à l'Alambic, des eſſences auſſi par diſtillation, des odeurs, des eaux ſimples. On les diſtille en deux manieres ; la premiere, eſt à l'eau tout ſimplement, ou à l'eau-de-vie : la ſeconde eſt de le rectifier à l'eſprit, & pour lors, par la bonté & la ſupériorité de l'odeur, chacune en leur genre n'ont rien de pareil ; on peut diſtiller les plantes elles-mêmes & leurs fleurs : ce qui eſt encore meilleur.

Des épices, on tire des eſprits & des quinteſ-ſences huileuſes ou ſpiritueuſes ; on en tire des eſprits à l'eau-de-vie ou à l'eſprit de vin, en mettant très-peu d'eau ; on tire des huiles qu'on fait diſtiller *per deſcenſum* & *per aſcenſum*, ou on en tire des quinteſſences ſpiritueuſes, en pilant leſdites épices, & les faiſant infuſer dans l'eſprit de vin ; qu'on tire doucement par inclination.

Des grains enfin, on extrait des eaux ſimples, des esprits, des huiles ; pour des eaux simples, on en extrait peu ; ce sont sur-tout des esprits qu'on extrait des grains.

Quelques Distillateurs, par économie, distillent des grains à l'eau ; mais leur marchandise est d'un mérite bien inférieur à celle où l'on fait la distillation aux esprits ; on en tire aussi des huiles au bain-marie ou au bain de vapeurs.

Nous ne donnons ici que les premiers élémens de chacune de ces opérations. Les recettes de ce Traité les développeront à mesure que nous étendrons la matiere.

CHAPITRE. XII.

Ce qui distille.

CE qui distille est esprit, ou essence, ou eau simple, ou phlegme.

Ces quatre définitions feront ce Chapitre, & nous ne l'étendrons pas plus loin. Ces définitions seront des principes qui viendront à chaque page de ce Traité ; & nous les mettrons ici dans toute la netteté & l'étendue qu'il sera possible de leur donner, afin d'éviter à nos Lecteurs de les trouver par-tout, & pour ne pas nous répéter nous-mêmes à chaque instant.

Définition de l'Esprit.

Je ne suis pas moins embarrassé à la définition d'esprit, que les Chimistes ; mais je tâcherai de ne point embarrasser mes Lecteurs de notions obscures : je conçois les esprits comme les parties les plus déliées, les plus légeres d'un corps quel qu'il soit.

Tous les corps, sans en excepter aucun, ont des esprits en plus ou moins grande quantité.

Ces parties sont une substance ignée, & par sa nature disposée à un grand mouvement.

Cette portion subtile est plus ou moins disposée à s'échapper à proportion que les corps sont plus ou moins poreux ou ont plus ou moins d'huile.

Définition des essences.

On entend par essences dans la distillation, & comme je crois dans la Chimie, les partie huileuses d'un corps. L'huile essentielle se trouve dans toute sorte de corps, & est un des principes de leurs compositions ; au moins dans toutes mes opérations, j'ai toujours remarqué qu'on en pouvoit tirer de tout ce qu'on distilloit.

J'ai vu effectivement dans toutes mes distillations, à l'esprit de vin près où j'aurois peut-être pu trouver quelque chose, ainsi que dans toutes sortes de matieres, fruits, fleurs, sur-tout des aromates, & les épices mis en digestion, surnager sur le phegme une substance douce & onctueuse, & cette substance est de l'huile ; & c'est cette huile que nous appellons essence, quand c'est elle que nous voulons extraire spécialement.

Définition des eaux simples.

On entend par eaux simples, ce qu'on distille des fleurs & autres, sans eau, eau-de-vie ou esprit de vin : ces eaux sont ordinairement une distillation phlegmatique, & cependant odorante ; toujours chargée de l'odeur du corps dont elle est extraite, & même d'une odeur plus parfaite que celle du corps même.

Définition des phlegmes.

J'appelle phlegme les parties aqueuses qui

font partie de la compofition des corps. Que ce principe foit actif ou paffif, je laiffe aux Chimiftes ce point de doctrine. Je ne fuis que Diftillateur.

Il eft effentiel pour tous les Artiftes de cette profeffion, de bien connoître fa nature : beaucoup s'y trompent ; quelques-uns d'entr'eux prenent pour les phlegmes quelques gouttes blanches & nébuleufes, qui tombent les premieres lorfque les recettes contenues dans l'Alambic commencent à diftiller : cependant c'eft fouvent le plus fpiritueux des matieres qui diftille, dont ils fe privent gratuitement, & cela ne vient que de quelque humidité qui reftoit dans le réfervoir ; au lieu que, s'ils avoient obfervé de bien effuyer leur Alambic, ils auroient vu que la premiere goutte qui diftille, auroit eu autant de brillant & de netteté que les dernieres, & c'eft à leur perte qu'ils ôtent ces premieres gouttes, qui font le plus fpiritueux & le plus volatil de leurs recettes.

Voici une remarque qui mérite toute leur attention ; c'eft que dans les matieres qui font mifes en digeftion, les efprits s'envolent les premiers au fommet du chapiteau, & que dans les recettes qui n'y ont point été mifes, les phlegmes précedent les efprits. La raifon en eft très-phyfique & très-fimple, & fe conçoit très-facilement ; la voici :

Dans les matieres mifes en digeftion, les efprits, auffi-tôt que l'Alambic eft échauffé, & que les recetttes commencent à bouillir ; les efprits, dis-je, comme la portion la plus légere des matieres qu'on diftille, s'échappent & s'élevent au fommet du chapiteau.

Dans les recettes qui n'ont point été mifes en digeftion, ces mêmes efprits étant retenus & impliqués dans les phlegmes, font moins dif posés à s'échapper, ils ne peuvent pénétrer les phlegmes qui les enveloppent ; il faut donc que ces phlegmes eux-mêmes, en se dégageant, leur fassent une route. Ces phlegmes étant une partie aqueuse, & conséquemment fluide, se débarrassent & s'enlevent des premiers ; c'est sur-tout dans les épices que vous l'observerez mieux que dans toutes les autres recettes, comme dans la cannelle & autres : je crois cependant que, si la distillation se faisoit dans un Alambic dont le soupirail fût long, ou dans un Alambic au serpentin, les phlegmes seroient contraints de s'abattre à cause de leur pesanteur, & laisseroient le passage aux esprits ; mais cela arrive toujours dans la distillation à l'Alambic au réfrigérant.

Si quelqu'un me fait chicane sur cette observation, je ne lui répondrai que par l'expérience ; c'est où je l'appelle. Je n'ai rien de mieux pour parer à toutes les querelles qu'on pourroit me faire ; & dans tout ce Traité j'appellerai toujours, de tout ce qu'on me contestera, à l'expérience, & à l'expérience réitérée.

Une autre observation qui m'a prouvé cent fois ce que je dis sur cet article, c'est que quelquefois, pressé extraordinairement d'ouvrage, & n'ayant pas le temps de mettre les matieres que je travaillois en digestion, je les pilois : c'est où j'ai reconnu ce que je viens d'exposer. Malgré cette préparation, & la trituration exacte des épices, la premiere division étoit des phlegmes, & la seconde des esprits. Notez cependant que je ne parle ici que des eaux simples d'épices, & non des esprits aux épices, ou d'esprits d'épices tirés à l'esprit de vin.

J'ajoute encore une remarque qui plaira sans doute aux curieux, & même à tous ceux qui connoissent un peu la distillation, & sur laquelle

personne n'a encore rien dit, quoique je ne
me flatte pas de l'avoir faite le premier : c'est
que dans les recettes mêlangées, telles que seroient
celles où l'on feroit diftiller des fleurs, des fruits,
& des épices enfemble, mifes à l'Alambic fans avoir
été préparées par la digeftion, l'action du feu enleve premiérement l'efprit des fleurs, enforte
que, malgré le mélange, ces efprits n'ont rien
contracté du goût des fruits & des épices. Cette
difcrétion faite, les efprits des fruits diftillent,
fans odeur des fleurs ni goût des épices ; enfin
les efprits des épices viennent les derniers, fans
odeur des fleurs ni goût des fruits : tout y eft
diftinct ; & j'invite ceux qui pourroient en dou-
ter, à en faire l'expérience.

Une autre remarque que j'ai faite fur les épices, c'eft que, foit qu'elles aient été mifes en
digeftion, ou qu'elles n'y aient point été mifes,
foit que les phlegmes aient été enlevés avant les
efprits, ou les efprits avant les phlegmes, j'ai
remarqué que les efprits avoient à peine le goût
& l'odeur des épices dont ils étoient extraits,
& j'ai toujours été obligé de mettre avec ces
efprits des phlegmes en plus ou moins grande
quantité, pour donner aux efprits que j'avois
tirés le goût & le parfum des épices fur lefquelles
j'opérois, parce que ce font les phlegmes qui
en ont le plus. Cette obfervation eft abfolument
néceffaire, au moins je la juge telle ; elle fera
toujours fatisfaifante pour les Lecteurs curieux.

Comme le mot de digeftion eft venu fouvent dans cet effai, je ne l'acheverai pas fans
en dire un mot, & fans expliquer fon utilité, &
même la néceffité où l'on eft de s'en fervir dans
plufieurs circonftances.

On dit que des matieres font en digeftion
quand on les fait tremper dans un diffolvant

propre, à une très-lente chaleur, pour les amollir : cette préparation est néceſſaire à pluſieurs choſes dans la diſtillation ; elle procure aux eſprits une iſſue plus facile des matieres qui les renferment.

Les digeſtions qui ſe font à froid ſont les plus en uſage, & du meilleur uſage, parce que celles qui ſe font ſur le feu ou dans des matieres chaudes, ôtent toujours quelque choſe de la qualité & du mérite des marchandiſes, en ce qu'elles enlevent des eſprits ; & on conçoit facilement que c'eſt une perte pour la qualité.

Quand on tire des eſſences, il faut préparer les matieres pour la digeſtion ; pour bien extraire les eſprits & les eſſences des épices, la digeſtion eſt encore de néceſſité abſolue : elle entre enfin néceſſairement dans nos principes, & en eſt un elle-même.

CHAPITRE XIII.
Quand on diſtille.

POur remplir notre projet dans l'ordre que nous lui avons donné, nous allons expliquer dans ce Chapitre les temps propres à chaque diſtillation ; après quoi, nous dirons dans un Chapitre particulier, qui ſuivra celui-ci, ce que c'eſt que la filtration, ce que c'eſt que le paſſage à la chauſſe ; quand & comment, & pourquoi on ſe ſert de l'un & de l'autre. Ce ſeront à-peu-près tous les principes de notre Traité.

S'il ſe rencontre dans la ſuite de cet ouvrage quelque choſe à dire ſur ces principes, ou quelque choſe qui doive être expliquée d'une façon plus claire & plus étendue, nous ne manquerons pas de le mettre, afin que nos Lecteurs trouvent ici tous les éclaircissemens qu'il nous sera possible de leur donner.

Les fleurs se distillent chacune dans leur saison, à commencer par la violette ; il ne faut en extraire l'odeur & la couleur que dans le temps qu'elle est dans sa force. Ce n'est ni le commencement où elle paroît, qu'elle n'a pas encore toute sa vertu, ni le temps où elle commence à passer où elle en a perdu une grande partie & le plus exquis de son parfum, qu'on doit la distiller ou l'infuser : c'est en Avril, à Paris, que sa force est la plus grande, par ce que la saison n'est jamais assez avancée en Mars pour que la violette puisse déjà avoir acquis tout son parfum.

Il en est de même de toutes les autres fleurs, qu'il faut prendre dans e fort de leur saison, & sur-tout observer de choisir pour les cueillir le temps le plus chaud, parce que les fleurs n'ont jamais plus d'odeur & de parfum que lorsqu'il fait chaud, en observant de la cueillir de grand matin, avant que l'ardeur du soleil ait enlevé le meilleur du parfum.

Il faut pour les fruits les mêmes attentions que ci-dessus ; mais il faut observer encore qu'outre que les especes de ceux qu'emploie le Distillateur sont toutes les meilleures & les plus fines autant qu'il est possible, il faut toujours choisir les plus beaux, les mieux colorés, sur-tout pour ceux dont on extrait des teintures, & observer sur-tout qu'ils ne soient point gâtés ; ce qui infailliblement feroit perdre quelque chose de la qualité & du prix des marchandises.

Les grains & les épices se distillent en tout temps ; il n'est question pour ces matieres que d'un bon choix : c'est à ce choix que les Distillateurs se trompent quelquefois ; aussi est-il très-facile de s'y tromper, à moins d'une connoissance toute particuliere. C'est dans la suite de ces Cha-

pitres, que nous traiterons amplement de toutes
les connoiffances qui font néceffaires, pour ne
pas fe tromper dans le choix de toutes les matieres que les Diftillateurs emploient le plus ordinairement, foit fleurs, foit fruits, foit épices ou
aromates, pour lefquels encore il faut une connoiffance exacte; car quelques-unes fe reffemblent, comme l'afpic & la lavande, la méliffe ou
la citronele, & encore plufieurs efpeces, qu'il
faut favoir diftinguer pour faire un bon choix.

CHAPITRE XIV.

Sur la filtration des Liqueurs & le paffage à la Chauffe.

Filtrer, c'eft faire paffer les liqueurs par quelque chofe de poreux, pour les dépouiller des
parties qui obfcurciffent leur brillant.

Rien n'eft fi fin que la liqueur qui vient de diftiller, lorfque le Fabricant fait attention; mais
le firop & les couleurs les obfcurciffent, & pour
les clarifier, on les paffe.

Comme, après ce mélange, les liqueurs ne
feroient ni potables, ni en état d'être expofées
en vente, il eft néceffaire pour les débarraffer de
ce qui les rend nébuleufes, de les faire paffer par
le fable ou le papier gris, ou par le drap ou la
futaine.

Le paffage des liqueurs par le fable ou le papier
gris s'appelle filtration; celui par le drap ou la futaine s'appelle le paffage à la chauffe.

Malgré l'attention du Diftillateur dans les diftillations ordinaires, il arrive très-fouvent que
quelques parties aqueufes s'enlevent avec les efprits, foit au commencement de l'opération dans

les recettes où les phlegmes montent les premiers, soit sur la fin de cette même opération dans celles où ils montent les derniers ; dans ces deux cas, il est presque impossible que cela soit autrement, & même il est quelquefois nécessaire d'en tirer.

Lorsqu'on distille des fleurs ou des plantes aromatiques fraîchement cueillies, les phlegmes montent d'abord, & on pourroit ôter du récipient cette premiere partie, sans ôter beaucoup de parfums aux choses qu'on distille.

Lorsqu'on distille des épices, leur parfum plus impliqué dans ces sortes de matieres, resteroit, si on avoit l'attention de laisser couler une partie des phlegmes. Ainsi il est indispensable d'en tirer dans ces deux cas. Quand, au lieu des fleurs ou des épices, on se sert de leur quintessence, on n'est plus dans ce cas, en supposant que l'on n'en mette précisément que la recette qui convient à chaque opération.

Mais, comme les phlegmes rendent ordinairement les liqueurs un peu nébuleuses, on peut d'abord les dépouiller d'une partie sans filtration, en versant doucement les esprits distillés dans un autre récipient, la partie aqueuse étant plus pesante, reste au fond. Mais pour les dépouiller totalement, vous mettrez du coton dans un entonnoir, & vous ferez passer les esprits à travers ce coton, qui se charge des phlegmes & mange leur blancheur. Il faut avoir un couvercle pour l'entonnoir, afin d'empêcher l'évaporation.

Le reste des parties phlegmatiques qui peuvent demeurer dans la liqueur distillée, se perd par la force des esprits qui emporte la blancheur, quand l'esprit distillé est un peu gardé. Quant aux liqueurs, l'eau, le sucre & les couleurs, ainsi que nous l'avons dit plus

haut, obscurcissent entiérement la netteté & le
brillant des esprits distillés, & laisseroient un
dépôt désagréable au fond des bouteilles. Comme les liqueurs ont autant besoin de plaire aux
yeux qu'au goût, il est donc nécessaire de les
débarrasser de tout ce qui peut les obscurcir &
leur ôter cet éclat qui peut leur être si avantageux.

. Pour filtrer les liqueurs par le sable, il faut
avoir une fontaine sablée à cet usage ; il faut
que le sable en soit extrêmement fin , & quand
il s'est chargé de quelques parties de sucre, la
liqueur passe extrêmement claire. Cette méthode ne sert guere que dans le cas où le Fabricant auroit une grande partie de liqueur de
la même espece ; & dans celui où l'on seroit
obligé de se servir de la même méthode pour
une autre partie de liqueur d'espece différente,
il faut laver le sable avec tout le soin possible,
de peur que la différence des goûts ne gâtât
la seconde liqueur. L'embarras de laver le sable chaque fois qu'on change de liqueur, est une
des raisons qui empêchent le plus les Distillateurs de faire usage de cette méthode, quelque bonne qu'elle soit d'ailleurs.

. La filtration par le papier gris est d'un usage
plus commode & plus ordinaire : on se sert
pour cet effet d'un entonnoir qu'on couvre d'un
canevas ou d'une gaze , sur lesquels on met une
feuille de papier à filtrer qui n'est pas collé.
Plusieurs personnes n'observent pas de mettre
une gaze sur le papier, & s'exposent par-là à
recommencer souvent la même opération, parce
que, n'étant point collé, & n'ayant d'ailleurs
que fort peu de consistance, il est sujet à se
déchirer. L'embarras de la premiere méthode,
la longueur de cette seconde, ont fait préfé-
rer aux Distillateurs la méthode de se servir de

la chauffe dans tous les cas. Cette méthode a l'avantage de remédier à l'un & à l'autre inconvénient; mais elle n'eft pas la meilleure pour la parfaite clarification.

Rarement arrive-t-il que les liqueurs foient affez fines, quand elles n'ont paffé qu'à la chauffe, pour être fans nuages.

Cet ufage de la chauffe a été trouvé fi commode & devenu fi commun, qu'on ne fe fert d'autre chofe pour clarifier les teintures, les infufions, & toutes les liqueurs indiftinctement. Cependant, comme l'expérience démontre que les liqueurs qui ne font clarifiées que de cette façon, dépofent toujours, j'en reviens à confeiller l'ufage de la filtration par le papier, comme la feule bonne méthode de dépouiller les liqueurs de tous nuages, & de ne fe fervir de la chauffe que pour les ratafias & les liqueurs communes.

On fe fert, pour faire les chauffes, de drap de Lodeve, qu'on taille en forme d'entonnoir ou de capuchon. Il faut que le drap foit coufu exactement à l'ouverture. En haut on attache plufieurs cordons pour la fufpendre, & on y verfe la liqueur qu'on veut clarifier. Comme elle n'eft jamais affez nette après la premiere filtration, on la repaffe, & trop fouvent les Diftillateurs s'en tiennent à ce fecond paffage; ce qui fait que les liqueurs dépofent toujours. Il faut répéter l'opération, jufqu'à ce qu'on foit fûr de la parfaite netteté de la liqueur.

Plufieurs Diftillateurs, au lieu de drap de Lodeve, fe fervent de futaine ou d'autre étoffe, qui n'eft pas plus ferrée. Je regarde comme impoffible que la liqueur puiffe jamais être bien clarifiée de cette façon.

Il y a une façon de faire des chauffes, qui eft moins en ufage, & qui cependant eft la meilleure. Prenez du drap qui foit ferré & fin:

vous ferez une chausse, dont l'ouverture ait
un pied, plus ou moins, de circonférence :
vous fendrez le drap en deux parties, que vous
coudrez séparément, de sorte qu'elle ait la forme d'une culotte ; vous prendrez ensuite une
bouteille ordinaire, dont le fond soit percé ; &
vous attacherez la chausse au col de la bouteille, en la liant fortement ; la bouteille étant
renversée, tiendra lieu d'entonnoir à la chausse : vous placerez ensuite cette bouteille avec
sa chausse dans l'ouverture d'une cruche de grès,
& vous verserez votre liqueur dans la bouteille, qui tient lieu d'entonnoir. Cet usage est
d'autant meilleur, qu'on obvie à l'évaporation,
avec d'autant plus de facilité, qu'on peut boucher exactement le fond de la bouteille.

Quand vous voudrez clarifier des liqueurs blanches, soit fines, soit communes, vous choisirez
le drap le plus fin qu'il soit possible & le plus serré ;
sans cela vos liqueurs ne seroient jamais bien nettes.
Si ce sont des liqueurs colorées, telles que l'Eau
Clairette, le Parfait Amour, l'Escubac, l'Huile
de Vénus, l'Eau Romaine, l'Archi-Episcopale, &c.
dont les teintures épaississent considérablement
les liqueurs à cause des différentes matieres qui
y entrent, vous pourrez employer, pour faire
les chausses, du drap plus commun & moins frappé,
afin que les chausses, qui se chargent & s'engrais-
sent, laissent passer la liqueur, & qu'on ne soit
pas obligé de les nettoyer souvent dans la même
opération ; ce qui ne pourroit arriver sans perte
de temps, ou diminution de marchandises, soit
en qualité, soit en quantité.

Il est un moyen d'abréger l'opération, & qui
clarifie les liqueurs sans avoir besoin de les faire
passer plusieurs fois ; c'est de coller les chausses :
voici la maniere de le faire.

On prend de la colle de poisson, qu'on coupe

en petits morceaux ; on la fait fondre ensuite dans de l'eau un peu chaude ; on a soin de la remuer jusqu'à ce qu'elle soit bien fondue ; on la laisse dans cet état environ vingt - quatre heures.

Une observation, qu'il est essentiel de faire faire aux Lecteurs, c'est que dans le cas où l'on colle les chausses, il faut que la liqueur soit un peu plus forte en esprits, à cause que la filtration étant longue, l'évaporation est plus considérable.

Pour coller la chausse, vous mettrez la colle fondue dans toute la quantité de liqueur que vous voudrez clarifier ; après l'avoir bien mêlée avec la liqueur, vous jetterez promptement ce mélange dans la chaude, & la colle s'attachant également à toutes les parties de la chausse, empêchera la liqueur de passer si promptement, & la rendra aussi nette qu'elle pourroit être après plusieurs filtrations ordinaires.

Si vous passez à la chausse des liqueurs fines, vous vous servirez de la méthode que nous venons de dire, ou vous employerez des chausses d'un drap serré, & vous mettrez pour l'engraisser de la cassonnade dans le sirop, dans cette proportion-ci ; une demi-livre pour cinq pintes de liqueur, ainsi relativement aux plus grandes quantités.

Si vous employez la colle de poisson, vous en mettrez une demi-once fondue & préparée, ainsi que nous l'avons dit, pour une grande chausse ; & pour les petites, environ deux gros ; & vous aurez soin de diminuer sur l'eau de votre sirop la même quantité que vous en aurez employée pour faire fondre votre colle.

CHAPITRE XV.

De la fermentation, & des matieres qui péuvent donner de l'eau-de-vie.

NOus ne toucherons que légérement cet article, trop au-deſſus de notre matiere ; nous nous contenterons de rapporter ſommairement ce qu'en diſent qnelques Auteurs qui l'ont traitée ſpécialement.

Lémery en donne une définition abrégée, qui m'a toujours paru aſſez claire, & à la portée de de tout le monde.

» La fermentation, dit-il, eſt une ébullition
» cauſée par des eſprits qui, cherchant iſſué
» pour ſortir de quelques corps, rencontrent des
» parties terreſtres & groſſieres qui s'oppoſent à
» leur paſſage, font gonfler & raréfier la matiere
» juſqu'à ce qu'ils en ſoient détachés : or, dans
» ce détachement, les eſprits diviſent, ſubtiliſent
» & ſéparent les principes ; en ſorte qu'ils rendent
» la matiere d'autre nature qu'elle n'étoit aupa-
» ravant.

» Quoiqu'il y ait, pourſuit-il, quelque diffé-
» rence entre l'efferveſcence & la fermentation,
» comme nous l'avons démontré, néanmoins on
» confond ces ſortes d'ébullitions, & l'on ne fait
» point de ſcrupule de les prendre l'une pour
» l'autre *.

M. Macquer, en d'autres termes, dit à-peu-près la même choſe : on entend par fermentation

---

* Explication préliminaire des Termes de Chimie, *pag.* 65.

un mouvement inteſtin, qui s'excite de lui-même entre les parties d'un corps, duquel réſulte un nouvel arrangement, & une nouvelle combinaiſon de parties.

Une certaine quantité de parties ſalines, huileuſes, terreſtres & aqueuſes, une certaine proportion des mêmes parties, & le concours de l'air, rendent la fermentation plus ou moins facile.

Toutes les ſubſtances végétales & animales, ſont ſuſceptibles de fermentation, parce qu'elles ont toutes les principes ci-deſſus, en proportion convenable : quelques-unes n'ont pas le principe aqueux dans la proportion requiſe ; mais on y ſupplée facilement.

Il y a trois ſortes de fermentations, qui different entr'elles par les produits qui en réſultent. La premiere produit les vins & autres liqueurs ſpiritueuſes : on l'appelle fermentation ſpiritueuſe ou vineuſe. La ſeconde produit l'acide. Et le réſultat de la troiſieme eſt un Sel alkali, non fixe & même très-volatil : on l'appelle fermentation putride, ou putréfaction.

Toutes les ſubſtances ſuſceptibles de fermentation, paſſeroient par ces trois états ſucceſſivement, ſi on les abandonnoit à elles-mêmes.

Le ſuc de preſque tous les fruits, toutes les ſubſtances végétales ſucrées, les ſemences & graines farineuſes de toutes eſpeces, délayées dans ſuffiſante quantité d'eau, ſont les matieres les plus propres à la fermentation ſpiritueuſe ou vineuſe.

Si on expoſe ces liqueurs à un degré de chaleur modéré, dans un vaiſſeau qui ne ſoit pas fermé exactement, au bout de quelque temps, elles commenceront à devenir troubles ; il s'excitera inſenſiblement un petit mouvement dans leurs parties ; ce mouvement occaſionnera un petit ſifflement ; & il augmentera peu à peu au point

C

qu'on verra les parties groſſieres de la liqueur, comme grains ou pepins, &c. s'agiter & ſe mouvoir en tous ſens, & être jettés à la ſuperficie; quelques bulles d'air ſe détachent enſuite de temps en temps, & la liqueur acquiert une odeur piquante & pénétrante, occaſionnée par les vapeurs qui s'en exhalent.

Ces vapeurs ſont malfaiſantes; il faut éviter, autant qu'il eſt poſſible, de les reſpirer trop long-temps.

Quand la liqueur a fait à-peu-près tous ſes premiers efforts, on ſcellera le vaiſſeau, parce qu'elle paſſeroit au ſecond degré, & enfin à la putréfaction, ſi on les laiſſoit travailler plus long-temps. Ce qui reſte des parties groſſieres ſe précipite au fond : la liqueur, qui avant ce premier degré de fermentation, n'étoit que douce & ſucrée, acquiert une ſaveur agréable & piquante, & ſans acidité.

C'eſt de cette liqueur, qu'on en tire une ſeconde, vraiment ſpiritueuſe, inflammable, légere, pénétrante, & d'un blanc jaune, agréable à la vue & au goût; cette liqueur eſt l'eau-de-vie. Quelque ſpiritueuſe que ſoit cette liqueur, il reſte encore beaucoup de parties aqueuſes & phlegmatiques; on l'en dépouille en la diſtillant, & on l'appelle eſprit-de-vin. L'eſprit-de-vin reſtant encore chargé de quelques-unes de ces parties phlegmatiques, on le diſtille une troiſieme fois, & on l'appelle eſprit rectifié : s'il eſt rectifié autant qu'il le peut être, on l'appelle eſprit ardent. Toutes les ſubſtances ne ſont pas ſuſceptibles des trois degrés de fermentation; quelques-unes n'éprouvent que le ſecond, d'autres que le troiſieme. Ce que nous avons dit des trois degrés dans un même ſujet, ſuppoſe qu'il eſt en état d'éprouver la fermentation dans toute ſon étendue.

On peut toujours croire que toute ſubſtance

capable de la feconde ou troifieme fermentation,
les éprouve toutes ; mais qu'elle paffe fi rapide-
ment par le premier, pour aller au fecond, ou du
premier & fecond, pour aller au troifieme, qu'on
ne s'apperçoit que de ce dernier degré, qui eft
proprement une défunion totale des principes.

C'eft ainfi que j'ai réduit fommairement ce que
M. Macquer dit de la fermentation ; c'eft tout
ce qu'il en faut pour notre partie, où il fuffit de
faire comprendre ce phénomene, principe de
toute diftillation.

On peut voir par ce que nous venons de dire,
que toutes les fubftances végétales font propres à
la fermentation fpiritueufe, en fuppléant le principe aqueux dans celles où il n'eft pas en portion
fuffifante. Ainfi les fruits, comme le raifin, les
pommes & les poires, le bled & autres femences
farineufes, le genievre, le fucre, &c. font les
matieres les plus fufceptibles de cette fermentation,
& conféquemment les plus propres à donner de
l'eau-de-vie.

Le raifin eft de tous les fruits celui qui en donne
en plus grande quantité, & qui donne la meilleure qualité : on en tire d'une infinité de chofes ;
& il eft fans doute plufieurs fubftances fur lefquelles on n'a point encore fait d'effais, qui en
donneroient peut-être une bonne quantité. Un
Diftillateur trouve par-tout des matieres du reffort
de fon art.

Nous allons dire dans le Chapitre fuivant de
quelle façon fe fait l'eau de-vie, & indiquer les
matières les plus propres à cette fabrique.

CHAPITRE XVI.

De la maniere de faire l'eau-de-vie : les boiſſons propres à cette fabrique : la lie & le marc du vin.

L'Eau-de-vie eſt la baſe de preſque tout ce que fait le Diſtillateur. Sa fabrique eſt d'ordinaire étrangere à celle des liqueurs proprement dites ; cependant on ne peut ignorer ſans honte comment elle ſe fait : peut-être même ſeroit-il plus avantageux aux Diſtillateurs., ſi le commerce des liqueurs n'étoit pas ſuffiſant pour eux.

Pour faire ce commerce avec fruit , il faut connoître les qualités des vins , & les climats. Ceux qui ne peuvent pas aſſez s'en rapporter à leur goût, pourront faire un eſſai ſur quelques pieces de vin, & juger par ce qu'elles auront rendu, du bénéfice qu'on pourra faire ſur une partie plus conſidérable, & ſur la fabrique.

Quand on doit diſtiller une partie conſidérable de vin , il faut d'abord viſiter la chaudiere , & s'aſſurer, autant qu'il eſt poſſible, qu'elle ne tranſpire par aucun endroit. Si la chaudiere eſt neuve, il faut avant de s'en ſervir, faire bouillir dedans autant d'eau que vous mettriez de vin ſi vous opériez , pour ôter le goût de l'étamure, qui en donneroit infailliblement un mauvais à l'eau-de-vie. Si elle n'eſt pas neuve, il ſuffira de la bien layer avec de l'eau nette : il reſte toujours un petit goût d'airain, mais il ſe perd dans un grand tirage & quand l'eau-de-vie commence à vieillir un peu. Quand la chaudiere aura été bien rincée & bien eſſuyée, vous la remplirez de vin, juſqu'aux deux

tiers environ, pour laiffer du jeu à l'ébullition ;
enfuite vous la couvrirez de fon chapiteau, que
vous luterez exactement, & vous difpoferez le
réfrigérant, de façon que le bec paffe au travers.
Vous ferez enfuite provifion d'eau & de linge
mouillé pour rafraîchir le chapiteau. Toutes cés
précautions étant bien prifes, vous commencerez
par faire un grand feu fous la chaudiere pour la
faire bouillir ; & quand elle fera en bon train,
vous aurez foin de le diminuer peu-à-peu pour
prévenir les accidens. Quand vous aurez vu au
premier tirage ce que le vin brûlé aura produit
d'eau-de-vie, vous mettrez, pour le fecond
tirage, un récipient qui puiffe contenir à-peu-près
la même quantité, pour n'être pas toujours dans
l'incertitude s'il en refte peu ou beaucoup, &
pour ne pas perdre de la marchandife en n'en
tirant pas affez, ou la gâter en en tirant trop ;
de forte que fi le vin rend un fixieme au tirage,
& que le tirage foit de fix pieces, le récipient
doit contenir un muid ; s'il rend un peu plus,
on garde le refte pour le repaffer dans un fecond
tirage. Il eft naturel de paffer deux fois l'eau-de-vie
pour lui donner une bonne preuve.

Les grains & femences farineufes, ainfi que
nous l'avons dit ci-devant, font propres à faire
de l'eau-de-vie : voici ceux dont on fait ufage
plus communément ; le froment, l'orge & tout
autre bled, le genievre & autres.

Pour faire de l'eau-de-vie de grains, il faut
d'abord arrofer le bled, foit froment, foit orge.
On l'arrofe plufieurs fois, pour le difpofer à germer, enfuite on l'étend pour le faire fécher.
Lorfque le bled commence à germer, on l'écrafe
à moitié ; enfuite, on le met dans une cuve,
ou une chaudiere, avec de l'eau morte, c'eft-à-
dire, de l'eau qu'on ait fait bouillir deux ou trois
jours auparavant : quelques perfonnes au lieu de

faire bouillir de l'eau, ainsi que nous l'avons dit, en mettent dans une grande auge de pierre, expofée au foleil, pendant la plus forte chaleur, huit jours de fuite : cette méthode eft excellente, lorfqu'on en a une grande partie à faire. On met enfuite le grain à demi écrafé dans cette eau morte, qui le difpofe bientôt à la fermentation ; & quand ce grain infufé a acquis la force fpiritueufe requife, on le diftille, & on en tire de l'eau-de-vie.

Notez que l'eau-de-vie de grains a befoin d'être paffée deux fois ; la premiere auroit trop de phlegmes, & la feconde fera très-fpiritueufe.

On en peut tirer de tous les fruits en général : on les écrafe à moitié, on les met enfuite dans un vaiffeau, le marc & la liqueur enfemble ; ils fermentent & acquierent une qualité vineufe : & c'eft de cette liqueur qu'on tire de l'eau-de-vie.

En Savoie, on tire de l'eau-de-vie du jus de cérife.

On en tire pareillement du genievre : on l'écrafe comme les grains ; on met avec le grain un peu d'eau, feulement pour le difpofer à la fermentation ; & quand il eft parvenu au degré qu'on defire, on le preffe pour en exprimer la liqueur ; & c'eft de cette liqueur ou jus que fe fait l'eau-de-vie de genievre.

On en tire auffi de la bierre, ainfi que je l'ai éprouvé moi-même.

Aux Ifles de l'Amérique, de Madere & de Canarie, où croît le rofeau qui porte le fucre, on met en fermentation le fuc qui fort de ce rofeau, & ayant acquis le degré de fermentation néceffaire, on le diftille, & il vient une eau-de-vie, qu'on appelle en ce pays le Taffia.

Plufieurs autres fubftances, par la même préparation, pourroient donner le même produit ; mais la petite quantité qu'on en tireroit ne feroit pas fuffifante pour indemnifer le Diftillateur des frais de la fabrique. Nous pafferons au choix des différens vins, pour indiquer ceux qui font les plus propres à brûler.

Quoique le vin en général foit de toutes les liqueurs, celle qui rend la plus grande quantité d'efprits, & la meilleure qualité, l'expérience nous prouve, qu'il y a beaucoup de choix à faire ; chaque terroir, chaque climat, chaque efpece de raifin varie pour la quantité & la qualité des efprits qu'on en peut tirer. Il y a des raifins qui ne font bons que pour manger ; d'autres qu'on fait fécher, tels que font ceux de Damas, de Corinthe, de Provence & d'Avignon ; ceux-là ne font pas propres à faire du vin. Le verjus n'eft propre qu'à confire.

Il y a des vins très-propres à brûler, d'autres qui le font beaucoup moins. Les vins de Languedoc & de Provence rendent beaucoup d'eau-de-vie au tirage, quand on les brûle dans leur force : les vins d'Orléans & de Blois rendent encore davantage : mais les meilleurs, font ceux des territoires de Coignac & d'Andaye, qui font cependant du nombre des moins potables du Royaume : au lieu que ceux de Bourgogne & de Champagne, qui font d'un goût très-fin, y font très - peu propres, parce qu'ils rendent très-peu au tirage.

Obfervons encore que tous les vins de liqueurs, comme les vins d'Efpagne, de Canarie, d'Alicante, de Chypre, les vins Mufcats, ceux de Saint-Perés, de Toquet, de Grave, d'Hongrie, & autres de ce même genre, rendent très-peu d'eau-de-vie au tirage : ce qui reviendroit au Fabricant à un prix quatre fois au-deffus de celui qu'il pourroit la vendre. Celle qu'on en tire eft très-bonne, comme liqueur fimple, parce qu'elle conferve toujours la qualité liquoreuse & le goût des vins dont elle est tirée ; mais en vieilliſſant, ce goût devient quelquefois aromatique, & ne plaît pas à toutes ſortes de perſonnes. Il plaît aſſez aux étrangers ; mais il ne fait pas fortune en France.

Un de plus grands avantages de la diſtillation, eſt de tirer parti, au profit du commerce, des choſes même qui paroiſſent n'avoir nulle valeur, comme de la lie & du marc de vin.

Pour diſtiller la lie, il faut mettre d'abord un peu d'eau & de ſable au fond de la chaudiere, pour empêcher l'eau-de-vie de prendre un mauvais goût ; & obſerver ſur-tout de ne pas pouſſer le feu auſſi vivement qu'on le pouſſe, lorſqu'on fait brûler ſimplement du vin. La conduite au reſte eſt à-peu-près la même dans l'une & l'autre fabrique ; & les attentions à prévenir les accidens doivent toujours être les mêmes.

Si l'on veut diſtiller le marc de vin, il faut avoir une planche de cuivre de même circonférence que la chaudiere, qui ſera ſoutenue par un trépied, d'environ un demi pied de hauteur ; il faut que cette planche ſoit percée comme une écumoire ; on mettra enſuite de l'eau dans la chaudiere à la hauteur d'un demi pied, de ſorte que l'eau paſſe la planche d'un travers de doigt : enſuite vous mettrez le marc de vin ſur la planche, & vous pouſſerez le tirage à grand feu. Si le marc n'a pas été extrêmement preſſé, l'eau-de-vie pourra être bonne & forte ; & elle ſera au contraire inférieure, ſi le marc l'a été davantage.

Les vinaigriers tirent aussi partie de l'une &
de l'autre pour faire du vinaigre.

CHAPITRE XVII.

De l'esprit de vin, simple & rectifié.

ON appelle esprit de vin simple, une partie d'eau-de-vie distillée, & de laquelle on a
tiré la partie phlegmatique qui lui étoit restée
après la premiere distillation, & c'est ce qu'on
appelle esprit de vin simple. On appelle esprit
de vin rectifié cet esprit de vin qu'on repasse
une ou deux fois à l'Alambic, pour le débarrasser, autant qu'il est possible, de toute la
partie phlegmatique, qui peut être restée après
les distillations précédentes. Enfin, on appelle
esprit ardent, celui dans lequel, après plusieurs
rectifications, il ne reste plus aucune partie
aqueuse ou phlegmatique. L'esprit de vin fait
la base de toutes les opérations de la distillation des liqueurs ; ainsi il est essentiel de savoir le distiller. Selon la définition que nous
en avons donnée, il ne faut que distiller une
certaine quantité d'eau-de-vie ; mais cette quantité d'esprit de vin qu'on en tire differe souvent, elle est toujours relative à la force de
l'eau-de-vie qu'on distille. C'est au Distillateur
à faire attention lorsque la partie phlegmatique
commence à s'enlever ; ce qui s'apperçoit aisément par la couleur blanche, qui distingue
les phlegmes de la partie spiritueuse.

La rectification des esprits étant une opération plus délicate, demande aussi d'être dis-
cutée un peu plus profondément. Nous avons
dit que, rectifier des esprits, c'étoit repasser

C 5

l'efprit de vin à l'Alambic. La méthode la meilleure dans cette opération eft celle-ci : quand
on a tiré l'efprit de vin, ce qui doit être à-peu-
près la moitié, ou un peu plus d'eau-de-vie
relativement à fa force, on ôte de l'Alambic
ce qui y refte, & l'on remet dans la cucurbite la partie diftillée, à laquelle on fait la
même chofe que ci-devant : on en retire encore
la moitié ; on l'effaie en en faifant brûler un
peu dans une cuiller : quand le feu eft éteint,
on juge par l'eau qui refte, à quel point
l'efprit de vin eft rectifié : fi l'on juge qu'il
ne foit point encore porté à la perfection où
on le fouhaite, on procede de même que ci-
deffus, & on le repaffe une feconde ou troifieme fois à l'Alambic, jufqu'à ce qu'il foit au
degré qu'on defire.

La rectification des efprits eft la plus dangereufe opération de la diftillation, celle par
conféquent qu'il faut fuivre avec le plus d'attention, tant par rapport à la marchandife, que
par rapport à la perfonne du Diftillateur. Les
autres, quelque conduite qu'elles exigent, ne
demandent pas la moitié de ce que celle-ci exige. Ce que nous avons dit fur les accidens dans
trois ou quatre chapitres regarde principale-
ment la rectification des efprits. C'eft fur-tout
dans celle-ci qu'il faut le plus d'attention à rafraîchir fouvent l'Alambic, & où la préfence
d'efprit eft le plus néceffaire au Fabricant, s'il
veut prévenir des accidens auxquels il eft très-
difficile de remédier en cette partie.

L'efprit de vin rectifié, felon la façon que
nous venons de dire, eft fort brillant, & s'emploie ordinairement dans les eaux cordiales &
celles d'odeurs.

La voie la plus fûre eft le bain-marie, ou
celui des vapeurs pour éviter le danger ; &

celle dont on fe fert le plus ordinairement eft de rectifier à feu nud ; elle eft auffi la plus dangereufe. La meilleure, mais la plus longue, eft celle de rectifier avec un Alambic au ferpentin.

Quand on veut donner le dernier degré de perfection à l'efprit de vin rectifié, il faut le mettre après la rectification fur un feu de fable dans un vaiffeau de rencontre. Voilà fur la rectification des efprits ce qu'on doit obferver, & ce qu'on en peut dire : il nous refte à parler du choix & des preuves de l'eau-de-vie & de l'efprit de vin, tant fimple que rectifié. Ce qu'on verra dans le chapitre fuivant.

CHAPITRE XVIII.

Du choix & des preuves de l'Eau-de-vie & de l'Efprit de vin, tant fimple que rectifié.

LA connoiffance des chofes qu'on emploie doit être de tous les états : ainfi il feroit honteux à un Diftillateur de ne pas connoître ou de ne pas favoir choifir ce qui fait le fond de fon commerce. L'eau-de-vie eft fon principal objet ; la connoiffance par conféquent ne peut lui en être indifférente. Parmi les preuves les plus ufitées pour juger de l'eau-devie, je rapporte celles-ci comme les plus ordinaires & les plus fûres : il faut d'abord examiner fi elle eft bien nette & bien brillante ; fi elle n'eft ni trop blanche ni trop nébuleufe. Si elle fe trouve à cet égard telle qu'on la fouhaite, il faut en verfer dans un verre, obferver fi elle pétille, fi elle mouffe, & fi la mouffe en s'abattant laiffe fur l'eau-de-vie des

véſicules, & ſi ces véſicules y reſtent long-
temps. Si les véſicules tiennent, & que l'eau-de-
vie ait d'ailleurs les qualités que nous avons
dites, on en peut juger avantageuſement.

Une ſeconde preuve eſt de prendre du papier qui n'ait point été collé, de le tremper
un peu dans l'eau-de-vie : ſi l'humidité s'étend
beaucoup plus loin que l'endroit mouillé, vous
pouvez décider que l'eau-de-vie eſt plus phlegmatique qu'elle ne doit l'être ; car l'humidité
qui s'étend, n'eſt autre choſe que la partie
aqueuſe.

Une troiſieme preuve, c'eſt de verſer un peu
d'eau-de-vie dans le creux de la main & de
frotter : ſi elle ſe deſſeche promptement, l'eau-
de-vie eſt ſpiritueuſe : s'il reſte de l'humidité,
elle eſt à coup ſûr très-phlegmatique.

La meilleure façon d'en juger, c'eſt d'être
un peu gourmet en cette partie : le goût dé-
cide mieux encore que toutes les preuves ci-
deſſus. Ceux qui ne veulent pas s'en rapporter tout-à-fait à eux-mêmes, ou qui ſe défient
de leur goût, peuvent ſe ſervir des preuves
ci-deſſus.

La meilleure enfin & la plus ſûre, eſt d'en
diſtiller. Lorſqu'on en a employé une grande
quantité, on juge pour lors, par ce qu'elle
rend au tirage, du prix qu'on y peut mettre.
Quantités de perſonnes ſe laiſſent prévenir par
la couleur, & décident de la bonté ſur l'apparence ; mais ils ignorent que cette couleur
jaune eſt ſouvent l'effet d'une teinture que lui
donne le Marchand. Ceux qui ſe connoiſſent
en cette partie, ne ſe laiſſent pas prendre par
cette apparence, & regardent cette preuve comme très-équivoque, comme elle l'eſt en effet :
ils lui préferent toujours une eau-de-vie blanche ; pourvu qu'elle ſoit nette & brillante,

lorfqu'il eft queftion de diftiller, parce que l'eau-de-vie nouvelle rend beaucoup plus que la vieille. Ceux qui la vendent en détail, préferent l'eau-de-vie vieille & plus ambrée, parce qu'elle a moins de mauvais goût que la nouvelle. Cette derniere rend beaucoup plus à la diftillation, quand elle eft bien choifie d'ailleurs, ainfi que je l'ai éprouvé moi-même.

Il eft très-facile de diftinguer l'eau-de-vie nouvelle de celle qui ne l'eft pas ; l'eau-de-vie de vin, de celles qui font faites de grains ou avec d'autres boiffons, ou avec la lie & le marc de vin. Les eaux-de-vie de grains ou d'autres boiffons que le vin, font âcres & moins fpiritueufes ; celles de lie & de marc de vin ont d'ordinaire un goût de feu & même d'empyreume.

La preuve des efprits fimples confifte feulement à en brûler, & on juge, par ce qui refte, de leur qualité. Les preuves des efprits rectifiés font de plufieurs fortes : quelques perfonnes jugent de leur perfection à l'odorat ; d'autres s'en frottent les mains qui demeurent très-feches le moment d'après, fi les efprits font bien rectifiés ; d'autres enfin font tremper du coton ou du papier, & l'approchant d'une chandelle, les enflamment : fi le feu des efprits brûle le papier ou le coton, on eft fûr de leur perfection ; s'ils ne brûlent pas, ils font phlegmatiques ; car c'eft l'humidité qui a pénétré le papier ou le coton, qui les empêche de brûler : la preuve la plus fûre eft de mettre le feu à une cuiller où vous aurez mis l'efprit de vin, & fi tout fe confomme, qu'il ne refte aucune humidité, pour le fûr votre efprit eft de toute qualité. Voilà, fur les différentes preuves par lefquelles on peut juger de la bonté de l'eau-de-vie & de l'efprit de vin, tant fimple que rectifié, tout ce qu'on en peut dire, ce qu'on croit de meilleur, & ce qui est le plus en usage.

CHAPITRE XIX.

De la connoissance & du choix des Fleurs qu'on emploie dans la Distillation.

LEs Distillateurs emploient les fleurs de deux manieres : ou pour en exprimer la teinture, comme l'on fait de la violette, du coquelicot, du bluet, du safran, de la fleur d'hyacinte, de la giroflée, & autres : ou pour en distiller le parfum, comme sont la rose, l'œillet, le jasmin, la violette, la jonquille, la tubéreuse, les fleurs des plantes aromatiques, comme celles du thim, du romarin, du basilic, de l'aspic, de la lavande, &c. ou les fleurs des arbres odoriférans, comme celles de l'oranger & autres.

Il est essentiel aux Distillateurs de savoir choisir les fleurs qu'ils emploient, & de les employer dans le temps qu'elles sont dans leur force : la regle générale pour cette partie est de les cueillir toujours avant le lever du soleil, lorsque la fraîcheur du matin tient encore leur parfum concentré, parce que la chaleur l'enleve, en sorte qu'une fleur cueillie dans la chaleur du jour a sûrement beaucoup moins d'odeurs que celle qui l'est le matin.

Il faut ajouter encore qu'il est des fleurs, comme la violette, qu'on trouve dans deux saisons; mais la violette printaniere est toujours la meilleure : la violette simple qui croît dans des endroits exposés, est préférable à celle qui vient à l'ombre : la violette simple est préférable pour l'odeur à la violette double ; cette derniere eft préférable à l'autre pour la teinture.

Parmi les fleurs odoriférantes, on diftingue celle dont on extrait le parfum par la diftillation, pour les liqueurs de goût ; & celles dont on n'extrait que l'odeur, pour des eaux d'odeurs. Les premieres font la violette, dont on extrait le parfum pour les liqueurs de goût & la teinture violette ; l'œillet, la giroflée, dont on extrait auffi des teintures avec le parfum ; la tubéreufe, la jonquille, le jafmin, la fleur d'orange, dont on diftille de l'eau fimple une quinteffence qu'on appelle autrement Néroly, qu'on enploie en ratafia, dont on fait des confitures feches & liquides.

Parmi celles dont on extrait l'odeur pour les eaux d'odeurs ou de fanté, il y en a plufieurs dont on tire l'huile effentielle ou la quinteffence ; telles font la rofe, la fleur d'orange, la lavande, &c. defquelles on peut tirer la quinteffence qu'on emploie au défaut de la fleur, lorfque celle-ci ne fubfifte plus.

Il eft encore effentiel au Diftillateur de diftinguer celles qui fe reffemblent, telles font l'afpic & la lavande, celles des fruits à écorce, qu'on prend quelquefois l'une pour l'autre, & dont un homme fans expérience confond les quinteffences à caufe de quelque reffemblance d'odeur.

Il ne l'eft pas moins de ne pas prendre indifféremment toutes fortes de fleurs, pour extraire les teintures ; telles fleurs ont en effet une couleur très-brillante, & donneroient la plus belle teinture du monde, qu'on ne peut employer, parce qu'elles font de mauvaife odeur, ou donneroient un mauvais goût. Mais quelque bonnes, à cet ufage, que foient les fleurs dont nous avons parlé, on verra dans le chapitre fur les couleurs & les teintures, qu'ex-

cepté le fafran , il vaut mieux employer les drogues dont nous parlons , parce que les teintures aux fleurs font fujettes à dégénérer, inconvénient auquel il eft toujours bon d'obvier, lorfqu'on a d'autres moyens auffi fimples , & de la
réuffite defquels on peut s'affurer, parce que
l'expérience en démontre.

Il fuffit d'obferver que dans tous les cas où
le Diftillateur habile peut fe trouver , il faura
toujours tirer parti de ce qu'il trouvera , &
qu'il le faura toujours embellir & perfectionner.

CHAPITRE XX.

De la connoiſſance des fruits.

LEs fruits qu'emploient les Diftillateurs font
de plufieurs fortes : les fruits à écorce , les
fruits à pepins, les fruits à noyaux, & les fruits
à coque.

Les fruits à écorce , comme l'orange de Portugal , le cédrat , le citron, la bigarade , le
limon , la bergamotte , font excellens pour les
liqueurs de goût , lorfqu'on fe fert des zeftes
de ces différens fruits , pour en extraire le parfum avec l'huile effentielle. La quinteffence qu'on
en tire remplace le fruit , lorfqu'il ne fe trouve
plus. Mais les quinteffences ne peuvent pas
fe faire ici comme dans le pays , où ces fruits
ont pris naiffance ; parce que , outre que le
tranfport leur a fait perdre beaucoup de leur
parfum primitif, le prix qu'ils coûtent dans ce
pays-ci en rend la fabrique impoffible au Diftillateur. Nous parlerons du choix qu'on doit en
faire aux chapitres qui en traiteront fpécialement. La bergamotte eft plus ordinairement

employée dans les eaux d'odeurs, que dans les liqueurs de goût.

Parmi les fruits à pepins, les Distillateurs en emploient fort peu, excepté la pomme de reinette, la poire de rousselet & le coing. On fait du ratafia de ces trois fruits ; mais la poire de rousselet se confit plus ordinairement à l'eau-de-vie. Pour le coing, comme il est propre à la fermentation spiritueuse, on peut distiller l'eau spiritueuse qu'il rend par la fermentation : & l'esprit de cette eau, ou liqueur vineuse, s'emploie avec succès à une liqueur, qui auroit acquis toute la finesse du goût de ce fruit, & la qualité bienfaisante qu'on lui connoît pour l'estomac.

On se sert plus communément de ce dernier fruit pour le ratafia ; on en fait encore un ratafia double ou hypotheque, qui acquiert en vieillissant une perfection inconcevable.

On se sert des fruits à noyaux pour le ratafia ; tels sont les cerises, les prunes, les abricots, les pêches, ces quatre especes se confisent à l'eau-de-vie. Il est encore d'autres fruits, que les Distillateurs emploient pour les ratafias & les sirops ; telles sont la fraise & la framboise, qu'on emploie dans plusieurs ratafias, pour leur donner un goût plus fin. On emploie les mûres & les framboises pour colorer les ratafias, ainsi que les merises. On fait du sirop avec les mûres & les groseilles, qui est fort agréable au goût, & dont on fait usage pour les malades.

Les fruits à coque servent aussi dans le commerce de la Distillation à plusieurs usages. On fait du ratafia de noix, & on confit ce fruit à l'eau-de-vie, lorsqu'il est encore tendre.

On se sert des amandes pour l'eau de noyau : on tire de ce même fruit, ainsi que des noisettes, & de la noix de ben, des huiles pour les essences parfumées.

On ne parle ici que de ceux dont les Distillateurs se servent le plus communément : il en est beaucoup d'autres, qu'on pourroit employer avec autant de succès. Il suffit d'avoir indiqué ici l'usage qu'on en fait : c'est aux Amateurs de l'art de perfectionner les anciennes découvertes, & d'en faire de nouvelles. Les recettes changent avec le goût ; mais la méthode, & les procédés que nous donnons, serviront toujours pour diriger les opérations.

CHAPITRE XXI.

De la connoissance des plantes aromatiques & vulnéraires.

ON appelle Plantes aromatiques, celles dont la tige & la fleur ont une odeur forte & pénétrante, & cependant agréable. Ces plantes conservent cette odeur long-temps après qu'elles sont cueillies, même quand elles sont desséchées.

On appelle plantes vulnéraires, celles qui ont un goût aromatique, qui sont onctueuses & balsamiques. Nous ne parlons ici des plantes vulnéraires, que parce que nous donnerons dans le cours de cet Ouvrage, la recette & la méthode de plusieurs eaux vulnéraires, & surtout celle de l'eau d'arquebusade. Les plantes aromatiques & vulnéraires sont en grand nombre ; mais nous n'entrons pas dans ce détail, nous nous contenterons d'indiquer ici celles dont les Distillateurs font le plus d'usage, comme la melisse, le romarin, la lavande, l'aspic, la marjolaine, la fauge, &c. dont nous donnerons les recettes ci-après: Pour les vulnéraires, on les trouvera aux chapitres qui en traitent.

On tire des plantes aromatiques des eaux d'odeurs, qui font excellentes pour fortifier le cœur & le cerveau, & dont on fe fert habituellement dans les évanouiffemens. On en tire auffi des quinteffences qui tiennent lieu des plantes mêmes, dans les faifons où l'on n'en trouve plus.

On diftille les aromatiques en deux façons ; ou à l'eau, pour en tirer des eaux fimples ; ou à l'efprit de vin, pour en faire des eaux d'odeurs. Toutes deux contribuent à la fanté, en contribuant à la propreté du corps.

Les meilleurs vulnéraires qu'on puiffe employer, font ceux qui nous viennent de la Suiffe. On envoie ordinairement ces plantes feches, feuilles & fleurs ; mais elles confervent affez de leur bonne qualité pour les employer ici.

Les plantes vulnéraires dont on fe fert pour l'eau d'arquebufade, viennent toutes en France ; & on les emploie dans leur force & leur verdeur. C'eft fur-tout dans le temps qu'elles font en fleurs, qu'il faut en faire ufage. On les diftille à l'eau fimple ; mais celles qui font diftillées à l'efprit de vin, ont infiniment plus de vertu.

Les feuilles & les fleurs des plantes aromatiques entrent dans le pot pourri; on s'en fert auffi pour les fachets de fenteur. La regle générale, eft de les employer dans leur force, & de les cueillir, comme nous avons dit ci-deffus, avant que la chaleur ait enlevé une partie de leur parfum.

Voilà fur les plantes, tant aromatiques que vulnéraires, ce qu'on peut dire. On trouvera

de plus grands détails fur ce fujet, aux chapitres qui en parlent.

CHAPITRE XXII.

De la connoiſſance des Epices & des Grains.

LE grand uſage qu'on a fait de tout tem
des Epices, eſt la meilleure preuve de leur
bonté. L'abus ſeul qu'on en a fait, les a rendu
dangereuſes.

Le Diſtillateur emploie les épices dans beaucoup de parties de ſon commerce ; ainſi il eſt
eſſentiel pour lui de les bien connoître. Celles
dont il fait le plus d'uſage ſont le girofle, la
cannelle, la muſcade & le macis.

De ces quatre eſpeces on tire des eſprits
par la Diſtillation, des teintures par infuſion &
des huiles eſſentielles, comme nous le dirons
ci-après : elles entrent auſſi dans les recettes
de pluſieurs eaux d'odeurs, & ſur-tout dans
celles des eaux cordiales.

On trouvera dans le cours de cet ouvrage
des moyens pour ne ſe pas tromper dans le
choix des épices : cette connoiſſance eſt d'autant plus eſſentielle, qu'elles entrent dans la
plupart des liqueurs de goût.

Ce que nous en diſons ici en paſſant, n'eſt
que pour la chaîne des connoiſſances prélimi-
naires que nous nous ſommes propoſés de donner avant de paſſer aux opérations de la diſtillation, & afin de ne rien omettre des choſes
qu'il eſt eſſentiel de ſavoir avant opérer.

Il ne nous reſte, pour achever cette eſpece d'Introduction à la Diſtillation, que de
dire un mot ſur les grains qu'on emploie ordinairement, ſans entrer dans aucun détail,
& ſimplement pour les annoncer.

Les grains les plus connus dans la Diſtillation, ſont l'anis, le fenouil, l'angélique, la coriandre, le genievre, l'aneth, le céleri & le perſil, le chervis, le carvi, la carotte, & autres. On en extrait l'eſprit à l'eau-de-vie pour les liqueurs de goût. On en tire l'huile eſſentielle ; on fait des infuſions, telles que le ratafia de veſpétro, ou ratafia des ſept graines.

Le café eſt d'une eſpece ſi excellente, que nous avons réſolu de le traiter avec plus d'étendue & ſéparément.

C'eſt ſur les principes que nous avons établis, que nous allons procéder dans le cours de nos chapitres. Nous commencerons par les fleurs, enſuite par les plantes aromatiques & vulnéraires ; delà nous paſſerons aux fruits, des fruits aux épices, des épices aux graines, & nous finirons ce Traité par les eaux d'odeurs, les eſſences, les ſirops, les ratafias & les infuſions.

CHAPITRE XXIII.

De la Fleur d'Orange.

L'Orange eſt un arbre fort connu, on le cultive ici avec ſuccès ; mais les pays où il croît naturellement, ſont la Provence, le Languedoc, le Portugal, Malte, l'Italie. Il en croît dans d'autres Pays, mais ceux-ci ſont les plus connus. La fleur de cet arbre eſt blanche, molle, d'une odeur forte, pénétrante & très-agréable à l'odorat & au goût.

Il faut prendre garde de ne pas vous tromper dans le choix des fleurs ; celle de bergamottier eſt plus belle & moins bonne que la véritable fleur d'orange : on la distingue à la fleur, qui est plus forte, le parfum moins agréable, le haut a un peu de rouge.

Ayez de la fleur d'orange fraîche, cueillie après le lever du soleil ; mettez la feuille & le cœur de la fleur sans l'éplucher, dans la cucurbite, avec de l'eau ; vous mettrez votre Alambic sur le feu, en observant bien de regle de la distillation. A feu nud, il faut un feu plus violent que quand on distille à l'eau-de-vie, parce que l'eau étant plus pesante & point spiritueuse, elle monte plus difficilement, & ne peut même monter que par un feu violent. Il faut avoir une grande attention à la quantité d'eau qu'on veut tirer, parce que si on en tiroit trop, la fleur s'attacheroit au fond de la cucurbite, brûleroit & gâteroit ce qui est déjà tiré ; si on en tiroit moins, on perdroit ce qu'on en pourroit tirer de plus. Rafraîchissez toujours votre réfrigérant, cela donne de la qualité à votre distillation, & conserve l'odeur : les épluchures même peuvent servir ; on peut les employer, & l'eau de fleurs d'orange n'en sera pas moins bonne.

Recette.

Prenez une livre de fleurs d'orange, quatre pintes d'eau, pour en tirer trois pintes.

Autre.

Une livre d'épluchures, trois pintes d'eau, pour en tirer deux pintes, ou deux pintes & demi-septier au plus, en observant ponctuellement les regles de ce Chapitre.

Néroly & Eau de Fleurs d'Orange double.

Nous venons de dire la façon de faire l'eau de fleurs d'orange simple ; voici celle de faire l'eau de fleurs d'orange, & le Néroly.

L'eau de fleurs d'orange double se fait au bain-marie : on met dans l'Alambic des fleurs d'orange à proportion de ce qu'on veut tirer d'eau sans y mettre ni eau ni eau-de-vie ; l'Alambic étant garni, on le met sur le feu, & on tire toute l'odeur de ces fleurs : c'est ce qu'on appelle eau double de fleurs d'orange.

On peut mettre dans l'Alambic autant de fleur qu'il en pourra tenir jusqu'au couronnement ; & lorsque l'Alambic est dans le bain, la chaleur l'amortit petit-à-petit, la fond, & commence à bouillir : c'est dans ce temps que l'eau de fleurs d'orange commence à monter. Pour faire cette eau comme il faut, il faut prendre de la fleur fraîche, cueillie après le lever du soleil dans le beau temps, s'il est possible ; il ne faut se servir que des feuilles qui composent la couronne ; il faut encore choisir les fleurs les plus épaisses, parce qu'elles rendent davantage à la distillation, ayant moins de coton ; il faut pousser le feu, parce que cette distillation est plus longue qu'à feu nud, & que les fleurs ne courent pas le danger d'être brûlées au fond de la cucurbite ; mais sur-tout il faut rafraîchir souvent, si vous voulez que votre eau ait une bonne odeur. Avec l'eau double de fleurs d'orange de Néroly viendra ou quintessence de fleurs d'orange. Comme cette quintessence est la partie huileuse, elle surnagera. Ce Néroly est d'abord de couleur verte, mais après quelques jours il devient rougeâtre ; pour le séparer avec facilité de l'eau double, il faut renverser la bouteille ; l'eau double de fleurs d'orange coule la premiere, & le Néroly vient ensuite : voilà la façon de faire l'eau de fleurs d'orange double, & comment on en sépare le Néroly ou quintessence. Cette eau est parfaite,

& il en faut peu pour donner beaucoup de parfum aux chofes auxquelles on en mêle. Mais le Néroly eft bien encore au deffus de cette eau double, on n'en peut pas faire comparaifon ; un demi-poiffon de Néroly fait plus d'ufage qu'une pinte & plus d'eau de fleurs d'orange double ; c'eft un fait que l'expérience démontre.

Quoiqu'on n'ait plus pour la fleur d'orange le goût qu'on avoit autrefois, il faut efpérer qu'il reprendra mieux qu'il ne prit jamais, c'eft une partie que le Diftillateur ne doit point négliger ; cette odeur eft fi agréable que, malgré la fureur de la mode pour des odeurs d'un mérite bien inférieur, elle a encore des partifans zélés.

Recette pour l'Eau double.

Vous mettrez dans l'Alambic des fleurs d'orange jufqu'au couronnement, ou moins fi vous voulez moins tirer d'eau ; pour l'avoir bonne, n'en tirez au plus que le tiers fi les feuilles font épaiffes, & moins fi elles ne le font pas. Pour le Néroly la quantité dépend de celle de l'eau double diftillée, de l'ardeur du feu, & de la bonté des fleurs. Celles de Provence & de Languedoc donnent plus & du meilleur qu'à Paris, parce que les fleurs y ont plus de force.

Recette pour le Néroly.

Pour faire le Néroly ou quinteffence de fleurs d'orange, quand on veut tirer une certaine quantité, il faut mettre votre eau de fleurs d'orange double dans un Alambic au réfrigérant, & mettre dans cette eau double de nouvelles fleurs d'orange ; luter votre Alambic, le pofer à feu nud ou fur un bain de vapeurs, afin que la force du feu faffe monter la quinteffence plus facilement : le meilleur Néroly fe fait au bain

de

ße vapeurs, & cette diſtillation met la marchandiſe à l'abri des accidens qui arrivent en diſtillant à feu nud; les fleurs ne brûlent pas, &
on ne craint pas pour l'eau double ni pour le
Néroly le goût de feu ou celui d'empyreume;
l'opération eſt très-longue & parfaite.

Eau de Fleurs d'orange: Liqueur.

Après avoir parlé des eaux ſimples, doubles,
& Néroly ou quinteſſence de fleurs d'orange,
nous allons parler d'une autre eau de fleurs d'o-
range infuſée dans des eſprits, qui eſt liqueur.
Nous aurons encore aux chapitres des ratafias,
dont nous faiſons un article à part, quelque
choſe à dire ſur le ratafia de fleurs d'orange:
l'eau de fleurs d'orange dont nous allons parler, eſt une autre liqueur très-différente du ratafia.

Pour faire cette eau en liqueur, il faut mettre plus d'eſprit de vin qu'au ratafia; cela la fera
plus liqueur, parce que le ratafia de fleurs d'o-
range eſt ordinairement foible; c'eſt au fabricant intelligent à ſe bien conduire ſur ce point.

Pour faire de l'eau de fleurs d'orange en liqueur, vous ferez fondre du ſucre dans de l'eau
fraîche, vous mettrez beaucoup moins d'eau
pour faire fondre le ſucre que vous n'en mettrez pour le ratafia; quand votre ſucre ſera
fondu, vous y mettrez de l'eſprit de vin ſimple,
& enſuite vous mettrez de l'eau de fleurs d'o-
range double, vous les mêlerez bien, & les
paſſerez à la chauſſe; & quand votre liqueur
ſera claire, elle ſera faite.

On peut, ſi l'on veut, ſe ſervir du Néroly:
alors il faut mettre de l'eau-de-vie dans l'Alambic avec le Néroly & de l'eau, le diſtiller;
& quand vous en aurez tiré les eſprits, vous les

D

jetterez dans le firop, les mêlerez & les pafferez à la chauffe.

Vous obferverez dans cette opération que
l'on ne diftille pas la fleur d'orange avec l'eau-
de-vie pour la mettre en liqueur, parce que
cette liqueur ne deviendroit jamais claire; les
efprits feroient trop chargés d'une quinteffence,
dont on ne feroit plus le maître. C'eft pourquoi on fe fert de l'eau de fleurs d'orange double & du Néroly.

Voyez tout ce que nous avons dit fur la
fleur d'orange, pour régler avec juftefle vos
opérations.

Recette.

Pour fix pintes mettez trois pintes & demi-
feptier d'eau-de-vie dans votre Alambic; mettez auffi trois pintes d'eau, & demi-feptier
d'eau de fleurs d'orange; & fi votre eau eft
moins forte en fleurs, il faut en mettre davantage, & diminuer l'eau de votre firop à proportion du plus que vous en aurez mis.

Recette pour la faire avec le Néroly.

Du Néroly ou quinteffence de fleurs d'o-
range, vous en mettrez vingt gouttes par pinte
dans l'Alambic, pour trois pintes & demi-
feptier d'eau-de-vie; vous mettrez foixante gouttes de Néroly, & alors trois pintes & demi-
feptier d'eau & une livre de fucre.

CHAPITRE XXIV.

De la Rose.

ON peut ranger toutes les roses sous deux especes générales, une sauvage qu'on appelle rose de chien, & les autres domestiques.

Les roses sauvages sont simples, ordinairement pâles; elles ont moins d'odeur que les roses pâles domestiques; mais elles en ont plus que les rouges. Leur fruit est d'un grand usage dans les remedes.

Les roses domestiques sont les roses pâles & incarnates simples, les roses blanches ordinaires, les roses muscates & les roses rouges.

Les roses pâles simples sont plus odorantes que celles qu'on appelle roses incarnates à cent feuilles, parce que leur vertu est ramassée dans moins de feuilles; & ce sont de celles-là que le Distillateur se sert le plus communément. On se sert peu des roses muscates.

Les blanches communes sont bonnes pour la distillation: la rose rouge ou de Provins sert pour les remedes: on en peut exprimer de belles teintures.

Il faut cueillir toutes les roses aussi-tôt après le lever du soleil; la trop grande chaleur fait dissiper le parfum: au lieu que, immédiatement après le lever du soleil, elles ont conservé un esprit de l'air que la rosée de la nuit leur a imprimé, & qui fait leur vertu.

Il ne faut pas les cueillir en temps de pluie, parce que l'eau les humecte, & emporte une partie de leur vertu & de leur parfum.

Pour faire l'eau de rose simple, il faut dépouil-

D 2

ler simplement les feuilles de la rose, les piler, garnir la cucurbite de votre Alambic jusqu'au couronnement, & les distiller au bain-marie ou au bain de vapeur.

Pour lui donner plus de parfum, il faut remettre l'eau distillée dans l'Alambic sur d'autres feuilles de roses préparées comme les premieres, & les distiller au bain-marie, comme ci-devant.

Pour tirer la Quintessence de Rose.

Prenez la rose fraîche cueillie après le lever du soleil, & la rose pâle domestique, vous vous servirez d'un Alambic de verre : vous mettrez un lit de fleurs, un lit de sel, & vous remplirez votre cucurbite jusqu'au couronnement. Quand vous les aurez bien pressées, vous couvrirez votre Alambic de son chapiteau, le luterez bien, vous boucherez le tuyau, & laisserez votre Alambic, garni de cette façon, reposer deux jours entiers, pour donner le temps à la quintessence de sortir : c'est le sel seul qui la fait sortir des roses, parce qu'elles n'ont point assez de force, & d'elles-mêmes ne distilleroient que de l'eau rose ; mais le sel, lui donnant la force dans cet espace de temps, en fait sortir la partie huileuse qui est la quintessence,

Après le temps prescrit pour la fermentation, vous distillerez vos roses digérées de cette façon. Vous retirerez ce qui distillera d'abord, parce que ce sont des phlegmes que ce qui distille en premier lieu ; ensuite vous luterez au tuyau votre récipient ; ce qui viendra ensuite sera l'eau de rose double & la quintessence : vous séparerez l'eau d'avec la quintessence, comme vous séparez le Néroly de l'eau de fleurs d'orange double. La quintessence de rose n'eſt pas aſſez connue pour être bien à la mode ; mais ſi une fois elle prend, ſon regne ſera de durée. Le mérite de la roſe eſt trop connu, pour ne pas eſpérer un heureux ſuccès de la diſtillation de la quinteſſence ; & l'ouvrier qui la fera bien, en tirera parti en ſe faiſant honneur.

CHAPITRE XXV.

Du Lis.

LE lis eſt une fleur blanche, d'odeur forte, onctueuſe, en forme de coupe très-ouverte par le haut : au milieu de la fleur eſt le piſtil, qui eſt couvert d'une pouſſiere jaune. Ces fleurs ſont attachées à une queue grêle & molle.

Il y a deux ſortes de lis, un dont les fleurs ſont blanches, & l'autre dont elles ſont jaunes. Ces deux eſpeces ſe reſſemblent entiérement aux fleurs près, qui ſont de différentes couleurs ſeulement.

Cette fleur eſt très-bonne à employer ; les Parfumeurs s'en ſervent avec ſuccès pour leurs poudres : elle eſt bonne pour la Pharmacie ; on en tire une eau ſalutaire. Les Diſtillateurs Liqueuriſtes la ſuppriment totalement.

CHAPITRE XXVI.

De l'Œillet.

LEs œillets dont les Diſtillateurs ſe ſervent ſont les petits œillets rouges, qu'on appelle œillets à ratafia.

Le petit œillet n'a que quatre feuilles : pour le bien choiſir, il faut qu'il ſoit d'une couleur rouge foncée, tirant ſur le noir ; que ſes feuilles ſoient bien veloutées ; il faut le cueillir en temps chaud. Cet œillet fleurit trois fois dans l'été ; ce ſont ceux de la premiere ſeve qu'il faut choiſir, ils ont toujours plus de force & de parfum que les autres. Les Bourgeois n'emploient ordinairement que ceux de la troiſieme ſeve, parce qu'ils ſont moins chers & plus communs que ceux de la premiere.

Vos œillets choiſis avec la qualité ci-deſſus, vous tirerez les feuilles de cette fleur, & couperez le blanc deſdites feuilles.

Quelques-uns prétendent que ce blanc donne de l'âcreté au ſirop ; & moi, je dis, que cela ne peut être, car ce blanc eſt extrêmement doux. S'il n'y avoit que cette raiſon, je crois qu'il ſeroit plus à propos de laiſſer le blanc ; mais la meilleure pour le proſcrire, c'eſt que ce blanc ôteroit dans l'infuſion une partie de la couleur en pure perte, d'autant plus qu'il n'a point d'odeur abſolument ; & ce ſont les meilleures raiſons de l'ôter.

Vous couperez donc ce blanc, & quand vous aurez épluché vos œillets de cette ſorte, vous les mettrez dans une cruche, & quand votre cruche ſera pleine, vous verſerez de l'eau-de-

vie fur vos œillets, & vous les laifferez infufer l'efpace de fix femaines avec quelques
clous de girofle, pour faire fortir le goût des
fleurs.

Il faut obferver que, fi vous n'employez
pas beaucoup de fleurs, il faut la proportionner à la quantité que vous en aurez ; de forte
que, fi vous n'en avez pas affez pour en remplir plufieurs, ou une grande, ou une moyenne, il n'en faut prendre qu'une petite, parce
qu'il faut que la cruche dont vous vous fervirez foit abfolument pleine. La raifon en eft
que, comme la couleur des œillets fait une
partie du mérite de la liqueur, parce qu'elle
donne une teinture brillante, il eft néceffaire
que vos fleurs trempent tout-à-fait dans l'eau-
de-vie, pour bien décharger leur teinture ; en
forte que, fi la cruche n'étoit pas bien remplie de fleurs lorfque l'eau-de-vie feroit dans
la cruche, les fleurs iroient au deffus de l'eau-
de-vie, & ne refteroient pas au fond de la
cruche : les fleurs qui feroient deffus ne feroient pas parfaitement imbibées, & ne fe dé-
chargeroient pas bien de leur couleur.

Ainfi il faut toujours que votre cruche foit
pleine de fleurs avant de la remplir d'eau-de-
vie ; il ne faut pas cependant les preffer, parce
que l'eau-de-vie ayant plus de peine à les pénétrer, en auroit auffi plus à enlever leur couleur.

Quand votre cruche fera pleine de fleurs &
d'eau-de-vie, vous la boucherez bien, afin que
rien ne tranfpire ; ce qui diminueroit la force
de l'odeur de votre infufion. Au bout de fix
femaines vous la retirerez, vous la pafferez
dans un tamis, vous laifferez bien égoutter les
fleurs, vous pouvez même les preffer. Vous ferez fondre du fucre dans de l'eau fraîche ; &

quand le fucre fera fondu , vous y mettrez votre infufion , dont vous aurez eu foin d'ôter les
feuilles de fleur. Quand elle fera bien mêlée
avec le firop, vous paſſerez le tout à la chauſſe ;
& quand ce mélange fera clair , votre eau d'œillet fera faite.

Pour que la liqueur ait toutes les qualités
qu'elle .doit avoir , il faut qu'elle foit d'une
couleur brillante , d'un rouge foncé , tirant
tant foit peu fur la couleur pourpre. Si
votre couleur tiroit fur le noir , & qu'elle
fût trop foncée , pour la rendre d'un rouge
un peu plus clair, vous y mettrez un peu
d'eau-de-vie & de firop , & le tout avec difcernement , car la couleur de cette liqueur fait
ordinairement la regle du goût ; puifque c'eſt
de la couleur qu'elle tire ce qu'elle a de mérite , parce que cette teinture lui donne le
goût.

Recette.

Pour faire l'eau d'œillet, vous mettrez moitié infufion & moitié firop, & vous employerez fix onces de fucre par pinte d'eau, pour faire
le firop.

Autre façon de faire l'eau d'Œillet.

On peut encore employer l'œillet d'une autre façon, & cette façon eſt beaucoup plus
prompte que la premiere, & tourne au profit
du Fabricant. Perfonne jufqu'ici ne l'avoit pra-
tiquée ; je l'ai tentée, & j'y ai réuſſi, & c'eſt
ma pratique ordinaire, que l'expérience m'a démontré bonne : la voici.

Lorfque vous aurez épluché vos œillets, de
la même façon que nous avons dit ci-deſſus,
au lieu de les mettre infufer, comme dans ce
Chapitre, pendant fix femaines, vous les met-

trez infuser dans de l'eau sur le feu, comme on fait pour la fleur de violette, & dans trois heures votre œillet aura dépouillé sa couleur; & de rouge qu'il étoit avant cette infusion, il n'aura qu'un rouge pâle, comme un linge qui auroit été trempé de vin. Cette opération faite, vous passerez vos fleurs dans un tamis & les presserez; & selon la force de la teinture vous ferez votre sirop. Si elle est foible, vous ferez fondre votre sucre dans la décoction colorée, & vous mettrez autant de pinte de sirop, que de pinte d'eau-de-vie, & sur le champ votre liqueur sera faite. Vous observerez de piler du clou de girofle, vous en mettrez deux par botte d'œillet, & vous les mettrez dans l'infusion, ou dans la liqueur avant d'être passée. Si on veut l'avoir encore plus fine, on distillera l'eau-de-vie avec quelques cloux de girofle: on en fera une liqueur exquise, en faisant le sirop comme aux liqueurs fines; observez de mesurer votre décoction avant de faire fondre le sucre, & vous ajouterez l'eau qu'il sera besoin d'y mettre.

La briéveté de cette façon de faire l'eau d'œillet est d'un grand mérite: on peut l'avoir dans le même jour. Elle est d'autant plus profitable, que l'eau-de-vie ne diminue point, ni en quantité, ni en force, que la liqueur n'a pas moins de perfection: on a d'ailleurs l'agrément de n'avoir point d'embarras, & de l'avoir aussi promptement qu'il est possible.

CHAPITRE XXVII.

Du Jafmin.

IL y en a de deux efpeces, toutes deux bonnes à employer ; le jafmin commun, & le jafmin d'Efpagne, qui a les fleurs beaucoup plus belles, plus grandes, plus larges & plus odorantes que celle du jafmin commun, de couleur blanche en dedans, rougeâtre en dehors. C'eft ce dernier que les Diftillateurs emploient le plus ordinairement ; les Parfumeurs en font un ufage très-étendu.

Il faut cueillir le jafmin avant le lever du foleil, pour qu'il n'ait rien perdu de fon parfum, & qu'il ait cette vertu que l'air & la fraîcheur de la nuit impriment à toutes les fleurs.

Il faut arracher la fleur du calice verd dans lequel elle eft renfermée, & l'employer aufli-tôt, de peur qu'elle ne perde quelque chofe de fon parfum. Quand vous l'aurez épluchée de cette façon, vous mettrez vos fleurs dans l'Alambic avec l'eau & l'eau-de-vie portée dans la recette.

Ceci fait, vous ferez un feu un peu vif, & vous mettrez votre Alambic fur ce feu ; vous diftillerez vos fleurs.

Sur-tout ayez beaucoup d'attention, en diftillant, qu'il ne vienne point de phlegme, car vous gâteriez votre liqueur, qui n'auroit plus fon parfum ; car en diftillant le jafmin, le parfum monte le premier. Quand vous aurez tiré tous vos efprits, vous boucherez promptement votre récipient. Vous ferez enfuite fondre du fucre dans de l'eau fraîche ; & quand votre fucre fera fondu, au lieu de verfer vos ef-

prits dans le firop, vous verferez le firop dans
le récipient fur les efprits parfumés.

Vous boucherez auffi-tôt le récipient, & ne
le pafferez à la chauffe que le jour fuivant,
pour donner aux efprits diftillés le temps de
fe refroidir parfaitement pour conferver leur
odeur, qui, en s'exhalant, feroit tort à votre
liqueur, & enfin pour que ces mêmes efprits
pénetrent bien le firop.

Ayez foin quand vous le pafferez à la chauffe,
de bien couvrir l'entonnoir, par la même raifon. Ce n'eft qu'en obfervant exactement ce que
nous difons, que vous pourrez faire de bonne
eau de jafmin. Ce n'eft pas un petit mérite
pour le Diftillateur.

Il s'en trouve fi peu de bonne, que celui
qui la fait bien, a dans cet art une très-bonne
partie.

D'ailleurs, comme la conduite de cette diftillation eft un des points de fcience d'un Diftillateur, celui qui eft capable de bien faire
l'eau de jafmin, eft fort en état, avec quelque connoiffance, de bien conduire fes autres
opérations.

Je crois qu'on peut tirer la quinteffence du
jafmin & des autres fleurs dont on fait des
effences. Quoique l'odeur du jafmin foit extrêmement douce, & que perfonne, je crois,
n'ait tenté cette épreuve, je penfe qu'on en
peut tirer, comme des rofes, en obfervant la
même méthode que nous avons donnée, pour
faire la quinteffence de cette fleur, au Chapitre vingt-quatrieme, où j'en traite fpécialement.

Recette pour fix pintes.

Vous employerez trois pintes & demi-feptier d'eau-de-vie, une chopine d'eau, fix on-

ces de jasmin, une livre de sucre, & trois pintes & demi-septier d'eau pour faire votre sirop.

Pour fair votre eau de jasmin fine & moëlleuse, vous employerez quatre pintes d'eau-de-vie, une chopine d'eau, & quatre livres de sucre, deux pintes & chopine & demi-poisson d'eau pour le sirop, & huit onces de jasmin.

Pour faire votre liqueur fine & seche, vous employerez quatre pintes d'eau-de-vie, une chopine d'eau ; pour le sirop, deux pintes d'eau, deux livres de sucre, & dix onces de jasmin.

On peut mettre en infusion dans l'esprit de trois pintes & demi-septier d'eau-de-vie, huit onces de jasmin pendant un mois ; après ce temps, faire votre sirop, en mettant un demi-septier d'eau-de-vie de moins, à cause que le jasmin a affoibli les esprits, votre liqueur sera parfaite : cette opération est la meilleure.

CHAPITRE XXVIII.

De la Violette.

LA violette simple & du printemps, vaut infiniment mieux que celle de l'Automne & la double ; c'est celle qu'on emploie le plus volontiers, & dont nous allons parler dans ce Chapitre.

Vous observerez pour cette fleur les mêmes choses que pour celles ci-dessus.

Quand vous les aurez cueillies, vous les éplucherez, c'est-à-dire, que vous séparerez les feuilles du verd. Ensuite vous les mettrez infuser pour donner lieu à la violette de dépouiller sa couleur.

Car il semble que tout le mérite de cette

fleur foit dans fa couleur, quoiqu'elle ait d'ailleurs un parfum doux & exquis. On tire toujours précieufement fa couleur, foit pour le
firop, foit pour les liqueurs : & on a raifon,
car la violette diftillée n'a pas un grand mérite ; celle qui eft infufée eft prefque feule re-
cherchée.

La couleur qui prévient, fait en fa faveur
un grand préjugé ; & de tout temps un préjugé favorable ajoute beaucoup au mérite des
chofes, quelque bonté réelle qu'elles aient d'ailleurs.

Vos viollettes épluchées, vous les mettrez infufer, comme nous difons, dans l'eau-de-vie,
ou efprit de vin, pendant un mois ; car cette
infufion ne fe fait pas comme pour le firop.
Au bout de ce temps vous pafferez votre infufion dans un tamis, & quand votre infufion
fera paffée, & que vous aurez bien égoutté les
fleurs, vous ferez fondre du fucre dans l'eau
fraîche, & quand il fera fondu, vous mettrez
votre infufion dans ce firop ; vous mêlerez bien
l'un & l'autre ; vous pafferez ce mélange à la
chauffe, & quand le tout fera clair, vous aurez votre liqueur faite & bonne.

Employez toujours vos fleurs dès qu'elles feront cueillies, parce qu'elles perdent toujours
quelque chofe de leur parfum, quand on les
laiffe trop long-temps fans les employer.

Ayez foin de bien remplir les vaiffeaux, dans
lefquels vous ferez votre infufion de fleurs fans
les preffer, & cela pour les raifons que nous
avons dites, au Chapitre vingt-fixieme de l'œillet.

On peut encore, pour dépêcher l'ouvrage,
fans qu'il y perde rien de fa qualité, faire l'infufion au feu comme pour le firop. Obfervez
pour cette infufion tout ce que nous avons
dit au Chapitre cent vingt-huit du firop de vio-

lette. La façon d'en extraire la teinture par le feu eft beaucoup plus prompte, & fans contredit meilleure.

La recette encore pour faire l'eau de violette eft exactement la même, que celle que nous avons donnée pour faire l'eau d'œillet ; vous la gouvernerez par les mêmes regles, à cela près, que vous ne mettrez point de girofle pour celle-ci ; vous mettrez à la place demi once d'iris de Florence nouvelle. Le refte eft abfolument la même chofe, que la recette de l'eau d'œillet.

CHAPITRE XXIX.

De la Jonquille.

CEtte fleur vient fur une tige verte, plate, creufe comme celle du narciffe. Ses feuilles font longues, étroites, liffes, douces, molaffes & d'un très-beau verd. Elle fleurit en Mars ou Avril, & eft très-commune. Sa couleur ordinaire eft un jaune clair, entre celle du citron & de l'orange. Les blanches n'ont pas beaucoup d'odeur. Il y en a de doubles & de fimples ; mais les fimples font les plus odorantes. Les doubles ont le parfum plus délicat.

Cette fleur, au gré des connoiffeurs, a le parfum le plus exquis & le plus fin, qui foit dans aucun autre. On en fait des parfums ; elle entre dans les poudres, pommades, eaux & effences. Voici la façon de l'employer en liqueur.

Vous choifirez des jonquilles fimples ou doubles, de la meilleure odeur que vous pourrez ; vous détacherez les feuilles, les ferez infufer dans l'eau-de-vie, jufqu'à ce qu'elles aient bien dépouillé leur couleur; & pour en faire, vous remplirez bien les vaiffeaux où vous mettrez infufer vos fleurs, par les raifons que nous avons dites aux Chapitres précédens de la violette & de l'œillet, ou vous les ferez infufer à une chaleur modérée.

Cette infufion faite comme nous avons dit, vous ferez fondre du fucre proportionnément à la quantité de liqueur infufée; & quand vous aurez paffé votre infufion au tamis, que vos fleurs feront bien égouttées, vous mêlerez le firop & l'infufion que vous pafferez à la chauffe pour la clarifier. Votre liqueur étant claire, fera faite.

Voici encore une meilleure façon. Diftillez à l'eau-de-vie fur un feu un peu vif, telle qnuatité de fleurs que vous voudrez, pour faire fix pintes d'eau de jonquille liqueur. Obfervez de tout point le Chapitre de l'eau de jafmin, pour la faire fine, feche ou moëlleufe; & comme la jonquille ne donneroit pas à la diftillation fa couleur, vous vous fervirez de la teinture de fafran, que vous mettrez en quantité fuffifante pour la couleur de votre liqueur, qui doit avoir celle de la fleur. Il n'y a de recette pour cette partie, que le jugement du Diftillateur.

On en peut encore tirer, comme des rofes, des quinteffences, foit pour parfumer les liqueurs auxquelles on donnera le goût de jonquille, foit pour faire de l'eau d'odeur, pour parfumer les poudres & effences, & autres chofes.

CHAPITRE XXX.

Des couleurs & teintures des Fleurs.

LEs couleurs ordinaires aux liqueurs font le rouge cramoifi, cérife, rofe, le jaune orange, citron, le violet, le violet pourpre, le bleu.

Ces couleurs fe font avec la cochenille & le tournefol, le fafran, le caramel, & s'extraient par infufion des fleurs.

Pour faire la couleur rouge & les nuances.

La couleur rouge eft, de toutes celles qui entrent dans les liqueurs, la plus brillante & la plus variée. On fait de cette couleur le rouge cramoifi, le vrai écarlate, & tous les autres rouges, de quelque degré ou nuance qu'on puiffe defirer cette couleur, & pour toutes on n'emploie que la cochenille.

La cochenille eft un verd gris noir, qui vient des Indes, & qui, étant mis dans l'eau pulvérifée, fait une très-belle teinture rouge, qu'on appelle rouge cramoifi.

Cette drogue eft d'un commerce extrêmement étendu. Nous avons en Europe une autre efpece de cochenille. Cette cochenille eft la feuille du chêne verd, qui croît en Languedoc, en Efpagne, & dans les autres pays chauds : effet de la piquure d'un ver, qui y cherche fa nourriture ; ce qui fait qu'en ouvrant cette feuille, on y trouve une légion de moucherons ; ce qu'on voit même ici fur les feuilles de ronces, du rofier fauvage fur-tout. Cette piquure y fait naître une veffie pleine d'un fuc visqueux & gluant, qui en mûrissant devient rouge comme on le voit. La cochenille donne le vermillon ou couleur écarlate, fortifie l'estomac, & empêche l'avortement. Pour bien choisir la cochenille, il faut prendre la plus noire & la plus pesante. La cochenille de qualité inférieure à celle ci-dessus, est couverte d'une espece de fleur blanche, comme celle qu'on voit sur les prunes violettes.

Cette drogue est chere ; & quand on sait la façon de l'employer, on en use beaucoup moins, & on fait encore mieux que ceux qui ignorent la façon de l'employer. Sans cette connoissance, on n'est pas maître de ses nuances. Quelques-uns mettent leur couleur au feu, & la font bouillir ; mais leur couleur perd beaucoup de sa vivacité & de son brillant, ne rend pas tant, & la couleur n'est jamais nette. D'autres emploient la cochenille toute seule, & ne peuvent varier ses nuances. Ils croient faire une couleur écarlate, & font une couleur pourpre foncé. D'autres ne savent pas lier la couleur à leurs liqueurs ; elle tombe dans la suite, se décharge au fond, fait un dépôt qui trouble la liqueur, & la rend nébuleuse aussi-tôt qu'on remue la bouteille où elle est.

Nous avons dit qu'on se servoit de la cochenille pour faire la couleur. Voici une façon de faire ses nuances : c'est de se servir de l'alun.

L'alun est de trois especes principales & plus communes. Ce sont de celles-là seulement que nous voulons parler. L'alun de Roche est un sel minéral qu'on tire par filtration, comme le salpêtre, d'une espece de pierre qu'on trouve dans les carrieres en plusieurs endroits de l'Europe, comme en France, en Angleterre, en Italie. Celui qu'on trouve en France s'appelle

alun de Roche ; celui d'Italie s'appelle alun de
Rome ; on l'apporte en morceaux de médiocre
grosseur, de couleur blanche, rougeâtres, luifans, tranfparens en dedans, d'un gôut acide,
aftringent. Cet alun eft ordinairement affez net;
mais on le purifie en le faifant fondre dans de
l'eau, filtrant la diffolution, & la faifant évaporer fur le feu ; il eft déterfif & aftringent,
& a des vertus admirables pour arrêter le fang,
& fert à mille autres chofes.

La troifieme efpece d'alun eft l'alun de glace ; on nous l'apporte d'Angleterre en gros morceaux, beaux, blancs, luifans & tranfparens
comme le cryftal. Son goût & fes qualités font
en tout femblables à celles de l'alun de Rome:
c'eft le plus connu; on s'en fert pour la teinture ; c'eft celui que je confeille d'employer
pour les nuances de la couleur rouge.

Pour colorer fix pintes de liqueur en rouge
cramoifi, vous prendrez trois gros de cochenille, un demi-gros d'alun de glace ou d'Angleterre, que vous pilerez enfemble en poudre
impalpable, la plus déliée qu'il fera poffible.
Cela fait, vous prendrez environ trois poiffons
d'eau bouillantes, vous verferez de cette eau
dans votre mortier environ la moitié, vous remuerez bien vos drogues avec le pilon le plus
promptement qu'il vous fera poffible, & auffi-
tôt vous jetterez ce mêlange coloré dans votre liqueur, qui doit être auparavant affaifonnée
d'efprit & du firop : cette circonftance eft néceffaire ; & après vous rincerez votre mortier
avec le refte de cette eau bouillante dont j'ai
parlé ci-deffus. Vous jetterez ce refte dans votre liqueur, & vous aurez une couleur cramoi-
fie, foncée & veloutée ; cette couleur eft fans
contredit la plus nette de toutes, & la moins
fujette à s'altérer & à paffer.

Si vous voulez que votre rouge foit vif &
moins foncé, vous n'employerez que deux gros
de cochenille, & vous l'employerez de la même
façon que pour le rouge foncé ci-deffus.

Si vous voulez ne faire qu'un rouge rofe,
cependant vif, vous n'employerez qu'un gros
de cochenille, & la moitié moins d'alun, & l'employerez toujours de la même façon que ci-
deffus.

Si vous voulez faire la véritable couleur écarlate, vous prendrez de la feconde efpece de cochenille dont nous avons parlé à la définition,
qu'on appelle antrement vermillon ou kermés,
le poids de deux gros, demi-gros d'alun & de
crême de tartre.

Comme cette préparation pourroit alarmer
nos Lecteurs, que la cochenille, l'alun, la crême
de tartre, font pour une infinité de perfonnes
des drogues très-peu connues, & qu'on pourroit croire mal-faifantes, nous avons défini l'a-
lun & la cochenille, & nous avons montré,
par une courte expofition, leurs qualités & vertus connues. Il nous refte à leur dire ce que
c'eft que la crême de tartre.

La crême de tartre eft une pellicule ou efpece d'écume qui refte après l'évaporation d'une
partie de l'humidité en faifant le cryftal de
tartre.

Le cryftal de tartre eft un tartre blanc, qu'on
fait diffoudre & qu'on fait évaporer.

Ce cryftal, dit Lémery, eft purgatif, apéri-
tif, bon pour les hydropiques, pour les fievres
tierces & quartes.

Quelque bonnes que foient ces drogues, le
public pourroit les appréhender, fi la petite
quantité qu'on en met ne raffuroit fur les crain-
tes qu'on en pourroit avoir.

Si votre couleur écarlate étoit trop foncée,

vous augmenteriez la dofe de crême de tartre, mais très-peu, & toujours avec beaucoup
de modération; & vous rendrez par ce moyen
votre couleur auſſi douce que vous le voudrez.

Pour convaincre le public que l'on ne peut
mettre beaucoup de cette derniere drogue, c'eſt
que pour peu qu'on en mette de plus que ce
que nous preſcrivons, la couleur tombe & fait
un dépôt.

Il eſt vrai que, ce dépôt fait, ce qui reſte
de couleur à la liqueur, eſt d'un brillant étonnant; mais le rouge auſſi n'eſt pas celui que
vous voudriez peut-être avoir.

Il eſt bon de faire obſerver ici à nos Lecteurs, que nous donnons les doſes des drogues
ci-deſſus, pour une quantité déterminée, & qu'on
doit les augmenter ou diminuer proportionnellement aux quantités de liqueurs qu'on aura à
colorer.

On emploie la cochenille également pour le
cramoiſi & la couleur écarlate, & ceux qui
voudront la faire dans les bonnes regles, n'ont
point de meilleurs moyens, que celui que nous
donnons dans ce préſent Chapitre.

Façon de faire la couleur jaune.

Toutes les liqueurs naturellement ſont blanches étant diſtillées, & le ſeroient toutes, ſi
l'on ne ſuppléoit pour leur donner l'agrément
des couleurs.

Outre le rouge, nous avons à parler du jaune:
on s'en ſert pour l'eau d'or, pour l'eau d'abricot, & pluſieurs autres liqueurs qui, quoiqu'eſ-
ſentiellement les mêmes, changent d'eſpece &
de nom en prenant une couleur différente.

Il y a des Diſtillateurs qui tirent cette couleur de la giroflée jaune par infuſion, ſoit à
l'eau, ſoit à l'eſprit. On choiſit ſes fleurs les

plus épanouies, parce qu'elles font plus riches en couleur ; on arrache les feuilles de la fleur tout fimplement, & on n'en prend que celles qui font bien jaunes.

Si on tire la couleur de cette fleur par infufion de l'eau, on met les feuilles dans un pot, & on le remplit d'eau. On met enfuite ce pot fur la cendre rouge ou fur un feu modéré de charbon couvert de cendre, comme on fait à la violette pour faire le firop : on fe fert de cette teinture pour ajouter au firop que l'on fait pour l'eau d'or. Si au contraire on tire la couleur de ces fleurs par l'infufion de l'efprit de vin, on en remplit une bouteille de verre fans les preffer ; on verfe par-deffus de l'efprit de vin, qui en tire toute la couleur. Mais comme on ne trouve pas toujours des fleurs propres à faire cette couleur, & que les liqueurs jaunes font communes, fans recourir à d'autres expédiens dont le détail feroit infini, le plus court & le plus fûr moyen, & qui n'emporte pas de grands frais, eft de fervir du caramel.

Pour bien faire ce caramel, prenez du fucre, que vous mettrez dans une cuiller à caramel. Cette cuiller eft une cuiller de fer ou de cuivre, qui eft de la grandeur d'une cuiller à pot. Vous ferez fondre votre fucre dans cette cuiller fur le feu clair ; & lorfqu'il commencera à fondre, vous le remuerez toujours, de peur qu'une partie ne fe brûle, tandis que l'autre ne feroit pas encore fondu. Quand même tout feroit fondu, vous ne laifferez pas de continuer à le remuer jufqu'à ce que votre caramel ait pris couleur : car le point effentiel eft de lui donner le jufte degré. Car fi le caramel n'étoit pas affez brûlé, vous feriez obligé d'en mettre beaucoup plus, & votre couleur n'auroit jamais le jufte degré que vous lui voudriez donner ; &

s'il étoit trop brûlé, il ne feroit propre à rien. Voilà pourquoi il faut abfolument attraper fon véritable point. Prenez garde, lorfque votre fucre commence à fondre, il eft prefque blanc, & dans peu de temps il dore, & de nuance en nuance on voit naître tous les degrés de couleur. Dès que vous vous appercevrez qu'il eft fur le point de noircir, vous y mettrez affez d'eau pour faire fondre votre caramel ; quand il fera fondu, vous le pafferez dans un linge blanc, & quand vos liqueurs feront affaifonnées & prê- tes à paffer, vous en verferez dans la liqueur peu-à-peu jufqu'à ce que votre liqueur foit au point que vous defirerez ; vous ferez fûr par ce moyen du degré de couleur que vous voudrez qu'elle ait.

Vous pourrez encore, fi vous voulez, faire cette couleur avant la liqueur, afin de la laiffer repofer. Vous pourrez encore clarifier la liqueur, & après y mettre la couleur que vous voudrez qu'elle ait.

Si vous voulez qu'elle ait une couleur plus vive & plus riche, vous ferez paffer deux ou trois pintes de cette liqueur dans une chauffe, qui aura fervi à clarifier de l'efcubac ; & quand vous en aurez paffé deux ou trois pintes, vous les mêlerez avec ce qui n'y aura pas paffé, & votre liqueur aura une couleur admirable ; le goût de l'efcubac ne fera pas affez dominant pour faire tort au goût de votre liqueur. C'eft le moyen véritable de faire l'eau d'or ; mais pour l'eau d'abricot ou pour les autres liqueurs, il ne faut pas les paffer à la chauffe de l'ef- cubac. Cette pratique, comme je le dis, n'eft bonne que pour l'eau d'or, parce que fa cou- leur doit être plus vive que les autres.

Cette couleur fert encore pour une infinité d'autres liqueurs. Il eft effentiel de la favoir

bien faire, & un Diſtillateur ne ſauroit trop
s'y attacher. Quelque facile qu'il paroiſſe de la
bien faire, il n'en faut pas moins beaucoup
d'attention.

Couleur violette, & violet pourpre.

Le ſecret de la couleur violette a coûté bien
des recherches pour la rendre durable, & l'empêcher de dépoſer: cependant, quoiqu'il ne ſoit
point inutile d'employer les fleurs, ſur-tout quand
elles ont du parfum, le meilleur eſt de ſe ſervir des drogues qui donnent une teinture ſolide.

Quelques-uns emploient le bois dont on ſe
ſert pour cette teinture; mais cette couleur eſt
moins belle, & ce bois donne toujours aux
liqueurs un goût déſagréable; l'uſage en eſt tombé, & on a été obligé de recourir à d'autres
moyens.

La ſeule façon de la bien faire eſt de ſe ſervir de tourneſol en pains, qui ſont faits avec la
ſemence du tourneſol ou héliotrope, & ce pain
étant détrempé donne une couleur violette bleue,
qui fait un très-bel effet.

Vous prendrez de ces pains que vous pilerez
dans un mortier, & réduirez en poudre bien déliée; vous ferez bouillir de l'eau, & quand elle
bouillira, vous y mettrez vos pains pulvériſés;
vous remuerez bien ce mêlange, & le verſerez
dans votre liqueur bien doucement, pour ne pas
forcer votre couleur. Il faut verſer cette teinture avant de paſſer votre liqueur à la chauſſe.

Si vous clarifiez votre liqueur avant qu'elle
ſoit colorée, vous ſerez obligé de la filtrer. Si
vous la faites filtrer, vous laiſſerez vos pains
en leur entier; vous les mettrez dans un pot
ou une cafetiere avec de l'eau, que vous ferez
bouillir environ une demi-heure, vos pains reſteront en leur entier; leur couleur cependant ſe

déchargera & fera facile à filtrer, parce que la teinture ne fera point chargée de parties grof-fieres. Cette teinture étant filtrée, peut fe mettre dans la liqueur même clarifiée.

C'eft encore le meilleur moyen dont on puiffe fe fervir pour donner aux liqueurs le jufte de-gré de couleur qui leur convient, & pour ne pas mettre dans vos liqueurs des parties grof-fieres qui feroient un dépôt. C'eft donc au tour-nefol fur-tout qu'il faut s'attacher pour cette couleur, comme à la drogue la plus efficace, & qui donne une teinture plus folide.

Obfervez bien de ne mettre dans votre liqueur aucun acide de quelque efpece que ce foit, parce qu'il feroit changer la couleur fans re-mede.

Si vous voulez faire de votre liqueur un vio-let pourpre, vous mettrez avec les pains de tournefol un peu de cochenille, & vous la ren-drez par ce moyen auffi belle que vous le voudrez.

Vous pourrez encore faire une teinture de tour-nefol & une de cochenille féparées ; & quand vous colorerez votre liqueur, vous ferez maî-tre de lui donner plus ou moins de fond à vo-tre fantaifie, & vous ferez moins fujet à vous tromper. Cette couleur eft la plus difficile à attra-per de toutes: mais quand on obfervera bien ce que nous venons de dire, on peut s'affurer qu'elle fera belle & qu'elle tiendra bien, quoique naturel-lement elle foit fort cafuelle. C'eft pourquoi je préviens encore mes Lecteurs de fe bien garder d'y mêler des acides.

Obfervez dans toutes les couleurs ce que nous difons dans le préfent Chapitre. Les marchandi-fes dépendent fouvent du coup-d'œil comme de la bonté ; le brillant eft au moins un préjugé fa-vorable.

Couleur

Couleur bleue, & les teintures aux fleurs.

Je réunis ces deux points en un même, parce que cette derniere ne s'extrait que par infusion des fleurs.

Nous avons prévenu nos Lecteurs dans les articles précédens, que la couleur qu'on tiroit des fleurs n'étoit jamais solide ; mais il est nécessaire de s'en servir dans plusieurs circonstances, sur-tout dans le cas où l'on voudroit donner aux liqueurs la couleur bleue. Cette couleur n'est pas commune, & quand on la veut faire, il faut nécessairement se servir de l'infusion de fleur, parce qu'on n'a pas encore tenté de la faire, avec des drogues dont on ne connoît pas les vertus ou le danger.

Si vous voulez faire une teinture bleue, vous pourrez vous servir des fleurs de cette couleur ; il les faut prendre sans odeur de la meilleure couleur qu'il sera possible, d'un tissu délié. Je n'en nomme aucune, parce qu'en les choisissant comme je dis, on pourra s'en servir.

On peut employer avec succès pour faire une couleur bleue céleste, la jacinte ou hyacinte.

Cette fleur, outre le bleu qu'on en peut extraire, a une très-bonne odeur, qui donne aux liqueurs un parfum très-agréable. On se sert aussi du bluet. Cette fleur est très-commune ; on en trouve une grande quantité dans les bleds.

Les Distillateurs en expriment la teinture. On en peut distiller des eaux qu'on prétend être un spécifique excellent pour le mal des yeux. Je connois de cette eau une propriété admirable, qui est celle de blanchir la peau & d'enlever les taches du visage, sur-tout les rousseurs que le grand air & le soleil donnent aux teints délicats : ce sont les fleurs de cette sorte dont on peut extraire la couleur bleue ; elle n'est pas.

E

d'un grand usage, cependant elle aide à la variété & à l'agrément dans un magasin de Distillateur.

Pour extraire les teintures de fleurs, il faut détacher les feuilles colorées, & les mettre dans un vase, dans lequel vous verserez de l'eau que vous mettrez sur la cendre rouge ou sur un feu modéré. Cette infusion extrait promptement la couleur, & ne laisse aux fleurs, quelles qu'elles soient, qu'une certaine blancheur terne : on la peut faire encore cette infusion à l'esprit ; mais l'opération est beaucoup plus longue. Ne faites jamais distiller les fleurs, si vous voulez en extraire la teinture, parce que ce qui sort de l'Alambic est toujours blanc. Vous pourrez voir sur les infusions l'eau d'œillet, le ratafia d'œillet, le sirop de violette, la giroflée, le safran & autres, tout ce qui pourra avoir du rapport au présent sujet.

Tous ces articles vous instruiront assez sur le point des teintures aux fleurs : je renvoie donc mes Lecteurs aux articles indiqués.

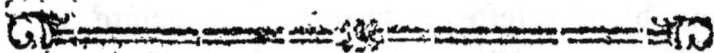

CHAPITRE XXXI.

Des Plantes aromatiques, & en premier lieu,
de la Lavande.

LA Lavande est une plante d'odeur forte, & qui conserve très-long-temps son odeur, même quand ses feuilles & ses tiges sont entièrement desséchées. Ses fleurs sont d'un beau gris-de-lin, c'est-à-dire, d'une couleur mélangée de bleu & de rouge, disposées en épis, aux sommités de ses branches. On met cette plante dans la première classe des plantes aromatiques ou aromatiques végétaux. L'odeur, quoi-

que forte, ne laiſſe pas d'être fort agréable,
& vaut infiniment mieux que celle de l'aſpic,
qui eſt une eſpece de lavande dont nous parlerons plus bas. On en diſtille une eau d'un
uſage fort étendu, & même plus étendu que
d'aucun autre, à l'eau de méliſſe près, qui
même n'eſt pas ſi commune: elle eſt déterſive,
& ſert beaucoup à la propreté du corps. On
en tire la quinteſſence qui ſert à faire de l'eau,
quand la plante n'exiſte plus. Nous allons parler de la quinteſſence dans ce Chapitre.

Nous ne ferons pas deux Chapitres de la lavande & de l'aſpic ; & comme on tire de l'un
& l'autre ces végétaux aromatiques, des eaux
d'odeurs & des quinteſſences, qu'ils ſe reſſemblent aſſez, & que ce que nous dirons de la
façon de faire l'eau & la quinteſſence de lavande,
eſt préciſément la même choſe que la façon d'employer l'aſpic, nous allons joindre cette derniere plante au préſent Chapitre, pour ne point
multiplier les diviſions & les titres dans ce
Traité ; ce qui ne feroit que l'alonger ſans rien
apprendre de plus.

L'aſpic eſt une plante qui reſſemble beaucoup à la lavande ; ſa fleur eſt bleue, d'une
odeur & d'un goût fort, & naît aux ſommités de ſes branches ; il fleurit en Juin & Juillet ; on en diſtille aſſez peu : cependant on en
tire une huile qui a de grandes vertus.

L'aſpic ſe diſtingue de la lavande facilement,
parce que ſes tiges d'abord ſont beaucoup moins
hautes, que ſon odeur eſt plus forte & plus
déſagréable ; cependant beaucoup de Diſtillateurs
s'y trompent, & alterent leurs marchandiſes en
diſtillant ; & on riſque encore plus quand on
ſe ſert de la quinteſſence de lavande, où il y a
de l'aſpic, pour faire de l'eau de lavande rectifiée ; car on diſtingue facilement les deux

odeurs, & celle de l'afpic gâte la premiere, comme nous l'avons dit ci-deffus.

Pour faire l'eau de Lavande.

Tous les Diftillateurs doivent beaucoup s'attacher à cette partie, qui en fait une confidérable de leur commerce. La lavande, comme nous l'avons dit, eft de toutes les plantes aromatiques, la plus à la mode & du plus grand ufage.

Pour faire l'eau de lavande, on emploie ou la fleur de la plante, ou la quinteffence de la fleur.

Si vous employez la plante, vous en prendrez les fommités ou épis bien fleuris, que vous cueillerez dans le fort de la faifon, dans un temps chaud, un peu avant ou immédiatement après le lever du foleil: vous détacherez les feuilles des épis & de leurs calices, & vous les mettrez dans l'Alambic pour les diftiller, foit à l'eau ou à l'efprit. L'eau fimple de lavande eft d'un très-petit ufage, & je ne fais point d'autres chofes où on l'emploie que pour les favonnettes; pour les autres, elles ne me font pas extrêmement connues. Si vous faites de l'eau fimple de lavande, vous la ferez diftiller à un feu un peu vif, parce que rien n'étant fpiritueux dans ces matieres, ou très-peu, & l'eau d'ailleurs ne l'étant point, votre opération feroit infructueufe, ou tout au moins très-longue fans cette méthode.

Si vous diftillez la lavande aux efprits, vous mettrez, comme ci-deffus, vos fleurs épluchées dans l'Alambic avec de l'eau & de l'eau-de-vie. Il eft abfolument néceffaire de mettre de l'eau dans l'Alambic pour cette diftillation & plufieurs autres de ce genre, de peur que les matieres ne brûlent au fond de la cucurbite.

Si vous vous servez de la quinteſſence de lavande, il faut choiſir celle d'Italie, ou de Languedoc & de Provence ; ce ſont les meilleures. Ces quinteſſences ont le parfum le plus odorant & le plus délicat, deux qualités eſſentielles, & ſont fort au-deſſus des autres : un peu d'habitude vous les fera facilement diſtinguer de toutes les autres. On peut tirer de la quinteſſence de la lavande de Paris ; mais elle rend d'abord moins que celle des pays ci-deſſus ; & comme ſouvent il arrive qu'on ne trouve pas à ſa fantaiſie des quinteſſences d'Italie, il ne faut pas qu'un Diſtillateur ignore la façon de faire de la quinteſſence de la lavande. Auſſi nous dirons ci-après la façon de la faire ; & en ſuivant l'ordre de nos Chapitres, celle de faire la quinteſſence de tous les autres végétaux aromatiques.

Vous choiſirez donc pour votre eau de lavande la quinteſſence d'Italie, autant qu'il vous ſera poſſible, parce qu'elle eſt encore ſupérieure à celle de Languedoc & de Provence. Il faut obſerver, pour les quinteſſences de la lavande d'Italie, de Languedoc & de Provence, qu'elles ſont bonnes à employer pour faire l'eau auſſi-tôt qu'elles ſont faites, & qu'il y a des années où celles de Languedoc & de Provence ſont ſupérieures à celles même d'Italie. On ne doit pas les employer paſſé trois ans, parce que, après ce temps, elles ont un goût huileux qui gâte abſolument le parfum ; c'eſt ſûr quoi il faut faire une extrême attention. Ainſi je ne borne pas le choix des Diſtillateurs à la ſeule quinteſſence d'Italie : celles de Languedoc & de la Provence dans certaines années, lui ſont ſupérieures ; & d'ailleurs, la façon du Fabricant contribue beaucoup à lui donner la qualité.

E 3

Quelque peu d'ufage qu'on faffe de la lavande de Paris, pour la quinteffence, elle n'eft point à méprifer. On peut s'en fervir pour l'eau de lavande fimple, pour l'eau-de-vie de lavande, & peut-être on n'en emploie guere d'autres. Pour la quinteffence qu'on en fait, il eft d'expérience que la quinteffence qu'on extrait de la lavande de Paris, eft fupérieure, après trois ans, à celles d'Italie, de Provence & de Languedoc : la raifon, à mon avis, en eft que, dans la lavande d'Italie & des provinces ci-deffus, les fels font plus développés que dans celle de Paris ; & par rapport au goût huileux qu'elles contractent au bout de trois ans, cela vient auffi de ce que les efprits de l'eau-de-vie confomment ceux de la lavande ; au lieu que pour la quinteffence de la lavande de Paris, les efprits de l'eau-de-vie développent ceux de la lavande ; auffi faut-il à cette quinteffence trois ans pour être à fon point de perfection.

Ce long efpace, pour perfectionner la quinteffence de la lavande de Paris, fait que je ne confeille à perfonne de s'en fervir. Pour l'eau de lavande fimple, vous pourrez vous fervir de la lavande de Paris. Une obfervation à faire, c'eft que fi le Diftillateur fe trompe, ceux qui achetent ne s'y trompent pas. Ils ont pour vérifier la qualité de l'eau de lavande, cette preuve qui n'eft point équivoque.

Pour éprouver l'eau de lavande fpiritueufe, on en verfe un peu dans un verre d'eau ; elle blanchit comme le lait, fi elle eft faite avec les quinteffences étrangeres, ou celle de Paris qui foit à fa perfection : mais fi elle eft faite avec la quinteffence de Paris qui foit fraîche, elle blanchira d'abord, mais enfuite elle change en un blanc rougeâtre ; & comme tout le monde fait cette épreuve, perfonne n'y eft trompé quand il la fait : raifon qui doit engager à n'employer que la quinteſſence de lavande étrangere.

On fait de l'eau de lavande à l'eau ſimple, aux eſprits ſimples, aux eſprits rectifiés. Vous vous comporterez pour toutes ces Diſtillations, ſelon les recettes que je vais donner de chacune.

Recette pour quatre pintes d'eau de Lavande en eſprit ſimple.

Vous mettrez dans l'Alambic cinq pintes & chopine d'eau-de-vie, & deux onces de quinteſſence de lavande ſans eau ; de cette façon vous pourrez la donner à meilleur compte.

Mais, ſi vous ſavez avoir le débit, & le profit honnête de meilleure marchandiſe en ce genre, vous mettrez trois onces & demie, ou quatre onces de quinteſſence, & vous la diſtillerez ſur un feu ordinaire, & vous prendrez garde ſur tout de n'y tirer point de phlegmes ; ce qui diminueroit beaucoup du prix de vos marchandiſes.

Si vous employez la plante, vous ôterez, comme nous avons dit ci-deſſus, la fleur de l'épi, & vous mettrez une livre de fleurs dans l'Alambic : au lieu de la quinteſſence, vous ajouterez à l'eau-de-vie portée par la recette précédente, trois chopines d'eau.

Pour quatre pintes d'Eau-de-vie de Lavande, en eſprits rectifiés.

Vous tirerez les eſprits de ſept pintes d'eau-de-vie ſeulement, & vous remettrez ces eſprits dans l'Alambic, avec quatre onces de quinteſſence, pour les rectifier.

Si vous vous ſervez de la plante, vous mettrez une demi-livre de fleurs dans l'Alambic, avec de l'eau-de-vie en la même quantité que

deſſus, pour en tirer les eſprits ſimples, avec
une chopine d'eau pour empêcher que les recettes ne brûlent au fond de la cucurbite : vous
en mettrez enſuite quand elle ſera tirée, une
autre demi-livre dans l'Alambic, avec les eſprits
diſtillés, pour les rectifier ſans eau. Il faut tout
au moins pour rectifier ſe ſervir de bain-marie.

Recette pour quatre pintes d'eau de Lavande ſimple.

Vous mettrez dans l'Alambic une livre de
fleurs de lavande, & ſix pintes d'eau, pour
en tirer quatre pintes.

Prenez garde que la lavande ne s'attache au
fond de la cucurbite. Il eſt à propos, quand
on diſtille la plante, de ſe ſervir à cet effet du
bain-marie ; ou ſi l'on ne ſe ſert pas de cette
façon de diſtiller, il faut au moins avoir une
grande attention au degré du feu, de peur que
les matieres ne s'attachent & ne brûlent.

On fait auſſi de l'eau de lavande rouge, ou
l'infuſion de lavande ; cette infuſion eſt du
reſſort de tout le monde, parce qu'il ne faut
point d'Alambic pour cette opération ; c'eſt
de l'eau-de-vie tout ſimplement, qu'on met
ſur des fleurs de lavande, à diſcrétion.

Quinteſſence de Lavande, & autres végétaux aromatiques.

La quinteſſence eſt la pierre de touche de
la ſcience du Diſtillateur ; & ce ſeroit manquer à nos Lecteurs dans le point eſſentiel,
que de ne pas leur enſeigner la façon de la
faire.

Il ſe peut faire qu'un Diſtillateur ſe trouve
en des lieux, où il ne puiſſe avoir des quinteſſences de lavande, ou autres plantes aromatiques ; il eſt embarraſſé, s'il ne ſait pas

extraire les quinteſſences des matieres qu'il peut trouver ſous mains. Peu de Diſtillateurs poſ-ſedent cette ſcience ; à Paris ſur-tout, où l'on n'eſt pas dans cet uſage. Mon travail m'a ac-quis quelques connoiſſances en cette partie & ce que je puis en avoir, ne ſera point un myſtere : je me ferai toujours plaiſir de com-muniquer mes lumieres. C'eſt le public qui nous fait ce que nous ſommes ; c'eſt au public que nous devons, c'eſt enfin pour ſon utilité que je travaille & que j'écris.

En parlant de la lavande, ou de la quin-teſſence de cette plante, nous dirons tout ce qu'il faut pour faire les quinteſſences des au-tres aromatiques végétaux, parce que ſa raiſon eſt la même, & la façon d'en tirer les quin-teſſences, ſemblable à celle dont on tire celle de la lavande ; telles ſont celles d'aſpic, de la mirthe, du thym, de la marjolaine, de la méliſſe, & autres plantes odoriférantes & aro-matiques.

Pour tirer les quinteſſences de chacune de ces plantes en particulier, vous prendrez ces plantes nouvellement cueillies ; & ſi vous les faites pour des remedes, voici la façon de les employer.

Vous dépouillerez les branches de ces plan-tes, fraîchement cueillies, dans un temps chaud, avant ou au lever du ſoleil ; & quand ces branches auront été dépouillées de leurs feuilles ou fleurs, vous étendrez leſdites feuilles ou fleurs ſur un linge blanc, pendant vingt-quatre heures à l'ombre ; & au bout de ce temps vous pilerez ſimplement pour les froiſſer : vous les mettrez enſuite dans l'Alambic, avec de l'eau chaude, à ſouffrir le doigt, & vous met-trez votre Alambic ſur un feu bien couvert, ou ſur la cendre rouge, pendant cinq ou ſix heures, sans chapiteau, mais cependant couvert de façon que rien ne puisse transpirer & s'évaporer : après ce temps de digestion ou préparation, vous découvrirez votre Alambic, auquel vous adapterez promptement son chapiteau, dont vous lutterez les jointures avec beaucoup d'attention, & tout de suite les ferez distiller. Vous tirerez d'abord la moitié de l'eau que vous aurez mise dans votre Alambic ; car il faut y en mettre, & vous retirerez le récipient ; vous verrez surnager l'huile ou quintessence sur cette eau : vous la séparerez comme on fait le Néroly avec de l'eau de fleurs d'orange ; & quand vous aurez retiré cette huile, ou quintessence, vous remettrez l'eau distillée dans la cucurbite avec de nouvelles fleurs & feuilles préparées, & la distillerez de même, jusqu'à ce qu'il ne vienne plus de quintessence dans le récipient : vous continuerez de même, jusqu'à ce que vous n'ayiez plus de lavande pour garnir votre Alambic.

Les meilleurs Alambics, pour ces sortes d'opérations, sont l'Alambic au bain-marie & celui au bain de vapeurs ; on peut cependant, & c'est la façon la plus ordinaire, distiller les recettes à feu nud.

Mais si vous vous proposez de faire des quintessences pour l'odorat, ou pour faire des eaux à laver le corps, comme l'eau de lavande, l'eau de romarin, ou eau de la Reine d'Hongrie, vous pouvez alors vous servir du nitre ou salpêtre, ou du sel commun, afin de tirer davantage de quintessence.

Recette pour faire les Quintessences des aromatiques végétaux.

Vous employerez quatre livres de fleurs, ou de feuilles des aromatiques, que vous distillé-

rez, & dont vous voudrez tirer les quinteffences, & employerez fix pintes d'eau. Si vous
employez le fel pour faire fermenter vos plantes, vous mettrez quatre onces de nitre, ou
falpêtre, ou une demi-livre de fel ordinaire :
il ne faut employer que l'un ou l'autre de ces
deux fels.

CHAPITRE XXXII.

De la Marjolaine.

LA Marjolaine eft une plante dont il y a
plufieurs efpeces ; mais je ne parlerai ici que
de celle dont on fe fert le plus communément.

L'odeur de cette plante eft forte, aromatique, & d'un goût âcre & un peu amer : fes
fleurs naiffent en fes fommités, ramaffées en
maniere d'épis ou de têtes, plus courtes &
plus rondes que celles de l'origan, compofées
de quatre rangs de feuilles pofées par écailles.
Elle eft bonne dans les maladies du cerveau
& de l'eftomac.

Cette plante fe trouve chez tous les Herboriftes ; l'ufage en eft fort étendu : les Bourgeois en mêlent dans leurs infufions de lavande :
on s'en fert pour le pot-pourri ; on en fait
entrer la quinteffence dans certains remedes &
dans certaines pommades de fantaifies, pour
ceux qui aiment les odeurs aromatiques. Il eft
même étonnant, qu'attendu le goût des odeurs
qui a régné fi long-temps, & qui reprend fi
bien dans ce temps-ci, celle faite avec cette
plante n'ait pas monté à un plus haut degré
de perfection.

E 6

Le Diftillateur peut l'employer avec autant d'agrément que d'utilité.

On en tire de l'eau fimple, de l'eau fpiritueufe, de la quinteffence, comme nous allons dire.

On en tire la quinteffence comme de tous les aromatiques végétaux, & comme nous avons dit au Chapitre de la lavande.

On en tire de l'eau fimple, comme j'ai dit dans le même Chapitre, pour l'eau de lavande fimple.

Et pour en tirer l'efprit, vous ferez comme nous allons dire :

Prenez de la marjolaine fraîchement cueillie : obfervez que ce foit dans le fort de la chaleur, avant ou auffi-tôt que le foleil fera levé, pour qu'elle ait toute fa vertu, & que la trop grande chaleur n'en ait pas diffipé une partie. Dépouillez les branches de leurs feuilles & de leurs boutons ; fi la fleur y eft, ce fera encore le mieux : mettez ces feuilles, boutons & fleurs, s'il y en a, dans votre Alambic, avec de l'eau-de-vie & un peu d'eau, fi vous diftillez à feu nud ; mais fi vous diftillez au bain-marie, ou au bain de vapeurs, ou au fable, vous pourrez n'y pas mettre d'eau, parce que vos recettes ne brûleront point, ni ne s'attacheront pas au fond de votre Alambic : ne tirez pas de phlegme. Pour la diftiller à feu nud, il faut le degré de feu ordinaire.

Recette pour l'eau de Marjolaine fimple.

Vous mettrez dans l'Alambic fix pintes d'eau-de-vie, deux livres de marjolaine, & une pinte d'eau, fi vous la diftillez à feu nud : fi vous diftillez au bain-marie, ou au bain de vapeurs, vous pourrez retrancher une partie de l'eau.

Recette pour l'eau de Marjolaine rectifiée.

Mettez dans l'Alambic six pintes d'eau-de-vie, & deux livres de marjolaine ; tirez-en les esprits & les remettez dans l'Alambic, avec une demi-livre de marjolaine, pour les rectifier ; & la meilleure façon de les rectifier, c'est de se servir, pour cette rectification, de l'Alambic au bain-marie.

CHAPITRE XXXIII.

De la Mélisse.

LA Mélisse est une plante aromatique, dont les fleurs sont petites, blanches, ou d'un rouge pâle. Cette plante est cordiale, céphalique, rappelle les esprits dans les évanouissemens. On en fait des eaux simples, des eaux spiritueuses ; & entr'autres, elle est extrêmement connue sous le titre d'eau des Carmes.

Pour faire l'eau de mélisse si vantée, & qui mérite en effet les éloges qu'on lui prodigue, on prend de la mélisse nouvellement cueillie sur la fin du printemps, ou au commencement de l'été. Il faut observer que, pour que cette plante ait toujours sa vertu, il ne faut la cueillir que dans un temps chaud, & s'il se peut, qu'il n'ait pas plu depuis quelques jours : il faut la cueillir encore avant le lever du soleil, ou tout au plus une demi-heure après le soleil levé, afin qu'elle ait toute la vertu que l'air & la fraîcheur de la nuit laissent aux plantes, & que la chaleur n'ait rien diminué de sa force.

Cette eau fut à son commencement appellée

eau de citronelle. Les Carmes déchauſſés de
Paris, ou quelque Diſtillateur d'entre eux, rai-
ſonna cette recette, & l'arrangea de façon
qu'elle eut dès-lors la vogue prodigieuſe qu'elle
a encore. Ce Diſtillateur y mêla des épices
qui, par elles-mêmes, ſans méliſſe, ſont extrêmement cordiales, & qui ont des vertus connues.

On y met des quatre épices en très-raiſon-
nable quantité ; & de la coriandre, graine
cordiale, eſt très-bonne pour les maladies oc-
caſionnées par les vents. Il faut faire attention
de choiſir les épices & la graine de coriandre de la meilleure qualité qu'il ſera poſſible :
cela fait, vous couperez des zeſtes de citron
avec beaucoup de précautions : vous pilerez
les épices & la graine de coriandre avec les
feuilles de méliſſe, qu'il faut piler auſſi, mais
à part : vous mettrez enſuite toute cette recette dans la cucurbite de votre Alambic, avec
du vin blanc & de l'eau-de-vie ; vous diſtillerez enſuite cette recette au bain-marie à très-
petit feu, de ſorte que vos eſprits ne tom-
bént que goutte à goutte dans le récipient, &
non pas à la file & continuement, comme dans
toutes les autres diſtillations : ſur-tout obſervez bien de ne point tirer de phlegme ; car
il faut, pour cette eau, que vos eſprits ſor-
tent purs & paroiſſent auſſi brillants que ſi c'é-
toit des eſprits rectifiés.

La longueur du temps que l'Alambic reſte
ſur le feu, la longueur de la diſtillation elle-
même, où les eſprits ne diſtillent que goutte
à goutte, donnent aſſez de temps aux eſprits
des épices pour ſe développer, & fait que les
eſprits de la méliſſe en entraînent ſuffiſamment.

Recette pour environ quatre pintes d'eau de méliſſe.

Vous mettrez dans votre Alambic cinq pin-

tes & chopine d'eau-de-vie, cinq pintes &
chopine de vin blanc, un quarteron de muſcade, un quarteron de macis, une once de
canelle, deux onces de clous de girofle, quatre onces de coriandre, les zeſtes de douze
beaux citrons, & vingt-quatre poignées de
feuilles de méliſſe.

Si votre Alambic eſt trop petit pour contenir toute cette recette, vous la partagerez
pour n'en diſtiller que la moitié d'abord ; &
enſuite vous diſtillerez le reſte pour faire la
quantité d'eau de méliſſe portée par la recette, & vous diminuerez la recette, ou l'augmenterez, toujours par proportion ſur la quantité que je viens de ſtatuer, ſi vous en voulez faire plus ou moins.

CHAPITRE XXXIV.

Du Romarin.

LE Romarin eſt un arbriſſeau aromatique,
d'une odeur fort agréable ; ſes fleurs ſont
mêlées parmi les feuilles, & font une eſpece
de tuyau découpé en gueule, de couleur bleu-
pâle, tirant ſur le blanc.

On tire de cette plante des eaux ſimples,
des eſſences ; & c'eſt ſur-tout du romarin que
ſe fait l'eau ſi renommée de la Reine d'Hongrie, dont nous allons parler. Cette plante
tient un des premiers rangs parmi les aromatiques végétaux qu'emploient ordinairement les
Diſtillateurs.

Eau de la Reine d'Hongrie.

L'eau de la Reine d'Hongrie eſt la premiere eau d'odeur qui ait paru ; elle nous vient d'Allemagne. Cette eau ne fut d'abord qu'une infusion ; enfin on l'a distillée à Montpellier avec beaucoup de succès.

La base de cette eau est le romarin. Cette plante est fort commune ; mais la meilleure eau de cette espece nous vient de Montpellier, parce que dans ce pays & dans la Provence, les végétaux aromatiques y font beaucoup plus odorans, à caufe de la chaleur du climat : ils le font encore plus en Provence qu'à Montpellier ; mais le voifinage de cette ville & de la Provence, fait que les Diftillateurs de Montpellier font toujours très-à-portée d'avoir les matieres propres à leur diftillation, & les meilleures.

Quoique le romarin du Languedoc & de la Provence foit d'une qualité bien fupérieure à celui du climat de Paris, on peut cependant employer celui de Paris & des Provinces voifines ; mais il faut pour cela que cette plante foit dans une bonne expofition, à l'abri du nord, & expofée au midi.

C'eft la fleur de cette plante feule qu'il faut employer pour faire l'eau de la Reine d'Hongrie, s'il eft poffible d'en avoir une quantité fuffifante ; car votre eau en fera meilleure & plus parfaite ; mais au défaut de la fleur, ou de la quantité de fleurs, on peut employer les fommités des branches de cette plante ; & on peut même dans le cas où il ne feroit pas poffible d'avoir des fleurs, n'employer que ces fommités. La plante a bien la même odeur que la fleur ; mais elle n'a ni la même quantité ni la même qualité du parfum, ni fa délicateffe. Cette plante a la prééminence fur tous les autres végétaux aromatiques ; & le goût des plantes aromatiques s'eft toujours fort bien foutenu.

Pour faire l'eau de la Reine d'Hongrie avec les fleurs, il faut les cueillir au lever du foleil, & les employer toutes fraîches ; on les mettra dans l'Alambic : & fi l'on diftille les fommités, on fera de même : vous remettrez enfuite de l'eau-de-vie dans votre Alambic ; & vous diftillerez vos recettes au bain-marie, à grand feu : vous aurez foin de ne point tirer de phlegme, & votre eau fera parfaite.

Recette pour quatre pintes d'eau de la Reine d'Hongrie.

Vous mettrez dans votre Alambic fix pintes d'eau-de-vie fans eau, une demi-livre fleurs de romarin, avec une livre de fommités, ou virgultes de la plante ; & fi vous n'employez que ces fommités, vous en mettrez deux livres, & vous diftillerez vos recettes au bain-marie.

Vous tirerez encore de cette plante, ou plutôt de ces fleurs, de la quinteffence, comme nous avons dit au Chapitre de la quinteffence de lavande.

CHAPITRE XXXV.

Du Mélilot.

LE Mélilot eft une plante aromatique d'odeur agréable. Ses fleurs font petites, légumineufes, jaunes, ramaffées en épis. Toute cette plante eft de fort bonne odeur quand elle eft feche. Les Diftillateurs l'emploient avec fuccès, ainfi que nous allons dire.

L'eau de mélilot eut jadis plus la vogue qu'elle ne l'a actuellement. Cette plante eft très-commune, & fe trouve chez les Herboriftes avec beaucoup de facilité. Elle eſt bonne pour l'eau ſpiritueuſe & ſimple. Elle entre dans les aliages ſpiritueux, & y fait un effet merveilleux. Elle entre dans les recettes aromatiques, dans les pots-pourris. On en fait des quinteſſences de la façon dont on fait la quinteſſence des autres aromatiques : cependant je ne conſeille pas de s'amuſer à en tirer les quinteſſences, parce que rien n'eſt ſi ingrat que le produit huileux de cette plante.

Pour faire l'eau de mélilot, vous prendrez cette plante nouvellement cueillie, fraîche, dans ſa force, dans un temps ſec & chaud, immédiatement après le lever du ſoleil, & même plutôt, s'il eſt poſſible, avant qu'il ſoit levé. Vous déramerez les branches de cette plante, & vous mettrez ce que vous aurez ôté de ces branches dans votre Alambic, avec de l'eau-de-vie & de l'eau, & la diſtillerez ſur un feu ordinaire, en obſervant avec beaucoup d'attention, d'éviter de tirer des phlegmes.

Recette pour quatre pintes d'eau de Mélilot en Eſprit ſimple.

Vous mettrez dans l'Alambic deux livres de mélilot, ſix pintes d'eau-de-vie, & une pinte d'eau.

Recette pour faire l'eau de Mélilot en Eſprit rectifié.

Vous mettrez dans l'Alambic deux livres de mélilot, ſept pintes d'eau-de-vie, & une pinte d'eau. Vous en tirerez les eſprits que vous remettrez dans l'Alambic, avec une demi-livre de mélilot ; & vous les rectifierez au bain-marie.

Recette pour quatre pintes d'eau ſimple de Mélilot.

Vous mettrez dans l'Alambic deux livres de

mélilot & sept pintes d'eau, pour en tirer quatre pintes.

CHAPITRE XXXVI.

L'Aspic, le Thym, le Basilic & la Sauge.

Nous avons déjà parlé de l'aspic à l'article
de la lavande ; mais nous sommes obligés d'en
dire encore un mot dans ce Chapitre.

Le thym est une plante assez connue ; mais
l'espece la meilleure est celle qui croît dans
les pays chauds. Ses fleurs sont purpurines &
petites. Cette plante est bonne aux tempéra-
mens froids, met le sang en mouvement, & est
fort cordiale. Les Distillateurs l'emploient comme
tous les autres aromatiques végétaux, pour les
eaux, les esprits, & dans les recettes compliquées : on en tire aussi des quintessences.

Le basilic est une plante annuelle, aromatique, qu'on seme dans les jardins : il y en a de
plusieurs especes ; une qui est le grand basilic,
qui vient à la hauteur de six à huit pouces. Il
pousse beaucoup de branches fort serrées : ses
feuilles sont grandes, goudronnées, dentelées en
leur bord ; ses fleurs sont blanches, naissent à ses
sommités ; son odeur approche un peu de celle du
girofle.

Le moyen basilic vient fort touffu : ses branches sont serrées, noueuses & cannellées ; ses
feuilles sont dentelées d'un verd noir, & ordinairement de diverses couleurs, comme celles du
tricolor.

Le petit basilic est l'espece la plus connue & la
plus commune : il n'en est pas pour cela d'une qualité inférieure à celle des deux especes précéden-

tes, & même il a plus de parfum & de vertus que les autres : il forme un petit buisson fort touffu, qui s'arrondit de lui-même, & qui prend une tournure fort agréable : ses feuilles sont d'un verd tendre & gai ; son odeur est très-forte, & même porte au cerveau, quand on s'en approche de trop près ; cette odeur prend même aux corps qui le touchent, & se conserve très-long-temps à la plante après qu'elle est desséchée.

Les Distillateurs distillent cette plante & en tirent des eaux simples, spiritueuses, comme de toutes les autres plantes aromatiques.

La sauge est une plante très-commune & très-connue : elle vient dans ces climats-ci ; mais elle est meilleure dans les pays chauds : ses fleurs sont de couleur bleue, purpurine, & naissent en épis au sommet de ses branches.

Il en est une espece plus petite que cette précédente, qu'on appelle la fine sauge de Provence ; cette derniere est fort estimée, & on lui attribue de grandes vertus. On en trouve une grande quantité le long du Rhône.

Vous prendrez, pour faire les eaux simples, spiritueuses & quintessence d'aspic, les fleurs nouvellement cueillies, comme celles de lavande ; vous en mettrez dans votre Alambic les quantités portées par les recettes dans la lavande, Chapitre trente-unieme ; & vous suivrez de point en point les choses prescrites par ledit Chapitre pour la conduite de l'opération.

La semence de cette plante donne une huile très-forte en odeur, & très-désagréable, mais remede souverain pour des cures de plaies, de laquelle nous ne parlons pas, parce que les huiles, comme nous croyons l'avoir dit quelque part, sont l'ouvrage du Distillateur, & non celui de la distillation.

De la sauge & de l'aspic on ne peut tirer que

des eaux simples , des quinteſſences & des eſprits,
pour les eaux d'odeurs, pour les remedes , & pour
la propreté du corps ; mais du thym & du baſilic,
on peut tirer une odeur très-agréable.

DIVISION DE CE CHAPITRE.

*Le Thym & le Baſilic en liqueur , eau d'odeur ,
tant ſimple que ſpiritueuſe.*

LE THYM.

LA recette de cette eau d'odeur eſt facile.

Pour faire l'eau de thym en eſprit , vous prendrez du thym fraîchement cueilli , quand il eſt
en fleurs , c'eſt-à-dire , au mois de Juillet : il faut
le cueillir dans un temps bien chaud & ſec. Votre
thym cueilli , vous le déramerez , & mettrez enſemble fleurs & feuilles dans votre Alambic , avec
de l'eau-de-vie ſans eau : votre Alambic ainſi garni
& bien luté , vous le porterez ſur un feu tempéré , & diſtillerez votre recette , en obſervant exactement de ne point laiſſer venir de phlegmes ; car
ce que vous en tireriez , gâteroit abſolument vos
eſprits , parce que les phlegmes de l'eau-de-vie
ont une odeur déſagréable.

Pour faire l'eau d'odeur du thym , vous prendrez les feuilles & les fleurs du thym déramées , &
garnirez l'Alambic de cette ſorte :

Vous mettrez des feuilles & fleurs ci-deſſus dans
la cucurbite juſqu'à la moitié de la cucurbite ;
vous remplirez d'eau juſqu'au couronnement ; & ,
comme à la diſtillation précédente , obſervez ſur-
tout de ne point laiſſer tomber de phlegmes dans
le récipient , & cela pour les raiſons que nous

avons expliquées plus haut, & qui font répétées dans plufieurs endroits de ce Traité.

Recette pour tirer l'eau fimple & double du Thym.

Prenez du thym dans fa verdeur, pilez-le, & le diftillez au bain-marie, enfemble les feuilles & les fleurs, & n'y mettez point d'eau pour l'eau double : pour l'eau fimple, vous mettrez de l'eau, & diftillerez à feu nud, comme nous avons dit ci-deffus. Il faut féparer l'huile effentielle qui furnagera, & la conferver pour s'en fervir lorfque la faifon eft paffée pour faire les odeurs fpiritueufes, fur-tout celle qui porte fon nom.

LE BASILIC.

Les Diftillateurs tirent de cette plante des efprits pour les liqueurs, en tirent des efprits pour les eaux d'odeurs, diftillent cette plante en eau fimple & double, & en tirent encore une quinteffence très-précieufe.

On fait avec le bafilic une liqueur très-agréable au goût.

Prenez du petit bafilic, cueillez-le dans le temps qu'il fleurit, en temps chaud & fec ; employez auffi-tôt les fleurs & les feuilles, parce que cette plante fe fane aifément & eft fort délicate : l'impreffion qu'elle laiffe aux chofes qui la touchent prouvent que fon odeur s'évapore facilement. Déramez votre bafilic, mettez fleurs & feuilles dans votre Alambic avec de l'eau-de-vie ; diftillez votre recette à feu nud, mais tempéré ; & quand vous aurez tiré vos efprits fans phlegme, vous boucherez bien votre récipient, pour éviter la tranfpiration & l'évaporation ; vous ferez enfuite le firop ordinaire, avec du fucre que vous ferez fondre dans l'eau bouillante, & quand votre fucre fera fondu, vous verferez votre firop dans les efprits du bafilic diftillé, & quand le tout fera bien mêlé, vous le pafferez à la chauffe, que vous aurez foin de couvrir, afin que rien ne fe perde de la force de vos efprits.

Recette pour l'eau de Bafilic en liqueur.

Prenez les feuilles & fleurs enfemble trois poignées, quatre pintes d'eau-de-vie, quatre livres de fucre fondu dans l'eau bouillante, & le laiffez refroidir avant d'y mettre vos efprits.

Pour faire l'eau fimple, double & quinteffence de Bafilic.

Pour faire ces eaux fimples, doubles & quinteffences, prenez du bafilic, comme ci-deffus fleurs & feuilles en leur verdeur, pilez-les, mettez-les dans un Alambic de verre, & diftillez le tout au bain-marie, fans eau, ou au bain de vapeurs pour l'eau double, de laquelle vous féparerez la quinteffence, comme on vous a dit à l'article de l'Orange, chapitre vingt-troifieme, pour féparer le Néroly d'avec l'eau double de fleurs d'orange. Si vous voulez diftiller de l'eau fimple, vous la diftillerez avec de l'eau, à feu nud, cependant tempéré.

Recette pour faire l'eau double & fimple de Bafilic.

Mettez des feuilles & fleurs pilées jufqu'au couronnement de votre cucurbite; diftillez le tout fans eau au bain-marie : évitez les phlegmes.

Pour l'eau fimple, verfez fur vos feuilles & fleurs cinq pintes d'eau, pour en tirer trois pintes; diftillez le tout à feu nud : ne mettez des feuilles & fleurs que jufqu'à la moitié, graduez votre feu de forte qu'il ne foit point trop vif, & évitez de tirer de phlegmes.

Il nous reste à parler de la sauge. Pour faire l'eau simple de cette plante, on la cueille en temps chaud & sec, dès le matin : on la met sur-le-champ dans l'Alambic avec un peu d'eau, & on la distille à feu nud, un peu vif à cause de l'eau ; & comme dans toutes les autres recettes, on prend garde de ne point tirer de phlegmes. Quand on veut distiller à l'esprit-de-vin, on ne fait que mettre de l'eau & de l'eau-de-vie dans l'Alambic sur les feuilles, & on fait alors cette opération à feu nud. Quand on en veut faire de l'eau double, on la distille sans eau au bain-marie. Pour la quintessence, on observera la même conduite que dessus.

CHAPITRE XXXVII.

Des Vulnéraires.

ON entend par vulnéraires les plantes adoucissantes, onctueuses, consolidantes & cordiales. Nous avons des vulnéraires en France : il y en a en Suisse ; & c'est en Suisse que les vulnéraires sont les meilleurs : ce sont ceux-là qu'il faut employer. Des feuilles & des fleurs de ces plantes, on fait des infusions, comme du thé : elles font pour la santé un effet merveilleux.

C'est en distillant ces plantes, comme tout ce qui est de notre ressort, qu'on peut conserver & même augmenter ce qu'elles ont de bon, sur-tout quand on les distille aux esprits.

On distille les vulnéraires à l'eau simple, ou aux esprits : on distille les feuilles & les fleurs de ces plantes.

On appelle celle qui se fait avec les feuilles,

eau

eau vulnéraire fimplement ; & celle qu'on fait avec les fleurs, eau vulnéraire d'arquebufade.

Depuis quelque temps on a compliqué la recette de l'eau d'arquebufade : on y a ajouté d'autres plantes vulnéraires, des plantes aromatiques. Elle eft devenue beaucoup meilleure par l'addition de toutes ces chofes. Nous en donnerons la recette après celle-ci. Voici la façon de faire l'eau vulnéraire :

Vous prendrez chez les Epiciers du vulnéraire Suiffe ; il eft commun & très-facile à trouver. Vous le choifirez le plus frais qu'il fera poffible : vous le diftinguerez fans peine, au coup-d'œil & à l'odorat. Il en eft pour les fleurs comme pour les feuilles, quoique feches, les unes & les autres, chacunes ont des marques diftinctives de leur fraîcheur. Quand le vulnéraire eft frais, fes feuilles font plus vertes : la couleur des fleurs eft plus vive, & leur odeur eft beaucoup plus forte & meilleure : ce choix fait, vous l'employerez de cette façon.

Recette pour quatre pintes d'Eau Vulnéraire aux efprits.

Vous mettrez dans l'Alambic une demi-livre de feuilles, ou fix onces de fleurs de vulnéraire, avec fix pintes d'eau-de-vie, & point du tout d'eau : vous diftillerez cette recette à petit feu, & vous tirerez quatre pintes d'efprit.

Recette pour quatre pintes d'Eau Vulnéraire fimple.

Pour faire l'eau fimple, vous mettrez dans l'Alambic la même quantité de feuilles ou de fleurs, avec fix pintes d'eau, pour en tirer quatre pintes ; & vous ferez un feu plus vif,

F

parce que l'eau ne se distille pas si aisément
que les esprits.

CHAPITRE XXXVIII.

L'eau Vulnéraire, appellée communément Eau d'Arquebusade.

QUoique nous ayions protesté, dès le commencement de ce Traité, que nous ne sor-
tirions pas des bornes que la Faculté permet
aux Distillateurs du second ordre, je ne crois
point m'écarter ni faire un vol à personne,
en donnant la recette de l'eau vulnéraire. Elle
est d'une utilité & d'une importance si grande
& si reconnue, qu'on ne sauroit trop la communiquer.

L'eau vulnéraire, à sa premiere découverte,
eut d'abord une grande réputation ; &, telle
est la nature des choses dont la bonté est
réelle & de tous les temps, son mérite & sa
réputation ont augmenté tous les jours : on a
ajouté à sa premiere vertu, en compliquant sa
recette des choses meilleures de plus en plus.

On avoit d'abord fait l'eau vulnéraire à l'eau
simple ; ensuite on l'a fait aux esprits : elle
a acquis par ce moyen un degré de bonté supérieur au premier. Il est vrai qu'on conserve
encore l'usage d'en faire de l'une & l'autre
façon, parce que l'une & l'autre servent à des
usages différens. Les besoins différens demandent l'usage des unes ou des autres : nous ne
fixons rien de ce côté. Contens de nous en
tenir à les savoir faire, sans même entrer dans
aucun détail sur les maux auxquels elles re-
médient, nous dirons que, pour les contusions ;

bleſſures, plaies, coupures & autres, il n'eſt point de remede ſi prompt & ſi efficace : mais l'eau d'arquebuſade fait plus, elle fait des miracles ; des bleſſures très-dangereuſes & très-profondes ont été guéries par ſon moyen, dans un eſpace de temps ſi court, que la choſe, prodigieuſe comme elle eſt, eût été incroyable, ſi l'expérience n'eût aidé le fait à ſe faire croire. Les onguens auroient tenu une plaie un temps infini, que l'eau vulnéraire guérit en très-peu de jours. Souvent il lui a ſuffi de vingt-quatre heures, pour avoir ſon plein effet. Un ouvrier n'a rien de mieux à employer, s'il a le malheur d'être bleſſé.

Lémery dit, page 650 de ſon Cours de Chimie, ſeconde partie des végétaux, que le nom d'eau vulnéraire ſuffit pour marquer ſon excellence & ſes vertus, & que ſon nom d'eau d'arquebuſade marque ſur - tout la propriété qu'elle a de guérir des coups de feu, comme d'arquebuſe, fuſil, piſtolet, & autres armes à feu, éclats de bombes ou de grenades, & mille autres façons dont le feu peut faire bleſſer à la guerre.

Il entre dans la recette de cette eau vingt-quatre ſortes de plantes, tant aromatiques que vulnéraires. La grande confoude, feuilles, racines & fleurs ; l'armoiſe, la bugle, la ſauge, la bétoine, la grande marguerite, la ſanicle, la grande ſcrophulaire, la paquerette, l'aigremoine, le plantain, la verveine, le fenouil, l'abſynthe, la véronique, l'orpin, le mille-pertuis, l'ariſtoloche longue, la petite centaurée, la mille-feuille, la menthe, la nicotiane, la piloſelle, l'hyſſope.

Il faut maintenant définir toutes ces plantes, ſelon l'ordre que nous venons de leur donner, & dire un mot de leurs vertus, pour faire voir à nos Lecteurs, d'après les Botanistes, que nous n'employons rien, dont les propriétés & le mérite ne soient prouvés par des autorités auxquelles ils ne pourront refuser leur confiance.

La grande Consoude.

C'est une plante fort commune, qu'on trouve communément dans les endroits aquatiques & marécageux, long des rivieres : sa racine est longue & noire par dehors, sans fil ni chevelu, comme un pivot ; sa substance intérieure est blanche, glutineuse, & propre à raffermir les chairs : elle pousse une tige droite, au sommet de laquelle viennent les fleurs, qui sont d'une couleur blanche-jaunâtre ; sa feuille est longue, & approche assez de celle de la buglose : cette feuille est d'un verd terne, velue, ainsi que sa tige, & âpre au toucher : elle est excellente pour les hémorrhagies, & consolide les chairs, dont elle a pris le nom latin de *Consolida* : on l'appelle aussi oreille d'âne, à cause de sa figure longue, large & pointue, & velue d'ailleurs.

L'Armoise.

C'est une grande plante, dont la Reine Artemise a fait usage la premiere ; ce qui l'a faite appeller en latin *Artemisia* : elle pousse une tige ferme, ligneuse, haute & branchue ; ses feuilles sont blanchâtres par-dessus, d'un verd obscur par-dessous, déchiquetées & découpées très-profondément, comme celle de l'absynthe, d'une odeur forte : on en trouve par-tout. Les gens de la campagne l'appellent l'herbe de Saint-Jean.

La Sauge.

Nous en avons déjà parlé : on l'appelle *Salvia*
en latin, comme qui diroit, herbe salutaire, &
Lémery l'appelle *Salvatrix*, comme qui diroit,
l'herbe la plus capable de guérir. Nous en avons
dit suffisamment à son article.

La Bugle.

C'est une plante dont les feuilles sont épaisses, longuettes, rougeâtres, un peu velues &
dentelées à leurs extrémités ; ses fleurs sont
bleues ; on la trouve assez communément dans
les champs ; elle est vulnéraire & consolidante,
ce qui la fait appeller en latin *Consolida me-
dia*, moyenne consoude, ou herbe Lauren-
tiane. Je ne sais pas l'étymologie de cette
appellation.

La Bétoine.

C'est une plante que plusieurs personnes cul-
tivent dans leurs jardins ; on en trouve dans les
bois, sur les montagnes ; les feuilles en sont d'un
verd jaune, longues & étroites, dentelées autour en forme de scie ; ses fleurs viennent à
ses sommités, rangées en épis, arrondies comme de petites pommes, de couleur purpurine :
cette plante est céphalique, vulnéraire, cordiale. Les gens de la campagne l'appellent l'herbe
à la vache : voici pourquoi. Dans les endroits
où les pâturages sont marécageux, il vient ordinairement une espece de jonc qui leur met
le feu dans les entrailles : elles rendent beaucoup de sang, quand elles sont affectées de ce
mal ; & si on n'y remédie promptement, elles
meurent en quelques heures : le meilleur remede est de faire bouillir de la bétoine dans
du lait qu'on leur fait avaler ; ce qui les sauve

J'ai cru que cette petite digreſſion ne pouvoit être inutile, parce que je crois y appercevoir des conſéquences, que des perſonnes intelligentes peuvent réduire en pratique, pour quelque objet plus intéreſſant que celui que nous annonçons.

La Sanicle.

C'eſt une plante dont les feuilles pouſſent immédiatement de ſa racine, preſque rondes, fermes, unies, vertes, de belle couleur, diviſées en cinq parties ; ſa tige eſt haute d'environ un pied ou un pied & demi ; ſes feuilles naiſſent à ſes ſommités, ſont petites & blanches : ſa racine eſt noire en dehors, blanche en dedans, fibreuſe ; elle ſe trouve ſur les montagnes, elle croît dans les vallées, elle eſt conſolidante, vulnéraire, & arrête le ſang.

La grande Marguerite.

La grande Marguerite, qu'on nomme autrement œil de bœuf, eſt une plante fort commune preſque par-tout, & en tout pays ; on en trouve quantité dans les bleds, dans les prés ; ſes feuilles ſont longuettes, étroites, unies, rondes à leurs extrémités, d'un tiſſu délié, douces & graſſes au toucher ; ſa fleur eſt radiée : ſes feuilles ſont blanches, & le cœur compoſé d'une infinité de petits grains ou ſemences d'un jaune doré ; elle a l'odeur forte, aromatique & point déſagréable, & reſte au corps qui la touche, quand elle eſt un peu froiſſée ; elle eſt vulnéraire. Lémery dit qu'on l'emploie auſſi pour les écrouelles.

La Paquerette.

La paquerette ou petite marguerite, eſt une plante baſſe, connue de tout le monde ; ſes feuilles naiffent de fa racine, font collées contre terre, rondes, quelques-unes oblongues, d'autres d'un très-beau verd, graffes, liffes, onctueufes, arrondies vers leurs extrêmités ; fes fleurs font variées, blanches & rouges ; il y en a qui font tout-à-fait d'un rouge incarnat ; cette fleur eft radiée, compofée d'une infinité de petites feuilles longuettes, d'un arrangement affez agréable ; fes racines font fibrées ; elle confolide les plaies, réfout les tumeurs, arrête le fang : on en diftille une eau bonne pour l'inflammation des yeux.

La grande Scrophulaire.

C'eft une plante haute de deux ou trois pieds, qui croît dans les haies & autres lieux ombrageux ; fa feuille reffemble affez à celle de l'ortie ; fa racine eft graffe & noueufe ; fon odeur eft défagréable & même puante ; elle réfout les tumeurs, ramollit les duretés, nettoie les plaies & les vieux ulceres, & fert beaucoup dans la recette de l'eau vulnéraire.

Le Plantain.

C'eft une plante qu'on appelle *Plantago* en latin, comme qui diroit une plante par excellence. C'eft l'idée qu'en donne Monfieur Lémery ; il ne lui donne pas cependant des vertus qui juftifient ce titre magnifique. Il y en a de trois fortes : le plantain à fept côtes ; le plus commun de tous, fe trouve par-tout, dans les prés, le long des chemins ; fa feuille eft oblongue, arrondie à fon extrêmité, d'un beau verd par-deffus, blanche par-deffous & velue ; eft étroite à fon commencement, pouffe une tige droite, affez ferme & velue ; fes fleurs naiffent en épis, d'un blanc pâle, & il refte à la fommité de cette tige plufieurs capfules,

rangées en écailles, pleines de grains noirs &
menus ; sa racine est grasse, courte & fibreuse.
Il y en a une espece à cinq côtes, semblable
presque en tout à la premiere espece, qu'on
trouve dans les lieux marécageux : on l'appelle
le plantain aquatique. Il y en a une troisieme
espece à trois côtes, qui croît aussi près de
l'eau ; on l'emploie dans les cours de ventre,
les hémorrhagies, & on en distille une eau
d'une grande vertu pour l'inflammation des
yeux.

L'Aigremoine.

L'aigremoine, ou eupatoire, est une plante
haute environ d'un pied ou un pied & demi,
qui pousse de terre une tige grêle, menue,
& cependant ferme : ses feuilles sont vertes,
velues par-dessous, un peu blanches, échan-
crées profondément ; ses fleurs sont petites,
en épis, d'un jaune citron, sa semence est menue, & enveloppée d'une espece de coque
velue & même piquante : elle est très-déter-
sive, astringente pour le ventre, apéritive pour
les urines ; elle est vulnéraire, chasse le venin.

La Verveine.

C'est une plante qui pousse plusieurs tiges en
buisson, à la hauteur d'environ un pied &
demi à deux pieds ; ses tiges sont grêles, an-
guleuses, dures ; ses feuilles sont d'un verd
blanchâtre, ainsi que sa tige, découpées profondément, divisées en plusieurs segmens ; ses
fleurs sont petites, bleuâtres : la racine est
menue, fibreuse & dure. Elle croît dans les lieux
secs, sur les chemins, contre les murailles. Il
y en a de plusieurs especes, mais qui ont toutes à-peu-près les mêmes vertus : elle est onctueuse, adoucissante, bonne pour les maladies

de poitrine, pour l'hémorrhagie, la diſſenterie, la pleuréſie : cette plante étoit autrefois ſacrée, on l'appelle encore *herba ſacra*.

L'Abſynthe.

C'eſt une plante qui croît à la hauteur d'environ trois pieds, & pouſſe pluſieurs tiges blanches & ligneuſes, ridées, branchues, blanchâtres & cotonneuſes : ſes feuilles ſont longuettes, découpées profondément, cotonneuſes, blanchâtres, molaſſes, d'une odeur forte, aromatique & d'un goût extrêmement amer : ſes rameaux ſont entourés ou garnis d'une grande quantité de grains menus & jaunâtres, auxquels ſuccede une ſemence menue ; ſa racine eſt groſſiere, ligneuſe. On la cultive dans les jardins : il y en a de pluſieurs ſortes. Elle tue les vers, nettoie l'eſtomac, le fortifie ; elle eſt d'ailleurs vulnéraire & apéritive ; elle eſt d'un grand uſage dans la médecine, mais les Diſtillateurs n'en font pas grand uſage, quoiqu'ils la puiſſent employer comme tous les autres aromatiques : cependant je ne crois pas qu'elle ſoit employée autrement que pour cette eau-ci.

Le Fenouil.

Nous aurons encore occaſion d'en parler, pour en donner une ample définition ; il ſuffit ici de dire que cette plante eſt déterſive & apéritive, & nettoie les plaies.

Le Mille-pertuis.

C'eſt une plante qui croît par-tout ; elle vient de la hauteur de deux à trois pieds : ſa tige eſt ferme & droite, un peu branchue ; ſes feuilles ſont petites, vertes, un peu longues, percées d'une grande quantité de petits trous ; ſa fleur vient en bouquet aux ſommités de ſes branches. Les feuilles des fleurs font d'un tiffu délié, d'une couleur jaune, dorée luifante, percées auffi d'une infinité de trous : fa femence eft fort menue & fort odorante ; elle contient beaucoup d'huile, qu'on en extrait, & qui a de grandes vertus ; elle eft vulnéraire, apéritive, & fortifie les nerfs.

L'Ariftoloche.

C'eft une plante dont il y a quatre efpeces : la ronde, la longue, la clématite, la petite ou menue.

La premiere efpece, ou l'ariftoloche ronde, pouffe plufieurs tiges foibles, à la hauteur d'environ un pied ; fes feuilles font rondes, molles, fans queue, embraffant leur tige ; fes fleurs font de couleur purpurine, obfcure, tirant fur le noir ; fes femences font plates, minces, enveloppées dans des fruits longuets, divifés en fix petites cellules ; fa racine eft ronde ou de la figure d'une trufle, brune en dehors, jaunâtre en dedans, fort amere, & très-défagréable au goût ; elle croît dans les prés, dans les champs, en terre graffe & humide.

La feconde efpece, appellée l'ariftoloche longue, jette plufieurs farmens ou tiges pliantes, longues d'environ un pied & demi, fe répandant à terre ; fes feuilles font faites en faulx, pointues, attachées aux tiges par de petites queues ; fes fleurs reffemblent à celle de l'ariftoloche ronde ; elles font remplacées par de petits fruits de la figure de petites poires, & renfermant des femences plates, noires : fa racine eft groffe & longue comme le bras d'un enfant, ayant la couleur & le goût de celle de l'ariftoloche ronde : elle croît dans les champs, dans les prés, les bleds, les vignes & les haies.

La troifieme efpece, ou la clématite, pouffe plufieurs farmens droits, plus forts & plus robiftes que ceux des autres efpeces, à la hauteur d'environ deux pieds : fes feuilles ont la figure de celle du liere, ridées, foutenues par des queues longues ; fes fleurs font longuettes, jaunes, pâles ; fes fruits font plus gros que ceux des autres efpeces d'ariftoloche de figure ovale, divifés auffi en fix cellules remplies de femences plates ; fa racine eft menue, filamenteufe, grife : elle croît dans les champs, dans les vignes, dans les bois, aux pays chauds ; il en eft encore plufieurs efpeces.

La quatrieme efpece eft l'ariftoloche petite ou menue : elle pouffe plufieurs tiges foibles & menues, couchées à terre ; fes feuilles & fes fleurs font femblables à celles des autres ariftoloches ; mais elles font beaucoup plus petites & plus pâles : fon fruit eft fait en petite poire fucculente, remplie de femences ; fes racines font fort déliées, filamenteufes, jointes enfemble par un petit tronc en forme de barbe, de couleur jaunâtre, d'un goût âcre, amer, d'une odeur forte & agréable : on en trouve dans les vignes, dans les bois, aux lieux chauds, fecs & pierreux. C'eft l'ariftoloche longue dont on fe fert le plus ; mais, toutes ces efpeces d'ariftoloches, étant vulnéraires, déterfives, propres pour réfifter à la gangrene, je les ai décrites toutes, parce qu'ayant toutes les mêmes vertus, on fera libre de choifir telle efpece qu'on voudra : on emploie les racines des deux dernieres, comme on peut employer les feuilles & fleurs de toutes.

L'Orpin.

L'orpin, ou reprife, ou moyenne fcrophulaire, eft une plante qui pouffe plufieurs tiges

droites, à la hauteur d'environ un pied, graf-
ses, mollasses ; les feuilles de cette plante ref-
semblent beaucoup à celles du pourpier, & même ses tiges, ou à celles de la feve qu'on appelle ici feve de marais ; mais elles sont moins
rondes & un peu plus longuettes : ses feuilles
sont d'un verd blanc, épaisses, grasses, onctueuses, & douces au toucher, & mollissent
pour peu qu'il y ait de temps que la plante
est cueillie ; ses fleurs ressemblent à celles du
bled sarrasin, sont blanches ; sa racine est glan-
duleuse. Lémery dit qu'elle croît aux lieux secs
& pierreux ; cependant on la trouve communément aux lieux humides & près des sources.

Cette plante est astringente, humectante,
consolidante, adoucissante, détersive, & propre pour effacer les taches du visage.

La Véronique.

La véronique est une plante dont il y a deux
especes générales, une appellée mâle, & l'autre véronique femelle : la mâle est divisée en
deux autres especes, une droite, & l'autre
courbée & rampante. Cette derniere est la plus
en usage, & celle qu'il faut employer pour la
composition de l'eau vulnéraire : on l'appelle la
véronique mâle la plus commune : (*Veronica*
mas supina, *vulgatissima*). Elle jette plusieurs
branches ou tiges fort menues, longues, rondes ; la foiblesse desdites tiges fait qu'elle rampe
à terre & serpente ; ses feuilles sont longuettes, dentelées en leurs bords, velues, plus
petites que celles de la bétoine ; ses fleurs
sont disposées en épis bleuâtres, & quelquefois blancs ; sa semence est menue, ronde,
noirâtre ; sa racine est fibreuse : elle croît dans
les haies, dans les bois, aux lieux incultes &
sabloneux ; elle a un goût amer & âcre.

La véronique femelle a la feuille à-peu-près comme le serpolet ; elle pousse plusieurs petites tiges, menues, serpentant à terre à cause de leur foiblesse, longuettes ; ses fleurs sont petites, pâles ou bleues d'un bleu pâle ; sa racine est menue : elle se trouve ordinairement dans les prés & dans les lieux sur-tout humides & marécageux.

Toutes les especes de véroniques sont déter-sives, vulnéraires, sudorifiques, propres pour les maladies de la poitrine & du poumon, d'une vertu qui résiste au venin.

La petite Centaurée.

La petite centaurée, qu'on nomme autrement fiel de terre, à cause qu'elle est extrêmement amere, ou fébrifuge, parce qu'on prétend qu'elle guérit la fievre, est une petite plante haute d'environ un demi-pied & plus : ses feuilles sont longuettes, comme celles du mille-pertuis, mais un peu plus grandes : elle pousse en sa sommité plusieurs petits rameaux où naissent des fleurs rougeâtres, ou de couleur purpurine foible, qui s'unissent en s'approchant les unes des autres : il leur succede, quand elles sont tombées, de petites têtes ou gousses, longues, menues, remplies d'un peu de poudre farineuse : sa racine est déliée, seche, ligneuse, insipide ; elle croît aux lieux arides & sablonneux : elle est vulnéraire, déterfive, desficative, apéritive, antiscorbutique, fébrifuge, bonne pour la rage hystérique, pour la sciatique & la jauniffe, & tue les vers.

La Mille-feuille.

La mille-feuille est une plante dont le s feuilles poussent immédiatement de la racine, représentant une plume d'oiseau, du plus beau verd, extrêmement découpées, longues, fermes &

bien rangées le long d'une côte qui les partage : elle pouffe plufieurs tiges à la hauteur d'un pied ou environ, roides, anguleufes, velues, rougeâtres & rameufes vers leurs fommités : c'eft la grande quantité de fegmens qui partagent fa feuille, qui lui a fait donner le nom de mille-feuille. Elle eft d'une odeur affez agréable, d'un goût un peu âcre. Ses fleurs naiffent en fes fommités, en bouquets, ramaffées & fort ferrées, petites, blanches & jaunes au milieu, odorantes ; fa racine eft ligneufe, fibreufe ; on la trouve prefque par-tout, aux lieux fur-tout fecs & arides, fur les chemins, dans les endroits expofés.

Cette plante eft aftringente, vulnéraire, réfolutive, propre pour le cours de ventre & les hémorrhagies.

La Nicotiane.

C'eft une plante qui nous vient de l'Amérique, pays où elle a la plus grande vertu. Elle croît particuliérement dans l'Ifle de Tabaco, d'où elle a pris le nom de tabac : on l'appelle nicotiane, ou herbe à la Reine, parce que cette plante fut apportée à la Reine par M. Nicot, du Portugal, où il avoit été envoyé en ambaffade. On la cultive préfentement dans toute l'Europe ; mais elle n'a ni la force, ni la vertu qu'elle a au lieu de fon origine.

Il eft plufieurs efpeces de cette plante, & des efpeces de toute grandeur. La plus grande efpece eft fort haute, a la tige haute de quatre à cinq pieds, & plus groffe d'un pouce, ronde, velue, remplie de moëlle blanche : elle reffemble beaucoup pour la figure à l'héliotrope. Celle d'une plus petite efpece, reffemble beaucoup, pour la tige, les fleurs, & même la couleur, à une plante affez commune qu'on appelle *Enula*

Campana : à cela près que l'énula campana a les feuilles d'un verd jaune, & celles du tabac, ou nicotiane, font d'un affez beau verd ; mais elles font velues & âpres au toucher toutes deux : fa fleur eft longue, de couleur purpurine ; fa femence eft petite, rougeâtre ; fa racine eft fibreufe, blanche, d'un goût fort âcre. Toute la plante a une odeur forte ; elle croît dans les terres graffes, au grand air ; on la cultive dans les jardins. La fumée du tabac, ou le tabac mâché, dit Lémery, décharge le cerveau ; mais il caufe fouvent des maladies, quand on en fait excès. On le pile, & on l'applique fur les tumeurs qu'on veut réfoudre. On le met infufer dans l'eau commune, & avec cette infufion on lave les dartres & les endroits du corps où l'on fent des démangeaifons ; mais fi l'eau en étoit trop chargée, elle exciteroit le vomiffement. Elle eft vulnéraire & déterfive ; on en prépare un firop, qu'on fait prendre pour l'afthme.

La Pilofelle.

La pilofelle ou l'oreille de fouris eft une plante dont les feuilles font longuettes, rondes vers le bout, couvertes d'une efpece de laine blanchâtre, ou de plufieurs petits poils, qui la font nommer pilofelle, reffemblante à l'oreille d'un rat ; ce qui lui a fait donner ce nom : fes feuilles font couchées & comme attachées à la terre : fes fleurs font jaunes ; fa racine eft fibreufe ; elle croît dans les champs : elle eft aftringente, vulnéraire, incraffante ; elle arrête les hémorrhagies & les cours de ventre.

La Menthe.

C'eft une plante très-aromatique, dont il y a deux efpeces générales : la menthe domeftique ou cultivée, des jardins, & la menthe fauvage : toutes deux font fort connues. Cette plante fortifie l'eftomac, aide à la digeftion, chaffe les vents, guérit la colique, réfout les humeurs, & réfifte à la gangrene.

L'Hyſſope.

C'eft une plante très-connue, qu'on cultive dans les jardins, dont on fait des bordures comme de la lavande, de la fauge, du thym, de l'abſynte, & autres chofes.

Cette plante jette plufieurs tiges ou verges hautes d'environ un pied, noueufes, rameufes ; fes feuilles font longues & étroites : fes fleurs font en épis, de couleur bleue ; fa racine eft groffe comme le petit doigt, longue, dure, ligneufe ; elle croît dans les lieux expofés : elle eft aromatique, vulnéraire, déterfive, apéritive : on s'en fert dans les maladies de poitrine, de poumon, comme l'afthme & la phtyfie.

De toutes ces plantes, dont nous venons de donner les defcriptions les plus exactes, auxquelles nous avons ajouté ce qu'elles ont de vertus connues & éprouvées, il n'eft perfonne qui ne doive conclure qu'il doit réfulter de la diftillation de ce mêlange, un tout d'une grande propriété. Comment en effet tant de vertus & de forces réunies ne feroient-elles pas un compofé d'une excellence fupérieure ? Nous allons donner la façon de les employer, en déterminant les quantités qu'il faut de chacune defdites plantes, pour faire l'eau vulnéraire, dite d'arquebufade, & la conduite de cette opération. En fuivant exactement la recette, on lui donnera toute la perfection dont elle peut être fufceptible.

*Recette pour six pintes d'eau d'Arquebusade
spiritueuse.*

Vous prendrez quatre poignées de Consoude,
feuilles, fleurs, & même racine.

Quatre poignées d'Armoise.

Quatre poignées de Bugle.

Quatre poignées de Sauge.

Deux poignées de feuilles de Bétoine.

Deux poignées de grande Marguerite, ou œil
de Bœuf.

Deux poignées de Sanicle.

Deux poignées de grande Scrophulaire.

Deux poignées de Paquerette ou petite Marguerite.

Deux poignées d'Aigremoine.

Deux poignées de Plantain.

Deux poignées de Verveine.

Deux poignées de Fenouil.

Deux poignées d'Absynthe.

Une poignée de Véronique.

Une poignée d'Orpin.

Une poignée de Mille-pertuis.

Une poignée d'Aristoloche longue.

Une poignée de petite Centaurée.

Une poignée de Mille-feuille.

Une poignée de Menthe.

Une poignée de Nicotiane.

Une poignée de Pilofelle.

Une poignée d'Hyssope.

Quand vous aurez toutes ces plantes, qu'il
faut, s'il se peut, cueillir en temps chaud &
sec au commencement de Juillet ou sur la fin de
Juin, & même en Juillet tout entier, temps où
ces plantes ont toutes leurs vertus, vous les
hacherez bien menu & les pilerez ; & cela fait,
vous les mettrez infuser dans un grand pot de
terre avec douze pintes de bon vin blanc, &

fix pintes d'eau-de-vie, & les mettrez en digeftion dans un tas de fumier bien chaud ou fûr
un four, l'efpace environ de trois jours ; & au
bout de ce temps vous les mettrez dans un grand
Alambic ordinaire au réfrétoire, & les diftillerez à feu nud fur un feu ordinaire, pour tirer
de cette quantité d'efprits environ le quart des
efprits du vin blanc, & la moitié de ceux de
l'eau-de-vie, qui vous donneront environ entre
fix à fept pintes ; mais n'en diftillez pas davantage, fi vous voulez qu'elle foit bonne & point
phlegmatique ; car il faut bien prendre garde de
ne point tirer de phlegme.

   Nota. Il faut bien boucher le pot de terre où
vous aurez mis la digeftion, & même le luterez
bien exactement, de peur que les efprits ne fe
diffipent.

Recette pour huit pintes d'eau fimple d'Arquebufade.

Vous mettrez toutes les plantes ci-deffus en
même quantité, hachées & pilées comme il a
été dit, avec quinze pintes d'eau en digeftion
pendant fix heures fur un petit feu ; vous couvrirez la cucurbite d'un petit couvercle : au bout
de ces fix heures vous allumerez votre fourneau,
& vous mettrez le chapiteau à votre cucurbite,
luté à l'ordinaire ; vous diftillerez votre recette
fur un feu un peu vif, & tirerez huit pintes
d'eau de quinze que vous y aurez mifes ; &
cette eau fimple fera bonne & infiniment fupérieure à ces infufions de vulnéraire, qui n'ont
pas la même qualité que celle qui eft diftillée.

CHAPITRE XXXIX.

Des fruits.

Tous les fruits ne se distillent pas. Ceux qui se distillent sont les fruits à écorce, dont nous allons parler dans ce Chapitre.

Le Cédrat.

Le cédrat est un fruit distingué par la supériorité de son parfum : c'est de tous les fruits à écorce le meilleur, & qui est du meilleur usage ; il l'emporte sur toutes les odeurs : & malgré la réputation que l'ambre s'étoit faite, le cédrat a prévalu, & l'emporte.

Ce fruit étant confit, fait la meilleure des confitures : il en est de même de la liqueur de ce fruit, qui, sans contredit, est la meilleure de toutes, & la plus parfaite. Tous les Distillateurs connoissent le mérite de ce fruit ; mais peu connoissent bien le fruit même, & celui de la meilleure qualité. Comme la liqueur n'est bonne que relativement à la bonté du fruit, il s'agit de faire un bon choix. Voici ce qu'il faut observer pour le bien choisir.

Le cédrat est d'une figure assez irreguliere, communément de figure ovale, ayant sur son écorce plusieurs tubérosités, ou bosses. Il y en a qui sont pointus des deux côtés ; d'autres arrondis par un côté & pointus par l'autre : sa couleur est celle du citron. Il faut toujours choisir ceux qui auront le plus de tubérosités, & qui seront le plus pointillés, parce qu'ils ont plus d'écorce & de quintessence. Il faut le choisir frais, d'une couleur brillante. Son odeur consistant dans

les zeſtes, plus les zeſtes feront épais & ver-
meils, plus le fruit aura de parfum. Ce choix
fait felon les regles que je viens de donner, votre liqueur aura tout le mérite qu'elle doit
avoir, ſi cependant elle eſt encore diſtillée dans
les regles.

Pour faire l'eau de Cédrat.

Coupez les zeſtes de vos cédrats ; ayez le
foin de ne couper précifément que cette premiere écorce jaune. Quand vos zeſtes auront
été coupés, vous les mettrez dans l'Alambic avec
de l'eau & de l'eau-de-vie ; vous les diſtillerez
enfuite fur un feu tant foit peu vif, & quand
vous en aurez tiré les efprits, vous ferez fondre
du fucre dans de l'eau, & quand il fera fondu,
vous verferez vos efprits diſtillés dans ce firop,
les mêlangerez bien, paſſerez le mêlange à la
chauſſe : & quand votre liqueur fera clarifiée,
elle fera faite. Pour la faire bonne, ne négli-
gez aucun point de ce Chapitre, parce que
tout y eſt important.

Recette pour l'eau de Cédrat commune.

Prenez un gros cédrat, ou deux petits,
trois pintes & demi-feptier d'eau-de-vie, une
livre un quart de fucre, deux pintes d'eau
pour trois pintes de liqueur.

Recette pour l'eau de Cédrat double.

Prenez deux gros cédrats ou trois petits,
trois pintes & demi-feptier d'eau-de-vie ; mettez
trois livres de fucre pour faire votre firop, &
deux pintes d'eau.

Recette pour l'eau de Cédrat fine & feche.

Vous prendrez trois cédrats moyens, trois pin-

tés & demi-septier d'eau-de-vie, deux livres de
sucre pour faire le sirop, & chopine d'eau.

Pour faire les trois especes ci-dessus, avec les quintessences.

Vous mettrez sur les quantités d'eau-de-vie,
déterminées pour chacune des recettes précédentes, & les quantités de sucre fixées pour
les sirops de chacune des liqueurs ci-dessus,
quarante-cinq gouttes de quintessence pour l'eau
de cédrat commune, soixante gouttes pour la
double, & quatre-vingts pour celle que vous
voudrez qui soit fine & seche.

Maniere de faire la quintessence de Cédrat.

A la suite du Chapitre de l'eau de cédrat,
j'ai cru devoir continuer à dire ce que ce
fruit donne de lui-même, tant à la distillation
que pour la quintessence. Je ne ferai pas ici
le détail de toutes les recettes dans lesquelles
il entre : tout cela trouvera place dans la suite
de nos Chapitres.

Pour faire la quintessence du cédrat, il faut
choisir ce fruit dans sa parfaite maturité, c'est-
à-dire, qu'il ne faut pas que le fruit soit trop
verd, & qu'il faut aussi-bien prendre garde qu'il
n'ait passé son point de maturité. Il faut observer
qu'il ne soit ni froissé, ni taché, ni pourri ;
ce qui gâteroit la marchandise. Il faut choisir,
comme nous l'avons dit, les écorces les plus
épaisses, celles qui ont le plus de tubérosités,
celles qui font les plus pointillées, parce que
ces fruits avec les marques susdites, font toujours ceux qui ont le plus de quintessence. Il
faut, s'il se peut, qu'ils soient frais cueillis,
en temps chaud & sec, lorsque cette quintessence

fe fait dans le pays ; car pour ce pays-ci, cette
condition fe trouve impraticable ; & pourvu que
vos céd:ats foient beaux & mûrs, & point gâtés, ne pouvant les avoir frais., òn tire ce
qu'on peut de quinteffence.

Quand vos cédrats auront été choifis avec
l'attention que nous avons dite, vous couperez légèrement la fuperficie du cédrat, c'eft-à-,
dire, cette écorce jaune. Vous aurez foin de.
n'y point laiffer de blanc, parce que ce blanc
éponge votre quinteffence. Quand les zeftes auront été levés délicatement, vous les mettrez
dans un entonnoir de verre ou d'argent. Vous.
mettrez enfuite votre entonnoir fur le gouleau
d'une bouteille : s'il eft d'argent, il faut y faire
faire un couvercle ; & s'il eft de verre, le boucher avec quelque chofe, de façon que rien ne
tranfpire : après quelque temps, vous verrez
la quinteffence diftiller goutte à goutte : vous
laifferez l'entonnoir fur la bouteille, jufqu'à ce
qu'il ne tombe plus rien. Quand tout aura diftillé, vous retirerez votre entonnoir, & vous
boucherez auffi-tôt la bouteille. Vous trouverez vos écorces très-feches, quand toute la quinteffence fera tombée : c'eft de cette forte que
fe tire la quinteffence du cédrat. Comme on,
en tireroit peu dans ce pays, qu'elle n'auroit
pas toute la qualité qu'elle doit avoir, & que
d'ailleurs elle reviendroit à très-haut prix, c'eft
dans le pays même où vient le fruit qu'il faut
la faire acheter. Si on la fait dans le pays,
voici une obfervation effentielle, c'eft qu'il ne
faut pas cueillir ce fruit quand l'arbre eft en
feve, parce que fa feve fe porte toute à l'arbre, & le fruit n'a de l'humeur que pour conferver fa fraîcheur.

Pour conferver votre quinteffence, il faut y
mettre un peu d'alun, & enfuite la laiffer re-

poſer ; l'alun fera tomber un limon au fond de la bouteille ; & quand le dépôt fera fait, vous tirerez doucement la quinteſſence au clair, & vous pourrez encore paſſer vos zéſtes à l'Alambic, en en mettant un peu plus que vous n'en mettriez, ſi vous n'en aviez pas tiré la quinteſſence.

On tire encore les quinteſſences dans un entonnoir entouré de pointes, auquel il y a une grille, & on tourne légérement ſur les pointes, qui ſervant de rappe, enlevent la ſuperficie de l'écorce, & les quinteſſences coulent d'elles-mêmes au travers de la grille, paſſent par le bas de l'entonnoir, lequel eſt mis ſur une bouteille ; je crois que de cette façon on en tire plus qu'aux zeſtes, & que celle qui eſt faite aux zeſtes eſt la meilleure.

Les quinteſſences de Portugal ſe tirent de la même façon.

Ce ſont les quinteſſences actuellement les plus à la mode. Il eſt vrai que leur parfum eſt délicieux. Il faut beaucoup s'attacher au choix de ces ſortes de fruits, pour n'être pas trompé dans le choix de leur quinteſſence ; & rien ne les diſtinguant, au moins à l'extérieur, il faut ſe rendre leur odeur très-familiere.

Il n'y a point de quantité fixée pour la quinteſſence : on ne peut pas dire, prenez tant de cédrats, de bergamotes & d'oranges, pour faire telle quantité de quinteſſence, parce que l'un de ces fruits donne plus que l'autre: la maturité contribue beaucoup à la quantité, & à la qualité de la quinteſſence ; mais pour la clarifier & conſerver, on détermine la quantité d'alun; de ſorte que pour une livre que vous aurez tirée, vous mettrez une demi-once d'alun pour ſa conſervation, & plus ou moins proportionnellement, pour une plus ou moins grande quantité.

CHAPITRE XL.

De la Bergamote.

LA bergamote dont nous allons parler est un fruit à écorce, comme le citron & l'orange : cette bergamote est le produit d'un citronier, enté sur un poirier de bergamote : de sorte que le fruit qui en provient rassemble en lui seul les qualités & la quintessence de la bergamote.

La bergamote ressemble par la figure & la couleur à la bigarade : excepté que la bergamote a l'écorce unie comme l'orange de Portugal, la bigarade est rayée, & a quelques tubérosités, comme de petits cornichons, & se termine en pointe comme une petite corne ; l'odeur en est suave, & cependant très-forte, & tient très-long-temps. On fait de son écorce des boîtes qui conservent toute leur odeur pendant plus de vingt ans. Les Distillateurs, les Parfumeurs & les Confiseurs s'en servent également pour parfumer leurs liqueurs, leurs eaux d'odeurs. Ce fruit se confit aussi ; mais le plus grand mérite de ce fruit est tout dans son écorce. Les Distillateurs en tirent de plus une excellente quintessence ; c'est de tous les fruits à écorce, après le cédrat, celui dont le parfum est le meilleur & le plus exquis : la bergamote est un fruit qui foisonne extrêmement, & toute parfaite que soit l'essence de bergamote, elle est un peu moins chere que les autres, parce qu'étant plus forte, elle rend davantage.

Il n'en est pas de ce fruit comme des autres, qui veulent être employés en parfaite maturité : le véritable point de maturité de celui-ci ;

lui-ci, ou plutôt le point où il veut être employé, est qu'il soit verd prêt à mûrir; & voici comme on connoît qu'il est arrivé à son point: il faut que la partie qui est exposée au soleil soit d'une couleur jaune, tendre, approchant de la maturité, & que le reste du fruit soit d'un verd clair, prêt à jaunir, & quand il est dans cet état, il faut l'employer.

Ce fruit, dans les années chaudes & seches, est beaucoup meilleur, & donne beaucoup plus de parfum; il faut ménager le goût de votre bergamote au goût général, s'y conformer en tout, & prendre toujours un milieu entre le trop, & trop peu de parfum; il vaut même mieux qu'il y en ait moins, puisqu'on y en peut toujours ajouter.

Eau de Bergamote.

Pour faire vos esprits à la bergamote, & de ces esprits en faire de la liqueur, vous ferez comme des autres fruits à écorce, c'est-à-dire, que vous couperez les zestes, comme il est dit dans le Chapitre du cédrat. Vos zestes coupés, vous les mettrez avec l'eau & l'eau-de-vie, selon la quantité portée par la recette, & les distillerez au feu tant soit peu vif, comme il le faut pour tous les fruits de cette espece: vous ferez ensuite fondre du sucre dans de l'eau fraîche, & quand votre sucre sera fondu, vous y mettrez vos esprits distillés ; vous mêlerez bien le tout, & passerez le mêlange à la chausse : quand votre liqueur aura passé, & qu'elle sera tirée au clair fin, elle sera faite: Vous ne tirerez point de phlegmes avec vos esprits, de peur que votre liqueur ne contracte un goût d'empyreume. En observant exactement tous les points de ce Chapitre, les mettant en pratique, vous ne manquerez pas de faire du bon & même du parfait.

Recette pour cinq pintes d'eau commune de Bergamote.

Prenez une moyenne bergamote, trois pintes & demi-septier d'eau-de-vie, une livre & un quart de sucre, deux pintes trois demi-septiers d'eau pour faire le sirop.

Recette pour cinq pintes d'eau de Bergamote double.

Vous choisirez une belle bergamote, vous prendrez trois pintes demi-septier d'eau-de-vie, deux pintes d'eau, & trois livres de sucre pour le sirop.

Recette pour cinq pintes d'eau fine & seche de Bergamote.

Vous aurez soin de prendre deux petites bergamotes ou une moyenne, & une petite, trois pintes & demi-septier d'eau-de-vie, une pinte & demie d'eau, trois livres de sucre, pour faire le sirop de cette liqueur.

Quand on se sert de la Quintessence.

On met les mêmes quantités d'eau-de-vie & de sucre, pour chaque liqueur ci-dessus dite ; on met trente gouttes de quintessence, pour l'eau de bergamote commune, cinquante pour la fine & seche, & quarante pour la double.

CHAPITRE XLI.

Du Citron.

LE citron est le fruit d'un arbre très-commun en Provence. Il est de figure oblongue, d'un jaune tendre & léger. La premiere écorce ou zeste de citron est d'un goût piquant & aromatique, & même un peu âcre ; cette écorce contient beaucoup d'esprit de quintessence, & très-peu de phlegmes, ainsi qu'il paroît, lorsqu'on passe l'écorce de citron contre une chandelle allumée, ce qui en sort s'enflamme sans pétiller beaucoup : au lieu que celle d'orange s'enflamme peu, & pétille beaucoup plus.

L'écorce qui renferme la chair du fruit est blanche & ferme : sa chair ou substance intérieure est spongieuse, molle, vésiculeuse, pleine d'un suc aigre, piquant & cependant fort agréable : ce goût est le goût favori de plusieurs personnes ; ses semences sont comme celles de l'orange, blanchâtres, dures, oblongues & pointues aux deux extrêmités.

Les Distillateurs emploient assez indifféremment les fleurs de tous les fruits à écorce, pour celles de fleurs d'orange : je ne parle que de ceux du pays, parce que dans celui-ci on ne trouve pas fort communément les fleurs de citron ; au lieu que celles de fleurs d'orange, quoique cheres, s'y trouvent assez communément.

La fleur de citron ne se distingue, hors du citronnier, que par le parfum qui est plus aromate.

Les citrons font d'un grand usage dans la

diftillation : on en extrait des efprits, on en tire beaucoup de quinteffence, quand ils font dans leur maturité, & qu'ils ont été bien choifis.

Le fruit intérieur, ou cette fubftance fucculente, qui eft proprement le fruit, eft très-rafraîchiffant; on en fait la limonade pour le rafraîchiffement; on confit l'écorce de ce fruit, on confit auffi fes fleurs, qui font fort cordiales.

La fleur de citron eft d'un grand ufage dans la diftillation; mais ce n'eft pas dans le pays : c'eft à fon écorce fur-tout qu'on s'attache.

Les citrons qui ont le plus de jus, ne font pas les plus propres à la diftillation; mais ils font bons pour la limonade. Les bons citrons à diftiller font ceux dont l'écorce eft épaiffe & tendre, & ce font ceux qui ont le plus de quinteffence; c'eft dans ceux-là que le confifeur & le Diftillateur trouvent le plus de matiere à leur travail.

Les citrons de Provence ont beaucoup de jus & d'acide, & font excellens, pour les ragoûts, pour la limonade; mais en même temps très-ingrats pour la diftillation.

Le citron d'Italie reffemble affez à celui de Provence; mais il eft meilleur : le plus parfait de tous eft celui de Portugal; qnand il eft pris dans fa maturité, il eft excellent à employer, il a beaucoup de parfum & du parfait. C'eft le fruit qui approche le plus du cédrat; ceux à qui le goût du cédrat eft familier, favent bien le diftinguer, & mettent leur connoiffance à profit.

Mais comme le citron de Provence eft le plus commun de tous, & qu'on s'en tient affez à celui-là, pour diftinguer ceux qui ont plus de jus, & ceux qui ont plus d'écorce, on en juge par la pefanteur. Celui qui a moins de jus, & plus d'écorce, eft le plus léger. Si vous voulez connoître ceux qui auront le plus de quinteffence, connoiffance effentielle pour un Diftillateur, examinez fi la fuperficie de l'écorce eft tranfparente, & a une couleur tendre, & brillante : vous pouvez être affuré que votre citron eft très-quinteffencieux. L'odeur du fruit achevera de vous déterminer fur le choix.

Le citron d'Italie fe diftingue de celui de Provence, en ce qu'il eft mieux fait, & qu'il a la couleur plus foncée que celui de Provence. Celui de Portugal enfin eft encore le mieux fait de tous, & de la meilleure odeur : fa couleur eft vive, fon odeur approche beaucoup de celle du cédrat, quand il eft dans fa parfaite maturité.

De toutes les efpeces ci-deffus, prenez ceux qui auront la couleur la plus vive, ce coup-d'œil tendre, quoique brillant, qui feront pointillés, dont l'écorce fera graffe & épaiffe. Lès Diftillateurs doivent s'attacher à l'écorce, à caufe de l'huile effentielle qu'on y trouve ; & pour le firop & la limonade, il faut choifir le citron à jus.

Ce choix fait, auquel on ne peut fe méprendre après tout ce que nous en avons dit, vous leverez délicatement la fuperficie avec les zeftes, en obfervant de ne couper que le jaune, & de n'en point laiffer ; vous les mettrez dans l'Alambic ; & les diftillerez avec de l'eau-de-vie à un feu un peu vif ; vous ne tirerez point de phlegme par rapport au goût d'empyreume ; vous ferez enfuite le firop comme pour toutes les autres liqueurs avec du fucre fondu dans l'eau fraîche ; vous mettrez dans ce firop vos efprits diftillés, les paffez à la chauffe pour clarifier le mêlange, & votre liqueur fera faite.

Recette pour cinq pintes & chopine d'eau de Citronelle commune.

Prenez quatre citrons moyens, trois pintes demi-feptier d'eau-de-vie, une livre un quart de fucre, deux pintes & demi-feptier d'eau, pour le firop de votre liqueur.

Recette pour cinq pintes d'eau de Citronelle double.

Prenez, pour la liqueur double, quatre beaux citrons, trois pintes demi-feptier d'eau-de-vie, trois livres de fucre, que vous ferez fondre pour votre firop dans deux pintes d'eau.

Prenez pour la liqueur fine & feche, cinq beaux citrons, ou fix citrons moyens, trois pintes demi-feptier d'eau-de-vie, deux livres de fucre, que vous ferez fondre dans la quantité d'une pinte & chopine d'eau fraîche, pour le firop.

Nota, que quand nous difons, prenez des citrons, ce font des zeftes de quatre ou cinq citrons dont nous entendons parler.

Pour faire cette eau avec la Quinteffence.

Pour la commune, vous mettrez foixante gouttes de quinteffence; pour la double, foixante & dix; & quatre vingts pour celle qui fera fine & feche.

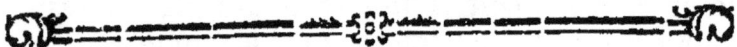

CHAPITRE XLII.

Du Citron Chinois.

CE qu'on appelle le citron chinois, eft un citron verd qui nous vient de Madere, à peu-près gros comme une noix mufcade. On nous l'envoie tout confit des Ifles de l'Amérique, où il fe trouve communément. Mais ce citron étant confit, n'eft plus propre à la diftillation; &

ceux qui font quelque liqueur avec ce fruit, ne peuvent fe fervir que du firop ; car ce citron, tant au blanchiffage qu'à la confiture, a dépouillé toute fa partie quinteffencieufe & même fon parfum. Celui dont on fe fert pour l'eau chinoife eft le citron ordinaire, cueilli dans fa verdeur, de la groffeur d'une noix, des zeftes duquel on fe fert dans la recette de l'eau chinoife.

On peut avec le firop du citron de Maderé, faire une liqueur excellente, parce que ce firop étant extrêmement parfumé, il ne peut manquer de donner, aux liqueurs dans lefquelles il entre, un goût délicieux. Ce fruit étant d'un climat chaud, & n'étant point dépouillé de fes zeftes, donne au firop beaucoup de parfum quinteffencieux.

Il faut prendre de ce firop fans le fruit, y mettre de l'efprit de vin à proportion de la force qu'on veut donner à fa liqueur: on peut même, fi l'on veut, y mettre un peu d'eau, enfuite on le paffe à la chauffe ; & quand la liqueur fera clarifiée, elle fera faite. Il faut enfuite attendre quelques jours pour le mettre en vente & le débiter, pour donner à cet alliage le temps de fe faire. Cette liqueur n'eft pas fort difficile à faire : il faut obferver fur ce point que, plus le firop eft nouveau, meilleur eft la liqueur, parce qu'il a plus de parfum, & qu'en vieilliffant il en perd beaucoup, & prend un goût défagréable.

Si l'on fe fert des citrons de Portugal, d'Italie ou de Provence, il faut les employer dans leur verdeur, après un mois au plus que la fleur eft tombée: il ne faut pas qu'ils foient plus gros qu'une noix ordinaire, & on les emploiera comme tous les autres fruits à écorces.

Recette pour faire l'eau chinoise avec le sirop du citron de Madere.

Pour une pinte de sirop du citron susdit, vous mettrez une pinte d'esprit de vin, sans eau ni sucre ; cependant proportionnellement toujours à la force que vous voudrez donner à votre eau chinoise.

Recette pour faire cinq pintes d'eau chinoise commune, avec le citron de Provence, d'Italie ou de Portugal.

Prenez vingt-cinq petits citrons verds, ou les zestes de ces citrons, distillez-les avec trois pintes & demi-septier d'eau-de-vie, deux pintes & demi-septier d'eau, & une livre un quart de sucre pour le sirop. \

Recette pour l'eau chinoise double.

Prenez les zestes de trente citrons, trois pintes & demi-septier d'eau-de-vie, pour les distiller, & trois livres de sucre, que vous ferez fondre dans deux pintes d'eau fraîche, pour le sirop de votre liqueur.

Recette pour quatre pintes d'eau chinoise fine & seche.

Prenez les zestes de trente-cinq ou trente-six citrons, que vous ferez distiller dans pareille quantité d'eau-de-vie que pour les précédentes recettes: mettez, pour faire votre sirop, fondre deux livres de sucre dans une pinte, & chopine d'eau fraîche.

De cette façon vous ferez l'eau chinoise, à quelque chose près, aussi bonne qu'avec le sirop de citron de Madere confit, en supposant que le sirop est dans sa perfection.

CHAPITRE XLIII.

Du Limon.

LE limon eſt un fruit plus gros que le ci-tron, & plus rond ; ſa chair eſt ordinairement moins épaiſſe : il eſt, comme le citron, rempli d'une ſubſtance véſiculeuſe & ſpongieuſe, pleine d'un ſuc ou jus aigre & piquant.

Les limons ont l'écorce d'un jaune citrin, ſont fort odorans. Le ſuc, comme j'ai dit ci-deſ-ſus, eſt aigre & piquant, mais cependant fort agréable au goût, & même à l'odorat ; il ra-fraîchit, il purifie le ſang, chaſſe le mauvais air, réjouit le cœur, & donne de l'appétit. On l'emploie, comme le citron, aſſez indifféremment aux mêmes uſages ; tous les Diſtillateurs le confondent avec le citron : ils n'y perdent rien, car il abonde autant en jus & en quin-teſſence que ce dernier fruit.

Pour faire l'eau de Limette.

L'eau de limette ſe fait avec le fruit ci-deſſus. Les confiſeurs, limonadiers, officiers de maiſon, le confondent avec le citron.

Pour faire cette liqueur, vous choiſirez vos limons frais & bien mûrs ; vous couperez les zeſtes, comme pour l'eau de citronelle, les diſ-tillerez de la même façon, à un feu tant ſoit peu vif, & ne tirerez point de phlegmes. Vous ferez le ſirop avec du ſucre & de l'eau fraîche, comme aux Chapitres précédens, & paſſerez le tout à la chauſſe pour le clarifier ; & quand votre liqueur ſera claire-fine, elle ſera faite.

Recette pour six pintes d'eau de Limette.

Vous prendrez trois limons ordinaires, de groffeur moyenne; s'ils font petits, vous en prendrez quatre; s'ils font beaux, deux fuffiront: vous prendrez la même quantité d'eau-de-vie, qui eft déterminée pour l'eau de citronelle; la même quantité d'eau, & la même de fucre, pour faire le firop; & pour la double ou pour celle fine & feche, vous vous conformerez en tout au Chapitre indiqué quarante-unieme.

CHAPITRE XLIV.

De la Bigarade.

LA bigarade eft le fruit d'un oranger; cette efpece d'oranger eft très-commune en Provence. Son fruit eft appellé bigarade, à caufe des rayures qui font fur fon écorce, & des inégalités qui fe rencontrent fur ladite écorce, fur laquelle naiffent plufieurs pointes & excroiffances comme de petites cornes.

Dans la claffe des oranges aigres, la bigarade tient le premier rang. Les Diftillateurs s'en fervent quelquefois. On en tire la quinteffence. Elle entre dans les recettes de plufieurs liqueurs: elle eft la bafe d'une liqueur qu'on appelle eau de bigarade.

Pour faire l'eau de Bigarade ou d'Orangeffe.

Vous prendrez, pour faire cette eau, des bigarades de Provence ou de Portugal, dans le temps que vous faurez que les confifeurs les emploient; car c'eft précifément celui où il faut les diftiller. Les confifeurs ne fe fervent point des zeftes de la bigarade , & les vendent. Vous les mettrez dans l'Alambic avec de l'eau-de-vie , un peu de macis ou de mufcade, pour donner plus de parfum à vos liqueurs. Vous employerez les zeftes dès qu'ils feront coupés , de peur qu'ils ne s'y échauffent & ne fermentent ; ce qui rendroit la liqueur mauvaife.

Quand votre Alambic fera garni, ainfi que nous venons de dire, vous le mettrez fur un feu un peu vif, parce que la quinteffence d'un fruit verd ne s'enleve pas auffi facilement que celle d'un fruit un peu plus mûr. Il faut prendre garde de tirer des phlegmes, crainte du goût d'empyreume. Vous ferez le firop à l'ordinaire avec l'eau fraîche , dans laquelle vous aurez fait fondre du fucre : vous mettrez dans ce firop vos efprits diftillés, & pafferez ce mêlange à la chauffe pour le clarifier ; & quand la liqueur fera claire , elle fera faite.

Recette pour fix pintes d'eau de Bigarade ou d'Orangeffe.

Prenez fix bigarades ordinaires ; fi elles font belles, quatre fuffiront : vous en pourrez mettre jufqu'à huit, fi elles font petites. Vous diftillerez les zeftes de ces fruits, avec trois pintes & demi-feptier d'eau-de-vie. Vous prendrez, pour faire le firop , deux pintes & chopine d'eau, dans laquelle vous mettrez fondre une livre & demi de fucre ; & pour affaifonner votre liqueur, vous mettrez un gros de macis , & une demi-noix de mufcade.

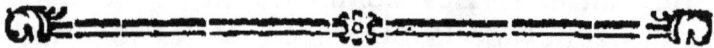

CHAPITRE XLV.

De l'Orange de Portugal.

POur que l'orange soit bonne, il faut la cueillir dans sa parfaite maturité, & que l'arbre ne soit ni en seve ni en fleurs ; choisir celles qui sont d'un jaune bien foncé, bien doré, bien brillant, dont l'écorce soit fine, grasse, tendre, transparente, & bien pointillée à petits grains.

Pour faire l'eau d'Orange de Portugal.

Vous couperez les zestes comme ci-dessus ; vous les mettrez ensuite dans votre Alambic, avec de l'eau-de-vie, en telle quantité que celle de liqueur que vous aurez à tirer, en y mettant aussi un peu d'eau. Vous mettrez votre Alambic, ainsi garni, sur un feu un peu vif : vous distillerez vos esprits, éviterez de tirer des phlegmes qui altéreroient votre marchandise ; car la quintessence de ce fruit, comme celle de tous les fruits à écorce, montant la premiere, les phlegmes qui viendroient ensuite, donneroient à votre liqueur le goût d'empyreume. Vous ferez votre sirop, à l'ordinaire, avec du sucre fondu dans l'eau fraîche, vous verserez dedans vos esprits distillés, passerez le tout à la chausse, & la liqueur étant claire, sera faite.

Recette pour six pintes d'eau d'Orange de Portugal.

Vous prendrez quatre oranges de Portugal, si l'orange a les qualités décrites & requises ; & plus, si elles sont petites & de moindres qualités ; & cela, au jugement que vous porterez vous-même de votre liqueur ; vous diftillérez vos zeftes avec trois pintes, & chopine d'eau-de-vie, & un demi-feptier d'eau ; & mettrez, pour le firop, une livre un quart de fucre dans trois pintes d'eau.

Pour faire l'eau à la fine Orange.

Vous choifirez les plus belles oranges, les plus quinteffencieufes, felon les regles que nous venons d'en donner à la recette précédente.

Vous couperez délicatement vos zeftes, de façon que fans mordre fur le blanc, vous enleviez toute la fuperficie quinteffencieufe qui eft jaune : les zeftes coupés, vous les mettrez dans l'Alambic avec de l'eau & de l'eau-de-vie, & les diftillerez fur un feu un peu plus vif qu'à l'ordinaire, à caufe de l'eau, fans tirer de phlegmes. Vos efprits étant diftillés, vous les mettrez dans un firop fait à l'ordinaire, avec du fucre fondu dans de l'eau fraîche : votre firop étant fait, vous verferez dedans vos efprits diftillés, les pafferez à la chauffe pour les clarifier, & votre liqueur fera faite.

Au défaut du fruit on peut employer la quinteffence d'orange ; mais il faut en employer le moins qu'on pourra, parce que la quinteffence eft fujette à dépofer : on ne doit en faire ufage qu'au défaut du fruit ; fi vous vous en fervez, il faut faire clarifier l'eau pour faire le firop, & vous pafferez la liqueur auffi claire-fine qu'il vous fera poffible, afin d'éviter le dépôt.

Recette pour la fine Orange moëlleufe.

Vous mettrez dans votre Alambic les zeftes de fix belles oranges de Portugal, quatre pintes d'eau-de-vie, & une chopine d'eau ; & pour faire le firop de votre liqueur, trois livres &

demi de sucre, & une demi-livre de cassonnade, & deux pintes & demi-septier d'eau.

Recette pour la fine Orange en liqueur fine & seche.

Vous mettrez dans l'Alambic les zestes de huit belles oranges de Portugal, quatre pintes d'eau-de-vie, & une chopine d'eau; & pour le sirop, deux livres de sucre, & une demi-livre de cassonnade, & deux pintes d'eau pour faire votre sirop; pour faire de chacune des deux recettes, environ six pintes de liqueur.

Si vous faites l'une & l'autre de ces deux liqueurs avec la quintessence, vous mettrez, pour celle qui doit être moëlleuse, quatre-vingts gouttes, & pour celle qui doit être fine & seche, cent gouttes de quintessence, vous les distillerez à un feu tant soit peu vif, & éviterez les phlegmes; ce que nous ne pouvons assez recommander pour la qualité de la marchandise.

Il nous reste à parler des quintessences de citron, bigarade & limon; de la façon d'employer les quintessences des fruits à écorce; ce que nous ferons dans le Chapitre suivant.

CHAPITRE XLVI.

Des Quinteſſences de Citron, de Bigarade & de Limon.

La néceſſité & la façon d'employer les Quin-teſſences.

Récapitulation ſur tous les fruits à écorce qu'on emploie verds.

QUoique le citron & les autres fruits à écorce ſe reſſemblent aſſez, la façon d'extraire leur quinteſſence eſt abſolument différente ; c'eſt-à-dire, de la bergamotte & du fruit verd, qui ont l'écorce plus ſerrée que le précédent ; ils ne donneroient point de quinteſſence dans l'enton-noir. On en diſtille les zeſtes ; on en remplit la cucurbite, à un pouce près du couronnement, & on couvre le reſte d'eau : on diſtille la re-cette au bain-marie, comme pour le Néroly de fleurs d'orange, & on ſépare la quinteſſence des citrons, limons & bigarades, comme on fait le Néroly, parce qu'elle ſurnage de même ſur l'eau diſtillée ; & de cette eau diſtillée, mêlée avec des eſprits, & le ſirop à l'ordinaire, vous ferez d'excellentes liqueurs. Comme les fruits à écorce ſont trop chers dans ce pays-ci, il eſt impoſ-ſible d'en tirer une quantité de quinteſſences ſans entrer dans des frais immenſes ; il faut donc la tirer d'ailleurs : mais ſi l'on n'eſt pas familier avec leurs odeurs, il eſt très-facile d'être trom-pé ; ce qui porteroit un préjudice conſidérable à la marchandiſe : & comme elles ſont l'unique reſſource, au défaut du fruit, il faut s'attacher extrêmement à cette partie. Vous diſtinguerez facilement à l'odorat celle d'Italie, qui eſt la meilleure de toutes ; la façon contribue beaucoup à ſa bonté & à ſa nouveauté : celle qui eſt vieille a beaucoup perdu de ſa qualité.

On ſe ſert des quinteſſences pour parfumer les huiles ou eſſences pour les cheveux, pour chaſſer les mauvaiſes odeurs, pour faire des eaux d'odeurs, & pour les liqueurs de goût.

On ſe ſert de toutes les quinteſſences de cette façon : on met dans l'Alàmbic, au lieu des fleurs ou des fruits, un certain nombre de gouttes de quinteſſences, ainſi qu'il eſt porté par les recettes ; on les diſtille comme le fruit, à l'eau & à l'eau-de-vie ; & quand ces eſprits à la quinteſſence ſont diſtillés, on les verſe dans le ſirop fait à l'eau fraîche, avec le ſucre fondu dedans : on les paſſe à la chauſſe ; & les mêlanges étant clarifiés, les liqueurs ſont faites.

Pour les fruits verds qu'on emploie, on peut en faire uſage preſque auſſi-tôt que la fleur eſt tombée ; car ce fruit a d'abord beaucoup d'odeur, & même de quinteſſence propre au travail ; de ſorte que tous les quinze jours on le peut employer, avec différence de quantité & de qualité, & juſqu'à ſa parfaite maturité : à tous ſes degrés de groſſeur, il donnera un goût & un parfum différent. Et ces ſortes d'épreuves peuvent ſe faire à Paris comme ailleurs, parce qu'il y vient d'Italie, de Provence & du Portugal, des fruits de toute groſſeur, & de tout point de maturité : on peut auſſi employer le fruit paſſé ; mais il ne faut pas qu'il ſoit pourri.

Il faut toujours un peu plus d'effort pour extraire la quinteſſence du fruit verd, parce que l'écorce eſt plus ſerrée : cependant elle monte aſſez vîte pour ne pas tromper le Diſtillateur ſur les phlegmes qui font tort aux fruits, fur-tout quand ils font verds, parce qu'ils font plus âcres.

CHAPITRE XLVII.

Des fruits à l'eau-de-vie.

NOus ne fortirons pas de la partie des fruits, fans expliquer la façon de confire les fruits à l'eau-de-vie. Nous n'en avons que fix de cette efpece, qui font, la pêche, la preffe, l'abricot, la poire de rouffelet, la reine-claude & la mirabelle.

L' A B R I C O T.

Pour faire des abricots à l'eau-de-vie, il faut prendre de ceux qu'on appelle abricots à plein vent, prefque mûrs, cueillis dans un temps chaud & fec, après le lever du foleil; fendez-les en forme de croix, effuyez le petit duvet ou coton qui les couvre ; faites-les enfuite blanchir au demi-firop ; & lorfqu'ils blanchiffent, ayez foin de les faire tremper légérement avec une écumoire : cela eft d'autant plus effentiel, que les côtés du fruit, qui n'ont pas trempé, font tachés pour l'ordinaire ; ce qui diminue fon mérite, lui ôte ce coup-d'œil avantageux, qui fait un autre mérite : & après le blanchiffage, vous les ferez égoutter, acheverez le firop ; & quand ce firop fera fait, vous le mêlerez avec de l'eau-de-vie, fi vous deftinez vos abricots à être mangés dans un mois. Si vous les voulez conferver plus long-temps, un an, par exemple, ou plus, vous y mettrez de l'efprit-de-vin ; & remplirez de votre firop, mêlé avec de l'eau-de-vie, ou l'efprit de vin, les bouteil-

les où vous aurez arrangé vos abricots : vous
boucherez bien vos bouteilles , & quand vos
abricots feront tombés au fond, ils feront bons
à manger.

Recette pour un cent d'Abricots.

Vous en prendrez toujours quelques-uns de
plus que le nombre que vous voudrez accommo-
der , pour remplacer ceux qui fe feroient gâtés
au blanchiffage. Vous prendrez quatre livres de
fucre & trois pintes d'eau pour faire votre firop ; vous mettrez le fucre & l'eau fur le feu ;
& quand il fera prêt à bouillir , vous les clarifierez avec deux blancs d'œuf fouettés ; vous
ne les mettrez pas tous deux à la fois, vous
les partagerez par quart , & quand votre firop
aura été clarifié par la moitié de vos blancs
d'œuf , & qu'il commencera à prendre corps ,
vous blanchirez vos abricots comme nous avons
dit, en les trempant dans votre firop : quand
vos abricots auront tous été blanchis , vous acheverez le firop , en mettant le refte de vos blancs
d'œuf , pour achever de le clarifier : quand enfin il fera froid à fond , vous verferez dedans
deux pintes d'efprit de vin ou d'eau-de-vie que
vous mêlerez bien avec le firop ; & quand le
mêlange fera fait , vous le verferez fur vos abricots, que vous devez auparavant avoir bien ar-
rangés dans la bouteille où vous voulez les
mettre.

CHAPITRE XLVIII.

De la Pêche.

LA pêche est un fruit dont la chair est molle
& fine , pleine d'un suc exquis, quand elle est
mûre ; mais dès qu'elle devient trop molle , elle
est déjà passée. La peau des meilleures est très-
fine , & se détache facilement : le dedans de
ce fruit est d'un rouge vermeil. Je ne parle pas
de toutes les pêches , on en feroit un long
traité ; mais toutes celles dont la peau est fine
& bien colorée , la chair ferme, douce & bien
succulente, d'un goût sucré , cependant relevé,
vineux & parfumé , le noyau petit , & qui
quitteront le fruit facilement , auront toutes
les qualités qu'elles peuvent avoir.

Les Distillateurs, les bourgeois & les officiers
en font un ratafia d'un mérite supérieur, dont
nous parlerons aux Chapitres des ratafias : il
est très-bon à employer , à cause de ce goût
vineux & parfumé : il fermente aisément ; ce
qui fait qu'on doit avoir beaucoup d'attention
quand on l'emploie.

On peut conserver ce fruit par le moyen de
l'eau-de-vie, plusieurs années, & ajouter même
un degré à la bonté naturelle de son parfum ,
en apportant à la façon de le conserver toute
l'attention qu'il y faut. Tous les fruits peuvent
se confire à l'eau-de-vie, excepté la pomme &
la figue ; au moins cette façon n'est pas encore d'usage nulle part.

De tous les fruits que l'on confit à l'eau-de-
vie pour les conserver , la pêche est celui qui

eſt le plus en uſage. Nous joindrons encore la
cériſe à ceux que nous avons dit ci-deſſus.

La pêche étant naturellement froide, eſt plus
difficile à confire que les autres fruits : il faut
un ſirop qui ait plus de corps , & mettre plus
d'eſprits qu'aux autres fruits. Il faut choiſir pour
cela les plus belles pêches qu'il ſera poſſible de
trouver , qui ne ſoient pas tout-à-fait mûres ,
les cueillir en ſaiſon ſeche & chaude , dans la
chaleur du jour , afin que l'humidité en ſoit bien
eſſuyée , les prendre ſans tache ; il faut bien
eſſuyer le duvet , ou le coton qui les couvre :
on les fend enſuite juſqu'au noyau , pour donner
au ſirop & aux eſprits la facilité d'en bien pénétrer l'intérieur , & de les confire à fond , &
afin qu'elles puiſſent ſe conſerver. Cette préparation faite , vous mettrez votre ſucre dans
une poëlle à confiture , & le tout relativement
& par proportion à la quantité de pêches que
vous aurez à confire , comme nous le dirons
à la recette : vous mettrez de l'eau à proportion , & clarifierez votre ſucre.

Quand votre ſirop ſera fait à moitié , vous
mettrez dans ce ſirop une partie de vos fruits
(il faut qu'il ſoit bouillant) , & les laiſſerez
blanchir : il faut avoir bien ſoin de les ôter au
véritable point de leur blanchiſſage , & mieux
vaudroit encore qu'ils le fuſſent moins que plus.

Vous les tirerez enſuite avec une écumoire
à meſure qu'ils blanchiront , & il faut être
prompt à les retirer , parce que ceux qui cui-
ſent trop ſont perdus , & tout au plus , on
peut les ſervir comme compote ; mais ils ne
valent plus rien pour être confis à l'eau-de-vie.

Quand vous retirerez les fruits du blanchiſ-
ſages il faut avoir ſoin de les arranger à meſure ſur une table couverte de linge blanc , pour
les laiſſer égoutter , & obſerver de les poſer

fur leur entaille, afin que l'eau que le fruit a
prife au blanchiffage s'écoule, & qu'il ne refte
que le fruit du fruit, c'eft-à-dire, ce parfum
qui en eft l'ame.

Pendant que votre fruit s'égoutte & fe refroi-
dit, vous acheverez le firop que vous ferez réduire à la plume, prêt à candir ou à fe cryftallifer ; vous le retirerez, & le pafferez dans
un tamis ; enfuite le laifferez repofer & refroidir : enfuite vous mettrez en pareille quantité
moitié efprit de vin & de firop & quand vos
pêches feront bien arrangées dans vos bouteilles, vous les remplirez de firop & d'efprit. Ce
fruit, quoique gros & lourd, fe foutient dans la liqueur qui fait fon firop, fans toucher le fond,
jufqu'à ce qu'il foit confit à fond. Quand elles
auront été bien pénétrées du firop & des efprits, elles tomberont au fond, & pour lors elles feront bonnes à manger. Voilà la véritable
façon de préparer, confire & conferver les
pêches, & la conduite à obferver pour le faire
avec fuccès.

Recette pour un cent de Pêches.

Prenez-en toujours plus que le nombre que
vous voudrez confire, pour remplacer celles qui
périront au blanchiffage. Vous prendrez pour
faire votre firop, huit livres de fucre avec fix
pintes d'eau ; quand votre fucre fera fondu, &
que le firop fera prêt à boüillir, vous le clarifierez avec trois ou quatre blancs d'œufs fouettés ; vous ne les mettrez pas tous à la fois,
mais vous les partagerez, & les employerez par
quart ; & quand vous les aurez clarifiés, & en
y mettant la moitié defdits blancs d'œufs, &
que votre firop commencera à prendre corps,
vous blanchirez vos pêches, ainfi que nous l'a

vons dit dans le Chapitre précédent. Quand vos pêches feront blanchies, vous acheverez le firop jufqu'à ce qu'il commence à fe cryftallifer ; & mettant le refte de vos blancs d'œufs pour le clarifier entiérement, vous attendrez, en le laiffant expofé, qu'il foit refroidi à fond : après quoi vous y mêlerez quatre pintes d'efprit de vin, & verferez le mélange fur vos pêches bien rangées dans vos bouteilles.

Si vous employez de la caffonnade au lieu de fucre, vous mettrez autant de blanc d'œuf que de livres de caffonnade, afin de clarifier votre firop ; & vous mettrez autant de caffonnade que de fucre.

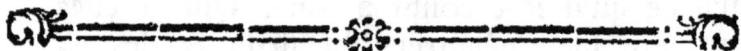

CHAPITRE XLIX.

De la Preffe.

LA preffe eft une autre efpece de pêche qui ne quitte pas le noyau comme la précédente : elle a de grandes qualités comme toutes les autres pêches ; on la confit à l'eau-de-vie, ainfi que nous l'allons dire.

Confite à l'eau-de-vie, elle eft fupérieure à la pêche. La pêche eft un fruit fondant & mou, il fe ride quand l'eau en eft fortie ; mais la preffe garde tout fon brillant, parce qu'elle a la chair ferme & ferrée ; ce qui fait qu'elle conferve fon fucre & fa beauté, qui fe confervent encore par la force des efprits.

Si on fait des preffes à l'eau-de-vie, afin qu'elles foient bonnes à manger, il faut effuyer le duvet qui les couvre, les fendre comme les pêches jufqu'au noyau, les faire blanchir

au sirop & les égoutter. Ensuite faire le sirop
à fond ; quand il sera fait, le retirer de dessus
le feu, & le laisser refroidir : quand ce sirop
sera froid, & vos presses bien égouttées, vous
les remettrez dans le sirop, les couvrirez, &
laisserez l'espace de vingt-quatre heures infuser;
au bout de ces vingt-quatre heures, vous en
tirerez vos presses, & remettrez le sirop dans
la poëlle, que vous remettrez sur le feu pour
le faire bouillir. Vous l'écumerez de nouveau,
& le retirerez encore de dessus le feu, le laisserez refroidir pour y remettre encore vos presses infuser pendant vingt-quatre heures ; vous
continuerez d'observer la même conduite jusqu'à trois fois ; après quoi vous retirerez vos
presses, & les mettrez égoutter sur une claie.
Pendant que vos presses s'égoutteront, vous ferez le sirop à la plume; & quand il commencera à candir, vous le laisserez refroidir, & le
mettrez dedans l'esprit de vin, & vos presses
étant arrangées dans vos bouteilles, vous les
remplirez de ce sirop spiritueux, vous les boucherez bien, & au bout de deux mois vos presses feront bonnes à manger, & délicieuses au
goût.

Quelques personnes ne font d'autres préparations à ce fruit, que de le faire blanchir
tout simplement dans l'eau ; ils entendent assez
mal la conduite qu'il faut à ce fruit, parce que
l'eau l'amollit & le perd; au lieu que le sirop
le conserve & le fortifie : d'autres ne mettent
ni assez d'eau-de-vie, ni assez d'esprit de vin ;
le sirop se trouve trop foible, & le fruit n'est
ni beau ni bon, & même ne peut se conserver. Comme les pêches & les presses sont à
peu-près de même grosseur, la recette précédente servira pour ce fruit.

CHAPITRE L.

De la Reine-Claude & de la Mirabelle.

LA reine-claude eſt une prune verte qui mûrit au mois d'août. Malgré ſa maturité, elle conſerve toujours ſa verdeur, mais ce verd eſt tendre ; ſa chair eſt d'un jaune tendre, ſucculente & extrêmement douce : la peau eſt fine & colorée d'un rouge brun aux endroits où elle eſt expoſée au ſoleil, ſon goût eſt ſucré, & c'eſt' des fruits de cette eſpece, le fruit le plus parfait.

La mirabelle eſt une autre prune, longuette, blonde, teinte d'une couleur incarnate quand elle eſt bien expoſée au ſoleil. Cette prune eſt douce, très-propre à confire, & bonne à mettre à l'eau-de-vie comme la précédente, ainſi que nous verrons ci-après.

Pour confire à l'eau-de-vie la prune de reine-claude, il faut la prendre quand elle commence ſeulement à mûrir ; il ne faut pas qu'elle ait été maniée, ni qu'elle ſoit cueillie long-temps auparavant ; ce que vous connoîtrez facilement par la fleur, qui n'y ſera plus, ſi elle a été maniée. Quand vous les aurez choiſies, ſi vous ne les cueillez pas vous-mêmes, ce qui ſeroit infiniment mieux, après que la chaleur auroit eſſuyé la roſée qui les couvre, vous les eſſuierez légérement pour en ôter la fleur, les piquerez autour avec une épingle, ſeulement pour percer la peau, & les mettrez tremper dans l'eau avec un filet de vinaigre, pour conſerver leur verdeur ; vous les blanchirez enſuite au demi-ſirop, comme il eſt dit ci-deſſus, les

retirerez

retirerez & laiſſerez égoutter : pendant que
vos prunes s'égoutteront , vous acheverez votre
ſirop ; étant achevé , vous le retirerez du feu ,
& quand il ne ſera plus qu'à moitié chaud ,
vous mettrez vos prunes-dedans pour vingt-
quatre heures : au bout de ce temps , vous les
retirerez avec une écumoire , & les remettrez
égoutter ; enſuite vous-ferez bouillir & clarifier
votre ſirop , l'écumerez & le rendrez à la groſſe
plume , le laiſſerez refroidir , arrangerez vos prunes dans vos bouteilles ; & quand votre ſirop
ſera froid , vous y mettrez de l'eau-de-vie & de
l'eſprit de vin , ſelon le temps. que vous les
voudrez conſerver , & vous en remplirez vos
bouteilles : au bout de ſix ſemaines elles ſeront
bonnes à manger.

Les mirabelles , vous les cueillerez à-peu-près
mûres ; vous les piquerez à l'endroit de la queue ;
vous les mettrez enſuite tremper dans de l'eau-
de-vie pour huit jours. Obſervez de ne mettre
de vos prunes que la moitié de la bouteille ,
rempliſſant votre bouteille de bonne eau-de-vie
de Coignac portant épreuve, enſuite vous les retirerez , & les paſſerez au ſirop comme pour
les blanchir , qui eſt l'ouvrage le plus prompt ,
à cauſe de la petiteſſe du fruit , les mettant refroidir ſur une table couverte d'un linge blanc ,
afin qu'elles ſe ſerrent l'une ſur l'autre juſqu'à
ce que le ſirop ſoit froid ; & l'eau-de-vie que
vous aurez retirée de vos prunes , vous la paſſerez à l'Alambic , & vous mêlerez cet eſprit
avec le ſirop. C'eſt ici la meilleure de toute
façon : au bout de quinze jours elles ſeront bonnes à manger.

Recette pour confire deux cents prunes de Reine-claude.

Prenez la même quantité de sirop, & d'eau-de-vie qui est portée dans celle de l'abricot.

Pour la mirabelle, vous en confirez quatre-cents par la même recette.

CHAPITRE LI.

Du Rousselet.

LE rousselet est une petite poire qui a le goût sucré : il y en a de gros & de petits : celui de Rheims est le plus estimé ; & c'est presque la plus estimée des poires : elle est médiocre en grosseur, bien faite, à la peau très-fine, grise, jaune en mûrissant, & rouge-brune du côté qu'elle est exposée au soleil : la chair en est tendre, fine & sans marc ; son eau est agréablement parfumée, mais d'un parfum qui lui est particulier, & qu'elle seule possede : elle mûrit ordinairement en Août, ou au commencement de Septembre. Elle se soutient également, quelque emploi qu'on en veuille faire, crue ou cuite, confite ou seche.

Pour confire le rousselet à l'eau-de-vie, il faut le cueillir avant qu'il soit absolument mûr, mais seulement prêt à mûrir. Il faut les prendre sans tache, les tourner bien finement, de sorte qu'il ne paroisse pas que le couteau y ait passé : vous aurez soin en les tournant de laisser la queue, afin qu'on les puisse prendre promptement & proprement. Vous ferez votre sirop à fond : vous y passerez vos poires pour les blanchir ; & afin

qu'en les blanchissant elles puissent se soutenir
fermes, il faut les retirer ensuite, & les faire
égoutter sur des claies : pendant qu'elles égoutteront, vous ferez bouillir votre sirop pour le
clarifier: ensuite vous le retirerez, & vous le
laisserez refroidir. Vous mettrez ensuite de l'eau-
de-vie ou de l'esprit de vin dans le sirop, selon le temps que vous vous proposerez de conserver vos fruits : vous arrangerez ensuite vos
poires dans des bouteilles, & les remplirez
de ce mélange. Voilà la façon de confire ce
fruit à l'eau-de-vie. Plusieurs officiers blan-
chissent les poires de rousselet dans l'eau simplement avant que de la tourner, & ils en
ôtent la peau après qu'elles ont été blanchies,
& l'incorporent dans le sirop & l'eau-de-vie
tout de suite.

Pour confire le Raisin à l'eau-de-vie.

Le raisin que nous employons, & qu'on
confit à l'eau-de-vie, est un raisin de Provence, qu'on appelle dans le pays *Panse*, ou le
raisin de Damas sec, qui est encore plus délicat.

Vous prendrez donc pour cela du raisin sec
de Damas, & le mettrez tremper dans l'eau-
de-vie pendant huit jours : au bout de ce
temps, les grains pénétrés dans l'eau-de-vie
seront grossis : vous mettrez l'eau-de-vie, dans
laquelle auront trempé vos raisins, dans un sirop que vous ferez comme celui que j'ai dit à
l'article de l'abricot, à la différence seulement
qu'il faut mettre trois fois plus d'eau-de-vie
que de sirop; c'est-à-dire, que pour trois pintes de sirop, vous mettrez neuf pintes d'eau-
de-vie: quand vous aurez mêlé le sirop avec
l'eau-de-vie, vous passerez le mélange à la
chausse; & quand il sera clair, vous le met-

H 2

trez sur vos raisins, qui vaudront beaucoup mieux que le verjus qu'on avoit confit jus-qu'ici.

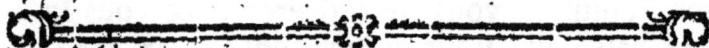

CHAPITRE LII.

De tous les Fruits à l'Eau-de-vie.

LEs Chapitres ci-deffus font pour les fruits qu'on eft le plus en ufage de confire à l'eau-de-vie ; mais il eft néceffaire de dire un mot, dans celui-ci, fur tous les fruits qu'on peut confire de la même façon. Tous les fruits, ex-cepté la pomme & la figue, peuvent fe con-ferver dans un firop fpiritueux : mais ces deux fruits n'ont jamais été d'ufage.

On peut faire confire les cédrats, les ber-gamotes, les citrons & tous les fruits à écorce de cette façon ; les amandes, toutes fortes de poires, de prunes, de cerifes, grofeilles, bi-gareaux, raifins, &c.

Quand vous voudrez confire les fruits à écorce, vous choifirez toujours ceux qui auront l'écorce la plus épaiffe, parce qu'ils font plus quintef-fenciéux que les autres, & que l'on ne confit que l'écorce. Quand vous aurez choifi de fraî-ches oranges, des bergamotes, bigarades, li-mons, citrons, &c. vous les tournerez fi dé-licatement, qu'il ne paroiffe pas que le cou-teau y ait paffé ; il faut même que cette fu-perficie jaune, que vous tournerez, ne foit prife qu'à moitié, & laiffe fur l'écorce blanche un coup-d'œil jaune, & la meilleure partie de la partie quinteffencieufe, parce qu'il ne refte-roit plus aucun goût au fruit que vous voudriez confire, fi vous enleviez toute la fuperficie jaune, qui eſt ſa partie la plus odorante, comme la plus parfumée.

Il faut que le fruit ainſi tourné, ſoit auſſi uni qu'il ſera poſſible: vous le couperez enſuite par quartiers que vous leverez de deſſus cette partie ſucculente, qui eſt proprement le fruit: ce que vous ferez le plus délicatement qu'il ſera poſſible, en obſervant que votre couteau ne touche point aux acides. Vous pourrez cependant laiſſer votre fruit en ſon entier; mais pour lors vous ferez, avec quelque choſe, deux trous à votre orange, un à l'endroit de la queüe, & l'autre à l'oppoſé, ſans preſſer le fruit; vous en ferez ſortir le jus, vous les ferez blanchir dans l'eau bouillante, & les ferez égoutter ſur des claies; vous ferez enſuite votre ſirop, le clarifierez, & y mettrez cuire vos fruits, & votre confiture ſera faite.

Si vous voulez les mettre à l'eau-de-vie, quand vous aurez retiré vos fruits du blanchiſſage, vous les ferez égoutter, ainſi que nous avons dit; & pendant qu'ils égoutteront, vous ferez bouillir votre ſirop, le clarifierez, & quand il ſera clair & refroidi, vous y mettrez de l'eau-de-vie ou de l'eſprit de-vin, & le verſerez enſuite ſur vos fruits que vous devez avoir eu ſoin de bien arranger dans des bouteilles, & au bout de deux mois vos fruits ſeront bons à manger.

Pour ce qui eſt des autres fruits, on les confit de même que nous avons dit au premier Chapitre: il faut donc que le fruit ſoit abſolument confit, qu'on puiſſe le manger en confiture, & qu'on puiſſe le ſécher pour garnir les cryſtaux.

Si vous n'avez pas de fruit à l'eau-de-vie, & qu'on en commande, vous pourrez acheter du fruit confit avec ſon ſirop chez les confifeurs; vous le retirerez du firop, & le ferez égoutter comme ci-deffus, & bouillir le firop que vous clarifierez; & quand il fera froid, l'employerez comme ci-deffus.

Quand on veut avoir du fruit confit fec, on le paffe au firop, comme fi on vouloit le mettre à l'eau-de-vie; & quand il eft tiré du firop où il a refté plufieurs mois, on le fait fécher.

CHAPITRE LIII.

Des Epices.

Voici la partie effentielle de notre traité, comme celle qui entre dans prefque toutes les recettes, la moins connue, & la plus néceffaire aux Diftillateurs. Nous allons redoubler d'attention pour l'expliquer, & pour mettre nos lecteurs à portée d'en tirer tout le fruit poffible.

La Cannelle.

La cannelle eft la feconde écorce des branches d'un arbre, qu'on appelle le cannellier, qui croît aux Indes Occidentales; c'eft fur-tout aux Ifles de Ceylan, de Java & en Malabar, qu'il eft plus commun. Les Latins l'ont appellé *Cinnamomum*.

Les Diftillateurs font une liqueur à laquelle ils ont donné ce nom latin, parce que la cannelle eft la bafe de cette liqueur, & que le goût de cette épice eft le dominant de cette liqueur.

Pour bien choifir la cannelle, il faut qu'elle foit odorante, d'un goût piquant, & de cou-

leur rougeâtre. Cette épice eſt un des plus excellens cordiaux qu'il ſoit poſſible de trouver.
Le Diſtillateur en tire les eſprits à l'eau-de-
vie. Pour aſſaiſonner ces liqueurs, il en tire
des quinteſſences, en fait ſpécialement l'eau de
cannelle & le cinnamomum, deſquels nous allons parler.

Eau de Cannelle.

Pour la faire, prenez la quantité de cannelle
portée par les recettes, proportionnellement à
la quantité de liqueur que vous voudrez faire ;
vous la pilerez bien fine, afin de faciliter aux
eſprits une prompte iſſue. Quand votre cannelle ſera pilée, vous la mettrez dans l'Alambic avec très-peu d'eau & d'eau-de-vie, & le
tout relativement à nos recettes, & diſtillerez
le tout ſur un feu modéré.

Obſervez d'abord (ce qui eſt eſſentiel), que
vos eſprits qui tombent les premiers, n'ont
pas d'abord beaucoup du goût de la cannelle
qu'on diſtille ; ce n'eſt qu'à la fin de la diſtillation, que l'odeur & le goût de cette épice
montent, & s'enlevent avec les eſprits. C'eſt
pourquoi, dans les diſtillations des épices, il
faudra toujours tirer un peu de phlegmes avec
les eſprits, ſi vous voulez qu'ils aient bien le
goût des épices que vous diſtillerez.

Auſſi vous obſerverez de mettre moins d'eau
qu'aux autres diſtillations, dans votre Alambic.

Quand vous aurez tiré vos eſprits, vous ferez fondre du ſucre dans de l'eau fraîche ; &
lorſqu'il ſera fondu, vous mettrez vos eſprits
dans le ſirop, le paſſerez à la chauſſe ; & quand
le tout ſera clarifié, votre liqueur ſera faite.

Recette pour six pintes d'Eau de Cannelle.

Pilez en poudre bien menue une once de bonne cannelle; mettez la cannelle pulvérifée dans votre Alambic avec trois poiffons d'eau; mettez auffi dans l'Alambic trois pintes & chopine d'eau-de-vie, & pour faire votre firop, une livre & un quart de fucre & trois pintes d'eau.

Le Cinnamomum.

La cannelle eft donc la bafe de cette liqueur: nous avons dit de quelle façon il la faut choifir, comment on l'emploie pour faire l'eau de cannelle. Voyons maintenant comment on l'emploie pour faire le cinnamomum, qui eft une autre liqueur, mais infiniment fupérieure à la premiere.

La cannelle feule ne feroit qu'une liqueur feche; c'eft pourquoi les Diftillateurs y joignent le macis: ce qui lui donne un relief infini.

Vous choifirez donc de la cannelle & du macis, que vous pilerez enfemble ou féparément; vous les mettrez dans votre Alambic avec de l'eau & de l'eau-de-vie, & les diftillerez fur un feu ordinaire: vous tirerez un peu de phlegme, par la raifon que nous avons dite dans ce Chapitre même: & quand vous aurez tiré vos efprits, vous ferez fondre du fucre dans de l'eau fraîche; & quand il fera fondu, vous mêlerez vos efprits dans le firop, & vous pafferez cette liqueur à la chauffe, qui fera faite dès qu'elle fera paffée & clarifiée.

Recette pour six pintes, ou environ, de Cin-
namomum.

Vous prendrez une once & demi de cannelle, deux gros de macis, que vous pilerez
& réduirez en poudre ; vous mettrez ces deux
épices pulvérifées dans votre Alambic, avec
quatre pintes d'eau-de-vie, & une chopine
d'eau; vous diftillerez le tout à un feu ordinaire,
en tirant un peu de phlegme, & vous prendrez, pour faire le firop, quatre livres de fucre, deux pintes & chopine d'eau.

Vous employerez une demi-livre de caffonnade
fur le total de votre fucre, pour engraiffer la
chauffe, afin de pouvoir engraiffer votre liqueur,
& vous ferez chauffer l'eau, afin de faire fondre votre fucre plus facilement.

CHAPITRE LIV.

Du Macis.

LE macis eft le nom que l'on donne à la
feconde écorce de la noix mufcade. Cette écorce
eft tendre & de bonne odeur, de couleur jaunâtre ou rougeâtre; elle fe fépare de la noix
mufcade à mefure qu'elle fe feche : on l'appelle
communément, mais improprement, fleur de
mufcade. Le macis eft rouge quand il eft frais,
& devient jaune en vieilliffant. Les Diftillateurs
en tirent les efprits pour l'affaifonnement de leurs
liqueurs, des quinteffences, & l'eau appellée
l'eau de macis, dont nous allons parler.

H 5

L'eau de Macis.

Le macis dont nous venons de parler, &
qui fait la base de cette liqueur, est de toutes
les épices la meilleure à employer, & celle qui
s'allie le plus facilement dans les recettes.

Pour avoir de bon macis, il faut le choisir
pesant, que sa couleur soit celle de l'ambre
commun, c'est-à-dire, d'un roux foncé, &
qu'elle soit brillante comme si on avoit mis dessus une couche de vernis. Celui qui n'a pas
ces qualités, n'est ordinairement pas bon.

Quand vous aurez choisi votre macis, vous
le pilerez & le mettrez dans l'Alambic avec de
l'eau-de-vie & un peu d'eau; vous distillerez
cette drogue comme toutes les autres épices;
vous ferez le sirop ainsi que nous avons dit au
précédent Chapitre; mêlerez les esprits avec
le sirop, les passerez à la chausse, & votre
liqueur étant clarifiée, sera faite.

Recette pour environ cinq pintes & demi d'eau de Macis simple.

Vous prendrez une demi-once de macis, que
vous reduirez en poudre très-fine, & les distillerez avec trois pintes, & demi-septier d'eau-de-
vie & un peu d'eau; vous prendrez, pour
faire le sirop, deux pintes & trois-demi-sep-
tiers d'eau, & une livre un quart de sucre.

Recette pour environ six pintes d'Eau de Macis double.

Vous prendrez six gros de macis que vous
pulvériserez comme dessus; mettrez dans l'Alambic ledit macis pulvérisé, avec quatre pintes

d'eau-de-vie , & prendrez pour faire le firop , quatre livres de fucre , & deux pintes & chopine d'eau.

Recette pour environ cinq pintes & demie de ladite Eau ; fine & feche.

Vous ne prendrez pour celle-ci qu'une once de macis pulvérifé , que vous ferez diftiller avec quatre pintes d'eau-de-vie , & ne mettrez , pour faire le firop , que deux pintes d'eau ; & deux livres un quart de fucre.

CHAPITRE LV.

De la Mufcade.

LA mufcade eft une efpece de noix folide , qui croît à l'Ifle Benda , aux Indes Occidentales.

Il y en a de deux fortes qu'on trouve chez les droguiftes ; une groffe ou mufcade mâle ; qui eft de figure oblongue , & croît fur un mufcadier fauvage ; l'autre eft plus ronde. Cette derniere eft infiniment meilleure , & plus petite que la précédente : elle eft en dehors brune & ridée , & rougeâtre en fon intérieur. Les Diftillateurs en tirent des efprits , & des quinteffences *per defcenfum*, & au bain de vapeur, comme nous le dirons dans le Chapitre LVII. Elle eft la bafe de la liqueur qui fuit, qu'on appelle eau de mufcade.

Eau de Mufcade.

Nous n'avons d'autres regles à donner pour

H 6

juger de la bonté de la noix muscade, que de sentir si elle a de l'odeur, & si elle est pesante.

Pour faire cette liqueur, vous choisirez la muscade, selon ce que nous venons de dire : vous la mettrez dans le mortier & la réduirez en poudre ; mais comme elle se met en pâte en la pilant, parce qu'elle est très-huileuse, vous pourrez la raper : vous la distillerez ensuite comme les autres épices décrites dans les Chapitres ci-dessus ; vous ferez le sirop de même qu'aux autres, mêlerez les esprits avec le sirop, & le passerez à la chausse ; & lorsque votre liqueur sera claire, elle sera faite. Il faut distiller votre recette à un feu ordinaire, & tirer avec vos esprits un peu de phlegme, si vous voulez que votre liqueur ait le goût de l'épice que vous distillez.

Recette pour l'Eau de Muscade commune, fine, seche & double.

Vous mettrez pareille quantité d'eau-de-vie, pour toutes ces recettes, que pour celles du macis : vous mettrez une muscade ordinaire pour l'eau commune, une belle pour la double, une & demie pour la fine & seche, & les quantités de sucre & d'eau portées aux recettes susdites pour le sirop. Nous ne les donnons pas séparément, à cause de leur ressemblance.

CHAPITRE LVI.

Du Girofle.

LEs Diſtillateurs s'en ſervent dans pluſieurs liqueurs, pour une liqueur qui porte le nom de girofle, pour l'eau clairette de Chambery, pour l'eau des quatre épices, pour l'eſprit des quatre épices : les autres épices y entrent auſſi. On en tire la quinteſſence, ou l'huile, en diſtillant le clou de girofle *per deſcenſum*. Le girofle échauffe, il eſt très-cordial, céphalique, & empêche l'effet du mauvais air ; on prétend même qu'il attire toute l'humidité qui l'approche, ſans qu'il paroiſſe lui-même mouillé, ni humide. C'eſt ce qui fait, comme le prétendent quelques-uns, que rien ne croît ſous ſon ombrage, ni même aux environs de cet arbre.

Nous avons déjà dit que ſa couleur étoit brune ; & plus elle eſt rembrunie, meilleur auſſi eſt le clou de girofle : ſur ce, vous aurez ſoin de choiſir cette épice, & vous pouvez vous aſſurer que celle dont le brun eſt moins foncé, n'a pas tant de qualité que l'autre.

Eau de Clou de Girofle.

Pour faire cette liqueur, vous prendrez la quantité de girofle portée par vos recettes, & le choiſirez de la couleur la plus brune que vous pourrez trouver : celui qui eſt d'une couleur plus claire ne vaut rien. Vous le mettrez dans un mortier, vous le pilerez ; & quand il aura été réduit en poudre, vous le mettrez dans l'Alambic avec un peu d'eau &

l'eau-de-vie qu'il lui faudra, ainſi que nous le dirons.

Vous mettrez très-peu d'eau dans l'Alambic, ainſi que pour la cannelle, parce que le goût & l'odeur des épices ne montant avec les eſprits que ſur la fin du tirage, on eſt toujours obligé, pour avoir leur odeur & leur goût, de tirer un peu de phlegmes, ainſi que nous avons dit au Chapitre de la cannelle.

Quand vos eſprits ſeront tirés, vous ferez fondre à l'ordinaire, du ſucre dans de l'eau fraîche, pour en faire le ſirop de votre liqueur ; & quand ce ſirop ſera fait, vous y verſerez vos eſprits que vous mêlerez bien, vous paſſerez le mélange à la chauſſe ; & quand la liqueur aura paſſé au clair fin, elle ſera faite.

Recette pour environ ſix pintes d'eau de Girofle.

Prenez un gros, ou dix-huit clous de girofle, réduiſez-les en poudre, & les mettrez dans l'Alambic, avec trois pintes & chopine d'eau-de-vie, & les diſtillez ſur un feu ordinaire, en obſervant de tirer un peu de phlegmes, pour donner aux eſprits le goût & l'odeur de l'épice que vous diſtillerez. Prenez, pour faire votre ſirop, une livre un quart de ſucre que vous ferez fondre dans trois pintes d'eau.

Eau Clairette d'Ardelle de Chambery.

L'eau clairette, qu'on appelle eau d'Ardelle, ou clairette de Chambery, n'eſt, à proprement parler, qu'une liqueur tierce : elle tient un juſte milieu entre les liqueurs fines & les liqueurs communes. Cette liqueur eſt une de celles dont la conſommation eſt la plus grande. Quoique cette liqueur ſoit ſimple & de fabri-

que ordinaire, peu de Diſtillateurs réuſſiſſent
à la bien faire.

On emploie du clou de girofle, auquel on
ajoute du macis qui eſt fort agréable, & qui,
ſe partageant dans la liqueur, fait un goût
mitoyen qui tient du girofle & du macis ; mais
le clou de girofle a toujours le goût dominant,
& couvre par ſa ſupériorité le macis, qui ne
fait préciſément qu'ajouter à ſon parfum.

Pour faire cette liqueur, vous choiſirez le
clou de girofle & le macis ſur les marques que
nous avons décrites ci-deſſus : vous les mettrez
dans le mortier, & les pilerez. Quand ils auront été réduits en poudre, vous les mettrez
dans votre Alambic, avec de l'eau & de l'eau-
de-vie, ſelon ce qui ſera dit de la quantité de
chacune dans votre recette ; enſuite vous mettrez votre Alambic, ainſi garni, ſur ſon fourneau, où vous allumerez un feu tant ſoit peu
vif, & vous tirerez vos eſprits, en obſervant
toujours de tirer un peu de phlegmes, parce
que les épices ne donnent leur goût & leur
odeur que ſur la fin du tirage, comme je l'ai
déjà dit. Quand vos eſprits ſeront tirés, vous
ferez fondre du ſucre dans de l'eau fraîche pour
le ſirop de votre liqueur : vous mêlerez vos
eſprits enſuite dans ledit ſirop, quand le ſucre
ſera bien fondu, & vous paſſerez le tout à la
chauſſe pour le clarifier, & votre liqueur ſera
faite quand elle ſera claire. L'uſage eſt de colorer cette liqueur avant de la paſſer à la
chauſſe, c'eſt un point à obſerver : autrefois
on donnoit à cette couleur un rouge tendre &
clair ; mais aujourd'hui on eſt dans l'uſage de
lui en donner une plus éclatante. Vous ferez
cette couleur, ainſi que nous avons dit au
Chapitre des couleurs & teintures de fleurs,
de la couleur rouge & ſes nuances ; & vous

diminuerez autant d'eau fur le firop de cette liqueur, que vous en aurez mis pour la couleur. Vous pouvez employer, pour faire le firop, au lieu de fucre, de la caffonnade, comme fi c'étoit une liqueur commune, à caufe de la couleur.

Recette pour environ fept pintes d'Eau clairette d'Ardelle de Chambery, ordinaire.

Comme cette liqueur eft tierce, vous mettrez dans votre Alambic un demi - gros de clou de girofle, deux gros de macis, quatre pintes d'eau-de-vie, & une chopine d'eau : & pour faire le firop, vous mettrez deux livres & trois quarts de fucre dans trois pintes d'eau.

Recette pour la même liqueur en fin.

Cette liqueur en fin eft meilleure : ce qu'on fent parfaitement. Pour la faire, vous augmenterez d'un quart la recette des épices, mettrez du fucre autant de livres que de pintes d'eau-de-vie, c'eft-à-dire, cinq pintes d'eau-de-vie & deux pintes & demie d'eau pour le firop.

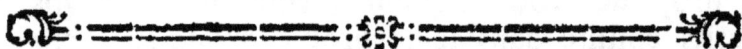

CHAPITRE LVII.

Des Quinteffences des Epices.

Voici la partie la plus fine, la plus belle & la plus difficile : c'eft celle qui diftingue le plus l'Artifte. Comme les épices font extrêmement cheres par elles-mêmes, les quinteffences doivent être d'un grand prix, & fur-tout la quinteffence de cannelle. Quand on la tire, comme celle des végétaux aromatiques, elle rend très-peu, son écorce ayant infiniment plus d'esprits ou parties volatiles, que de substances huileuses.

Pour tirer de cette épice un meilleur parti, qui soit plus avantageux au public , & qui tienne un milieu entre l'excellence de l'huile de cannelle , & une simple distillation des esprits de cette épice , voici ce qu'il faut faire.

Au lieu de tirer de l'huile , il faut faire une teinture de cannelle , qui approchera fort de la quintessence huileuse , en la faisant aux esprits rectifiés , comme celle de l'ambre , du musc & de la civette. Pour faire cette teinture , il faut piler la cannelle & la réduire en poudre la plus fine qu'il sera possible. Afin que le pilon ne dissipe pas les parties les plus déliées de la cannelle , vous aurez soin d'envelopper le mortier , dans lequel vous-la pilerez , d'un sac de peau que vous attacherez au pilon , de façon cependant que vous lui laissiez assez de jeu pour pouvoir s'élever & s'abaisser , sans faire tirer celui qui la pile : vous passerez ce qui est pilé dans un tamis couvert dessus & dessous , & vous pilerez le restant & le passerez , comme il est dit , jusqu'à ce qu'il ne reste plus rien : vous mettrez ensuite cette cannelle , réduite en poudre , dans une bouteille de verre à grand goulot , avec de l'esprit de vin rectifié ; vous la boucherez bien avec un bon bouchon de liege bien uni , & qui serre bien , & acheverez de fermer le passage à toute transpiration , avec de la cire blanche ou de la résine fondue , & observerez de mettre deux pouces d'esprit de vin au-dessus de la cannelle : vous la laisserez en cet état, en digestion pendant quinze jours , en la remuant une fois par jour , sans la déboucher , pour émouvoir la cannelle & les esprits à fond , & donner lieu à l'esprit de vin de

diſſoudre la quinteſſence, & de ſe charger en
même temps des eſprits de la cannelle, & au bout
de ce temps, vous la laiſſerez repoſer quelques
jours, afin de ſoutirer les eſprits doucement, le
plus clair qu'il vous ſera poſſible : il faudra pour
cela incliner doucement la bouteille & verſer avec
beaucoup de précaution. La couleur de cette
quinteſſence ou teinture aux eſprits rectifiés, ſera
rouge ou rougeâtre : elle eſt beaucoup moins
ingrate que la quinteſſence huileuſe, faite de la
même façon que celle des végétaux aromatiques,
& elle eſt tout au moins auſſi bonne. Voilà la
façon la moins diſpendieuſe de tirer la quinteſſence
de la cannelle : vous pourrez vous ſervir de l'une
des deux propoſées : mais une once d'huile de
cannelle eſt d'un prix exceſſif.

La quinteſſence de clou de girofle ſe fait de la
même façon que la quinteſſence ou teinture de
cannelle ci-deſſus : on peut auſſi la faire de la
même façon que les quinteſſences de macis & de
muſcade.

Pour faire la quinteſſence de muſcade, il en
faut prendre une livre, la piler ; elle ſe réduira
en poudre. Quand vous l'aurez bien pilée, vous
la mettrez ſur un linge neuf que vous mettrez
dans un tamis ; vous mettrez enſuite ce tamis ſur
un bain de vapeur ; obſervez qu'il faut que votre
muſcade, ainſi préparée, ſoit bien étendue ſur
le linge ; & pour bain, vous pourrez vous ſervir d'une poële ou terrine un peu profonde &
proportionnée à la grandeur de votre tamis. Vous
mettrez enſuite dans cette poële ou terrine, de
l'eau juſqu'à moitié, & vous ménagerez cependant, par votre arrangement, la facilité d'y remettre de l'eau, ſi le beſoin l'exige. Nous diſons
qu'il ne faut mettre de l'eau que juſques à la moitié de votre bain, & que le vaſe qui ſervira à cet
effet ſoit un peu profond, afin, premiérement,

que l'eau ou fa vapeur ait du jeu : & en fecond lieu, afin que l'eau en bouillant ne touche point le canevas de votre tamis, & que la feule vapeur de l'eau imbibe & échauffe la mufcade. Vous aurez foin encore de couvrir exactement votre tamis d'un plat de terre, ou autre chofe qui embouche bien le deffus, & ferme le paffage à une trop grande évaporation. Vous laifferez le bain fur le feu arrangé comme il eft dit, jufqu'à ce que le plat qui couvre le tamis, ou ce que vous aurez mis pour le couvrir, foit chaud à n'y pouvoir fouffrir la main. D'abord que la mufcade a reçu les impreffions humides & chaudes de la vapeur de l'eau, elle fe difpofe à rendre quinteffence : dès que vous vous appercevrez, par la chaleur du plat, que votre mufcade fera fuffifamment difpofée, vous prendrez deux plaques de fer ou de cuivre rouge bien unies, que vous ferez chauffer d'une chaleur tempérée, c'eft-à-dire, chaudes à-peu-près comme vous feriez chauffer un fer à repaffer du linge, ou tant foit peu plus. Vos plaques doivent être chaudes avant d'ôter ni le plat, ni le tamis de deffus le bain ; mais le tout étant préparé, vous ôterez le tout, & prendrez promptement les coins du linge qui fert de lit à la mufcade, les lierez avec un fort cordon, & les mettrez entre vos deux plaques chaudes avec toute la diligence poffible : vous mettrez vos plaques avec la mufcade, ainfi arrangées fous la preffe ; & en preffant, vous ferez fortir la quinteffence, qui ne tardera pas à s'échapper. Comme il fort toujours de l'eau avec cette quinteffence, par rapport aux vapeurs qui ont imbibé la mufcade, vous en féparerez l'eau qui s'y trouvera, & vous tirerez une quantité raifonnable de quinteffence excellente, & en très-peu de temps, car cette épice rend beaucoup.

Vous tirerez par le même moyen la quinteffence

du macis, & vous pourrez auſſi tirer de la même
façon celle du clou de girofle ; mais cette méthode eſt impraticable pour la quinteſſence de cannelle, qui eſt trop ingrate, & qui ne peut ſe réduire en quinteſſence, comme les autres épices.

Si vous voulez tirer des quinteſſences d'épices
comme vous feriez celles des végétaux, vous en
employerez quatre livres & ſix pintes d'eau ; & ſi
vous le tirez au bain de vapeurs, vous n'en employerez que deux livres au plus : c'eſt ſur-tout
pour les quinteſſences d'épices qu'il eſt queſtion
d'un bon choix ; ainſi vous aurez ſoin de les prendre & les employer avec toutes les qualités décrites chacune dans leur Chapitre.

Il nous reſte à dire comment on peut tirer
l'huile ou quinteſſence de girofle d'une autre façon que celle ci-deſſus.

On tire l'huile ou quinteſſence de girofle en le
diſtillant *per deſcenſum*. Il faut prendre pluſieurs
grands verres à boire, par proportion à la quantité que vous aurez à diſtiller, vous les couvrirez
de toile que vous lierez fortement autour ; de
ſorte cependant que la toile n'étant pas extrêmement tendue, il y ait une petite cavité pour mettre deſſus vos clous de girofle que vous pulvériſe-
rez. Quand votre poudre de girofle ſera ſur le
linge, vous mettrez ſur chaque verre une petite
terrine, ou un baſſin de balance, ou quelque vaſe
fait exprès, & qui bouche ſi bien, qu'il ne laiſſe
pas de jour entre ſon bord & celui du verre : rem-
pliſſez enſuite vos terrines ou baſſins de balance
de cendres chaudes, qui échaufferont petit-à-petit
les clous de girofle, & feront diſtiller au fond
des verres, premièrement, quelques eſprits qui,
ſe condenſant, ſe réſoudront en liqueur au fond
du verre, après une huile claire & blanche. Vous
continuerez d'entretenir le même degré de feu que
vous aurez fait en commençant, juſqu'à ce qu'il

ne diftille plus rien. Vous féparerez facilement l'huile de cette liqueur fpiritueufe , qui eft tombée la premiere , comme vous faites pour féparer le Néroly d'avec l'eau de fleur d'orange , & vous la garderez dans une phiole bien bouchée.

CHAPITRE LVIII.

Des Grains.

APrès avoir donné , dans les Chapitres précédens , la maniere d'employer les fleurs , les plantes aromatiques & vulnéraires , les fruits & les épices , nous allons paffer aux graines aromatiques , & nous commencerons par l'anis.

L'anis eft une graine , ou femence , affez femblable à celle de l'ache , longuette , d'un goût qui tient en même temps du doux , du piquant & de l'amer : cette femence eft chaude & fert à chaffer les vents. Le Diftillateur en fait une grande confommation , à caufe de la propriété que nous avons dit qu'elle a de chaffer les vents.

Pour faire l'eau d'Anis.

Il faut bien connoître cette graine , & diftinguer la meilleure efpece. Pour bien choifir l'anis, il faut favoir qu'il y en a trois efpeces ; l'anis de ce pays , que plufieurs Diftillateurs achetent verd, & qu'ils emploient verd & fec ; l'anis de Verdun, ou de Tours , dont nous parlerons dans ce Chapitre fpécialement , & l'anis d'Efpagne : cet anis eft gros à-peu-près comme les baies du genievre, d'un goût excellent ; mais il rend affez peu à la diftillation , & foifonne moins que les autres. Sa couleur eft une nuance mitoyenne entre le verd

& le gris, qu'on ne peut pas bien définir : fon goût eft plus fin que l'anis verd , & mêmê que celui de Verdun ; mais on ne l'emploie guere à caufe de fa cherté , & par la raifon que nous avons dite. L'anis de ce pays eft appellé l'anis verd : fa couleur lui refte très-long-temps , même après qu'il eft féché ; mais il eft ordinairement amer & peu fucré. Quelques Diftillateurs le préferent à l'anis de Verdun. L'anis de Verdun reffemble en tout à l'anis verd, fi ce n'eft qu'il eft plus plein que ce dernier : fa couleur eft grife , & il a un goût plus agréable que l'anis verd. Il faut obferver , quand vous voudrez en acheter , qu'il faut choifir toujours le plus pefant : il ne faut pas prendre celui qui a une couleur rouffe , parce que c'eft une marque que cet anis a fouffert, ou qu'il n'eft pas de l'année ; ce qui diminue beaucoup fa qualité. Vous pourrez le mâcher avant de l'acheter , pour connoître s'il n'a pas quelque goût étranger au fien & à celui qu'il a d'ordinaire : vous pourrez connoître par fa force , s'il rendra ce qu'il doit rendre quand il a fa force ordinaire ; cet anis eft plus fucré que l'anis verd, & on attend toujours qu'il foit dans fa parfaite maturité pour le cueillir , ce qui lui donne une couleur grife ; auffi n'eft-il pas befoin de le faire fécher pour l'employer, car il eft en état d'être employé auffi-tôt qu'il eft cueilli. L'anis de Verdun étant le plus en ufage , vous pourrez, fi vous voulez, vous en fervir , & je crois que c'eft celui qu'il faut employer préférablement à tout autre : vous pourrez auffi le piler pour le faire foifonner , & y mêler un tiers de fenouil, felon vos recettes, pour la quantité de liqueur que vous voudrez faire : vous pilerez auffi ce que vous employerez de fenouil , & quand l'un & l'autre feront pilés , fi cependant vous voulez les piler, vous mettrez les deux tiers de ce que vous aurez d'eau-de-vie dans votre Alambic avec l'anis & le fenouil, & réferverez l'autre tiers pour ce que nous dirons : vous mettrez enfuite votre Alambic fur le feu, le luterez exactement, & graduerez le feu par proportion à la quantité de marchandifes que vous aurez à diftiller : vous aurez foin de rafraîchir votre chapiteau, & celui de ne point tirer de phlegmes. Quand vous aurez tiré vos efprits à l'anis, vous ferez fondre du fucre dans de l'eau fraîche, & quand il fera fondu, vous y mettrez vos efprits diftillés, & mettrez ce tiers d'eau-de-vie, que nous avons dit qu'il falloit réferver, dans votre firop ; mêlerez bien le tout, tant les efprits d'anis, que ce tiers d'eau-de-vie réfervé, pour les pafler enfemble à la chauffe, jufqu'à ce que la liqueur foit claire.

Deux raifons effentielles obligent le Diftillateur à ne pas mettre à la fois toute l'eau-de-vie qu'il doit diftiller, ou plutôt à en réferver un tiers qu'il ne diftille pas. La première eft que, fi toute l'eau-de-vie de l'eau d'anis étoit diftillée, elle feroit bien à l'épreuve ; mais elle blanchiroit au moindre froid ; & quoique la liqueur fût meilleure que celle qui eft faite comme nous venons de dire, elle n'en feroit pas moins méprifée.

Il nous refte à dire, pourquoi on ajoute le fenouil à l'anis. Cette pratique n'eft pas ordinaire, & même tous les Diftillateurs mettent l'anis fimplement ; mais les raifons qui m'ont obligé de m'en fervir, c'eft que j'ai trouvé que l'anis feul étoit trop fade ; & comme le fenouil a un goût plus fec & plus dominant, il fait avec l'anis un aliage agréable. La différence de bonté de l'eau d'anis où il y a du fenouil, à celle où l'on n'en met pas, eft confidérable, & m'a convaincu par plufieurs expériences qu'il eft néceffaire d'y en mettre.

D'ailleurs, le fenouil empêche que l'eau d'anis ne blanchisse. Cette leçon demande surtout d'être réfléchie, & j'invite tous ceux qui distillent, à y faire beaucoup d'attention; elle est très-importante par rapport au grand commerce que l'on fait de cette marchandise.

Recette pour six pintes d'eau d'Anis.

Mettez dans votre Alambic deux pintes d'eau-de-vie & une chopine d'eau; mettez une once de fenouil & deux onces d'anis, une livre & un quart de sucre, trois pintes d'eau pour faire le sirop, & quand votre sucre sera fondu, vous mettrez cinq demi-septiers d'eau-de-vie que vous mettrez avec vos esprits dans le sirop, & passerez le tout à la chausse, & votre liqueur étant clarifiée, elle sera faite.

L'Esprit d'Anis.

L'esprit d'anis est très-commode pour une infinité de Débitans. Le Distillateur, très-souvent, est obligé d'en faire, ou pour mieux dire, de l'esprit de vin à l'anis, pour la commodité des Débitans, qui veulent faire de l'eau d'anis, sans avoir la peine de distiller, ni de faire infuser; c'est donc pour ceux qui ne savent pas distiller, ou qui ne veulent pas prendre cette peine.

Il y a des Débitans qui avec une pinte d'esprit d'anis font dix pintes de cette liqueur; d'autres douze, d'autres quinze, d'autres enfin en font jusqu'à vingt, en le mêlant avec de l'eau-de-vie blanche, autant qu'il en faut pour le degré de force que chacun d'eux veut donner à sa liqueur: mais cependant pour qu'elle ait le goût de ce grain, il faut que cette pinte fournisse assez

pour

pour couvrir tout , & que ces quantités ci-deſſus
de liqueurs ſentent ſuffiſamment le fruit ; il n'eſt
queſtion pour cela , que d'un peu de raiſonne-
ment , qui n'eſt qu'une affaire de calcul. Voici
comme on peut compter : s'il me faut une once
d'anis pour une pinte d'eau d'anis , liqueur finie ,
il m'en faut vingt onces pour faire une pinte
d'eſprit , deſtinée à faire vingt pintes d'eau
d'anis.

Ainſi , pour faire de l'éſprit d'anis , il faut
mettre dans l'Alambic de l'eau-de-vie & de l'anis,
à proportion de ce que vous en voudrez tirer,
& mettre auſſi dans ledit Alambic de l'eau , à
proportion de la quantité d'anis que vous y aurez
mis , afin que cette graine ne s'attache pas au
fond de la cucurbite , lorſque vos eſprits ſorti-
ront de l'Alambic.

Voici ce qui arrive quand on ne met point
d'eau dans l'Alambic avec la recette ci-deſſus ,
ou qu'on n'y met pas la quantité qu'on en doit
mettre : c'eſt que , tout étant eſprit , on s'expoſe
à faire brûler ſa marchandiſe , ou quand les eſprits ſont élevés , l'anis brûle au fond , donne le
goût de feu aux eſprits diſtillés , & donne un
très-mauvais goût à l'Alambic , qu'on auroit par
la ſuite une peine infinie à faire perdre.

Votre Alambic ainſi garni , vous diſtillerez
le tout à un feu ordinaire , & prendrez garde de
ne point tirer de phlegmes ; & ces eſprits vous
les garderez , ou pour votre beſoin , ou pour votre commerce.

Recette.

Pour qu'une pinte d'eſprit d'anis rende dix pintes de liqueur , vous mettrez dans votre Alambic
cinq onces d'anis , avec une pinte & demie d'eau-
de-vie & une pinte d'eau ; vous obſerverez de

I

ne pas tirer de phlegmes, parce qu'infailliblement vos esprits blanchiroient.

Si vous voulez qu'une pinte vous rende quinze pintes de liqueur, vous prendrez sept onces & demie d'anis que vous ferez distiller avec la même quantité d'eau-de-vie que dans la recette précédente, & ajouterez seulement à l'eau qu'il faut dans la première, une chopine pour cette seconde.

Pour que l'esprit d'anis vous rende vingt pintes de liqueur, vous mettrez dix onces d'anis, que vous distillerez avec pareille quantité d'eau-de-vie que nous avons fixée pour les deux premieres, & ajouterez encore, pour cette troisieme recette, une chopine d'eau de plus que la quantité dite pour la seconde recette.

CHAPITRE LIX.

Du Fenouil.

LA semence, ou graine de fenouil, est assez semblable à celle de l'anis, avec lequel toute la plante a beaucoup d'analogie : ce qui fait qu'on confond assez souvent le fenouil & l'anis, & même on vend à Paris cette graine pour celle de l'anis, quand on crie l'anis verd. Il y a de fenouil dont la semence est amere : telle est celle qu'on vend à Paris pour l'anis. Il y a une autre espece de fenouil dont la graine est douce ; mais c'est toute la différence qu'il y ait entre elles, car d'ailleurs elles sont parfaitement semblables. Les Distillateurs font de la semence de fenouil un fort grand usage : elle a les mêmes vertus & les mêmes propriétés que celle de l'anis. Les Distillateurs, pour peu qu'ils foient connoiffeurs, favent difcerner ces deux femences, & ne s'y trompent pas. Le fenouil a toujours un goût tant foit peu fauvage & plus fec que l'anis : ce n'eft pas que ce goût fauvage ôte quelque chofe à la bonté & au mérite de la liqueur, tant s'en faut, ce goût même la rend plus agréable, ainfi que nous le dirons après : elle eft la bafe de l'eau de fenouillette, & entre auffi dans beaucoup de liqueurs compliquées.

Pour faire l'Eau de Fenouillette.

L'eau de fenouillette a beaucoup de rapport avec celle d'anis ; mais il n'y a que les connoiffeurs qui fachent véritablement la diftinguer : celle-ci a un petit goût fec & fauvage qui ne déplaît pas : elle a paffé, dans ces jours de mode, pour une des meilleures liqueurs : ce goût anifé & fauvage fait une efpece de goût mitoyen qui a fon mérite. L'eau de fenouillette, faite en liqueur double, tient encore fon rang parmi les bonnes liqueurs. C'eft enfin de toutes les liqueurs faites de grains, la meilleure & la plus eftimée, qui fe foutient le mieux. Pour faire de bonne liqueur en cette graine, il faut la connoître & la bien choifir : la différence qu'il y a d'elle à l'anis, c'eft qu'elle eft un peu courbée & plus cannelée que celle de l'anis : la meilleure eft celle qui eft la plus blanche : la jaune ne vaut rien ; la bonne eft d'un jaune pâle : celle qui n'a pas cette couleur, eft vieille, ou a fouffert fur la plante ; elle a moins de qualités, rend moins à la diftillation, & fouvent a un mauvais goût.

Quand donc vous aurez choifi votre fenouil, vous en prendrez la quantité portée par vos recettes, felon ce que vous voudrez faire de

liqueur : vous pourrez , fi vous voulez , le piler , fon goût fe développera mieux , & fon
parfum fera plus confidérable. Vous garnirez
ainfi votre Alambic ; vous mettrez votre fenouil , pilé comme nous avons dit , avec de
l'eau & de l'eau-de-vie en quantité raifonnable : enfuite mettez votre Alambic , ainfi garni,
fur un feu tempéré. Vous tirerez vos efprits
purs , c'eft-à-dire , fans y laiffer les phlegmes.,
parce que le fenouil eft de toutes les graines
celle qui prend plus facilement le goût d'empyreume. Quand vos efprits feront tirés , vous
ferez fondre du fucre dans de l'eau fraîche ; &
quand il fera fondu , vous mettrez votre efprit
de vin diftillé dans ce firop , remuerez bien
le tout pour le mêler , & le pafferez à la
chauffe.

C'eft ainfi que fe fait l'eau de fenouillette : &
comme tout eft effentiel dans ce Chapitre ,
nous prions nos Lecteurs de n'en oublier aucune circonftance , s'ils veulent la bien faire.

Recette pour fix pintes d'eau de Fenouillette.

Vous prendrez trois pintes & chopine d'eau-
de-vie , deux onces de fenouil , vous mettrez
le tout dans l'Alambic , en y joignant une chopine d'eau ; & vous prendrez , pour faire le
firop , une livre de fucre & trois pintes d'eau.

Recette pour pareille quantité en liqueur double.

Pour fix pintes d'eau de fenouil double ,
vous mettrez autant d'eau-de-vie qu'à la recette
précédente , un tiers de fenouil de plus , &
un tiers d'eau de moins , c'eft-à-dire , deux
pintes pour votre firop avec trois livres de
fucre.

Recette pour pareille quantité en liqueur fine
& seche.

Vous passerez toute l'eau-de-vie à l'Alambic,
ainsi qu'à la seconde recette ; vous mettrez
trois onces de fenouil, deux pintes d'eau,
une livre & demie de sucre, pour faire le
sirop.

Si vous voulez vendre de cette liqueur pour
la fenouillette de l'Isle de Rhé, vous n'aurez
qu'à ajouter du macis à votre recette double,
ou à celle-ci : c'est précisément la seule différence qu'il y ait de celle-là à celle qui se
fabrique à Paris.

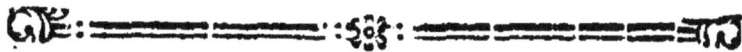

CHAPITRE LX.

De la Coriandre.

LA graine de coriandre est ronde ; elle est
d'un mauvais goût quand elle est fraîche ; mais
elle devient très-douce & d'un goût agréable
en vieillissant & quand elle est desséchée : on
ne se sert dans la distillation, que de graine
de coriandre seche ; elle est estomachale & cordiale, bonne pour les maladies occasionnées
par les vents : on en fait le même usage que
de toutes les autres graines : on en tire des
esprits pour la liqueur qui porte le nom d'eau
de coriandre : elle entre dans les recettes compliquées, dans l'eau de mélisse & autres eaux
d'odeurs ; mais elle est aussi de toutes les
graines ou semences qu'emploie le Distillateur,
la plus ingrate pour la quintessence, & je ne

I 3

crois pas qu'on en puiſſe tirer : elle a plus
d'eſprit volatil que d'huile eſſentielle.

Pour faire l'eau de Coriandre.

Pour bien faire l'eau de coriandre, il faut
bien choiſir cette graine. Voici à quelle marque on peut diſtinguer celle qui eſt la meilleure. Il faut qu'elle ſoit d'un blanc jaune comme
elle eſt dans ſa nouveauté, ou même un peu
rouſſe ; ſi elle eſt d'un roux foncé, elle eſt trop
vieille ; ſi elle eſt griſâtre, c'eſt une marque
qu'elle a ſouffert ſur la plante : & pour ſe
tromper moins dans le choix, il faut la prendre au goût, la mâcher ; ſi elle eſt douce
& de bonne odeur, vous pouvez l'employer
hardiment & en toute ſûreté. Cette graine eſt
trop légere pour juger de ſa bonté par ſa pe-
ſanteur : elle n'a aucune ſubſtance huileuſe
comme les autres graines : auſſi elle ſe clarifie
facilement, & on ne riſque rien d'en mettre
un peu plus. Cette graine eſt creuſe & très-
légere ; il faut néceſſairement la piler pour
l'employer, afin de développer ſon parfum.
Cette graine, au défaut de ſubſtance quinteſſencieuſe, a beaucoup d'eſprits volatils qui montent dans la diſtillation avec les premiers eſprits, lorſque la coriandre a été pilée. Vous
éviterez quand vous la diſtillerez de tirer des
phlegmes ; vous la mettrez comme les autres
graines dans votre Alambic, avec de l'eau &
de l'eau-de-vie, le tout ſuivant les recettes que
nous en allons donner ; & quand vous aurez
fait fondre du ſucre dans de l'eau fraîche, qui
eſt le ſirop ordinaire, vous verſerez vos eſprits
dans ce ſirop, les mêlerez bien enſemble le
ſirop & les eſprits, en les remuant, & paſſerez enſuite ce mêlange à la chauſſe.

La recetre maintenant va régler les quantités de chaque chofe qui entre dans cette liqueur.

Recette pour fix pintes d'eau de Coriandre.

Prenez trois pintes & chopine d'eau-de-vie,
deux onces de coriandre, tirez vos efprits fur
un feu modéré : une livre de fucre & trois
pintes & demi - feptier d'eau pour faire le
firop.

Si vous faites du plus commun, vous ne
diftillerez que les deux tiers de votre eau-de-
vie, & réferverez l'autre tiers pour mettre avec
les efprits dans le firop.

Si vous voulez faire du fin & fec, ou du
double & moëlleux, vous ferez une divifion
de recette en même proportion que celle que
nous avons donnée à l'eau de fenouillette.

CHAPITRE LXI.

De l'Angélique.

LEs Diftillateurs emploient toute cette plante;
mais c'eft fur-tout de la graine qu'ils font le
plus d'ufage. Cette graine a la figure d'un croif-
fant ; elle eft plate & un peu blanche, très-
légere, mais beaucoup moins que celle de la
coriandre, peu huileufe, & qui par conféquent
ne rend pas beaucoup de quinteffence. La graine
eft de toute la plante la partie dont on tire
le meilleur parti ; elle raffemble en elle tout
le parfum de la plante entiere, & le fien d'autre part, & rend auffi plus en efprits que toutes les autres parties. Les Bourgeois en font,

du ratafia , & l'emploient toute entiere , parce que la tige , la racine , les branches & les feuilles ont , à peu de chofe près , le même goût.

Quoique le Diftillateur puiffe fe fervir de toute la plante, il n'emploie guere que la graine , qui eft la meilleure partie de toute la plante.

Il faut piler cette graine avant que de l'employer pour développer fon parfum ; elle abonde plus en goût & en odeur que toute autre graine, elle foifonne auffi beaucoup. Ce feroit en un mot la meilleure des graines à employer , fi elle n'étoit pas fi chere.

Pour faire l'eau d'Angélique.

Quand vous voudrez faire cette liqueur, vous choifirez de la graine de l'année qui ait tous les fignes de bonté , décrits plus hauts, vous la mâcherez pour en juger au goût : l'odorat même vous inftruira affez de fes qualités. Quand vous aurez choifi votre graine d'angélique , vous la pilerez & la mettrez dans l'Alambic , avec une quantité fuffifante d'eau & d'eau-de-vie. Les efprits de cette graine ainfi préparés par la trituration, monteront affez vîte. Ainfi , c'eft à vous de faire attention aux phlegmes, pour n'en pas tirer & ne pas gâter votre eau. Lorfque vous aurez tiré vos efprits d'angélique , vous les mettrez dans le firop , que vous aurez foin de faire pendant que l'Alambic fera fur le feu, en faifant fondre, à l'ordinaire, du fucre dans de l'eau fraîche , & remuerez le tout pour le mêler avec le firop : enfuite vous pafferez ce mélange à la chauffe ; & fi c'eft en commun que vous travaillez pour quelque liqueur de bas prix, vous ne diftillerez que les deux

tiers de votre eau-de-vie, & mêlerez ensemble
le sirop, le tiers d'eau-de-vie réservé, & les
esprits d'angélique distillés, que vous passerez,
comme il est dit ci-dessus, à la chausse ; &
quand ces mélanges seront clarifiés, votre liqueur sera faite. Vous pourrez vous servir de
cette derniere observation pour toutes les liqueurs communes faites avec les graines.

Si dans cette liqueur vous voulez faire du
bon, il faut toujours, autant qu'il est possible, avoir de la graine nouvelle. La nouvelle
angélique est toujours plus blanche que jaune ;
& plus elle est blanche, meilleure elle est.
Celle qui est vieille tire sur le roux ; celle qui
a souffert sur la plante a ordinairement une
couleur qui tire sur le noir : faites attention à
toutes ces circonstances.

Il nous reste une petite remarque à faire ;
c'est que, lorsque l'on veut employer les branches, ou la tige, ou la racine de cette plante,
il faut prendre garde si la graine est mûre ;
& si elle est dans sa parfaite maturité, le reste
de la plante sera bon à employer aussi.

Recette pour environ six pintes d'eau d'Angélique.

Prenez une once d'angélique que vous pilerez bien, faites distiller avec cette angélique,
ainsi préparée, trois pintes & chopine d'eau-de-
vie : mettez, pour faire le sirop, une livre de
sucre, que vous ferez fondre en trois pintes
d'eau.

Si vous la voulez faire fine & seche, ou
double ou moëlleuse, nous vous renvoyons au
Chapitre cinquante-neuf de l'eau de fenouillette.

CHAPITRE LXII.

Du Genievre.

POur faire de l'eau-de-vie du genievre, il faut écraser le grain, le mettre dans un vaisseau où il puisse fermenter, au bout de quelques jours il fermentera & acquerra une qualité spiritueuse & vineuse ; quand vous appercevrez que votre genievre aura acquis par la fermentation assez de force, vous le passerez à la chaudiere, & vous tirerez de l'eau-de-vie de genievre ; vous pourrez, si vous le voulez, faire une liqueur de cette fermentation. Vous mettrez pour lors le marc à la presse, & vous en exprimerez le jus ; vous mettrez ce jus dans la chaudiere ou dans un Alambic, ce qui n'est sujet à aucun inconvénient ; au lieu qu'il arrive ordinairement, lorsqu'on met le marc dans la chaudiere, que la chaleur l'enleve, le fait monter au chapiteau, le tuyau s'engorge, & on risque de mettre le feu ; & le jus n'expose jamais à de semblables inconvéniens. Mais si vous mettez le marc dans la chaudiere, ménagez bien votre feu, parce que ce grain est fort sujet à monter, & je ne répondrois pas de ce qu'il en pourroit arriver.

Comment on fait de l'eau de Genievre en liqueur.

Pour faire l'eau de genievre en liqueur, vous pilerez une certaine quantité de baies de genievre, selon qu'il sera porté par vos recettes ; vous les mettrez dans l'Alambic avec de l'eau &

de l'eau-de-vie. Il faut obferver quand on diftille du genievre, qu'il faut mettre dans l'Alambic le double d'eau de ce qu'on met ordinairement pour les autres graines, pour imbiber à fond les baies de genievre, & donner aux efprits la facilité de fortir, fans que le genievre s'attache au fond de la cucurbite.

Et comme le genievre eft fort fujet à monter, crainte qu'il n'engorge le tuyau, vous aurez grand foin de votre Alambic, & vous graduerez bien votre feu, de peur d'accident ou de perte, comme nous l'avons fait voir dans nos Chapitres des accidens qui peuvent arriver en diftillant.

Lorfque vous aurez tiré vos efprits, vous ferez fondre du fucre dans l'eau fraîche; & lorfqu'il fera fondu, vous mêlerez vos efprits avec le firop : fi vous travaillez pour le commun, vous ne diftillerez que les deux tiers de votre eau-de-vie, comme nous avons dit aux chapitres précédens, & mêlerez le tiers réfervé & non diftillé, avec le firop & les deux tiers diftillés, & pafferez le mélange à la chauffe; quand il fera clair, votre liqueur fera faite.

Pour bien choifir le genievre, il faut toujours faire attention s'il eft nouveau, vous le connoîtrez facilement à ces marques : il faut que les baies de genievre foient rondes, bien pleines & bien noires : car fi elles font feches & ridées, elles ne valent plus rien. Comme ce fruit eft fort fujet à s'échauffer, il faut fentir s'il n'a point un goût aigre; s'il l'a, il a fermenté, & ne vaut plus rien d'ailleurs. On le connoît encore mieux, par une certaine moififfure qui paroît fur le grain; & dans le genievre que vous acheterez, fi vous trouvez des grains fecs, le genievre n'eft pas nouveau.

Mais on peut ne s'y pas méprendre, en mâchant le genievre ; & s'il n'a point d'humide ; vous pouvez tenir pour sûr qu'il n'eſt pas nouveau ; & il eſt d'ailleurs rare que le genievre n'ait un goût aigre & échauffé quand il eſt vieux.

Une remarque eſſentielle à faire ſur cette graine, c'eſt qu'elle a beaucoup d'huile ou partie quinteſſencieuſe, ce qui eſt ſans contredit la meilleure partie de ſon parfum : cette partie eſt difficile à extraire.

En général, le genievre des montagnes eſt toujours le meilleur : l'odeur peut mieux décider ſur ſa qualité, que tout ce que nous en pourrions dire.

Recette pour ſix pintes d'eau de Genievre, liqueur ſimple.

Pour faire ſix pintes d'eau de genievre, en liqueur ſimple, vous pilerez un demi-litron de baies de genievre, que vous mettrez avec trois pintes & demie d'eau-de-vie dans votre Alambic : vous prendrez une livre & un quart de ſucre, & trois pintes & demie d'eau pour faire le ſirop.

Recette pour pareille quantité en eau double.

Pour faire la même quantité en eau ou liqueur double, vous mettrez quatre pintes d'eau-de-vie, trois livres de ſucre, deux pintes & demi-ſeptier d'eau pour le ſirop, & augmenterez les graines d'un tiers, à proportion de l'eau-de-vie. Pour la même quantité en liqueur ſeche, il faut ſuivre la recette du fenouil ; quant au ſirop & à l'eau-de-vie, & mettre un demi-litron de genievre.

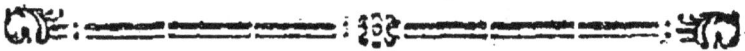

CHAPITRE LXIII.

DU CÉLERI.

Pour faire l'eau de Céleri.

PRenez de la graine de céleri qui soit fraîche, nouvelle & de bon goût. Pour la choisir bien, prenez la plus grise, la plus pesante, & celle qui aura plus le goût de la plante. Si le goût en est altéré, elle n'est pas propre à la distillation : comme elle est d'un goût fort, & qui se communique aisément, il en faut très-peu mettre, parce que si la liqueur étoit forcée en graine, elle ne vaudroit rien : vous n'en mettrez donc que la quantité portée dans la recette. Quand vous l'aurez choisie, ainsi que nous venons de dire, vous la pilerez, vous la mettrez dans votre Alambic avec de l'eau-de-vie & de l'eau, & ferez distiller votre recette à feu ordinaire & modéré : vous prendrez garde de tirer des phlegmes, si vous voulez que votre liqueur soit délicate. Quand vous aurez distillé vos esprits au céleri, vous les mêlerez avec le sirop, que vous ferez à l'ordinaire, avec du sucre que vous aurez fait fondre dans de l'eau fraîche ; & le mélange étant bien fait, vous passerez votre liqueur, & quand elle sera claire, elle sera faite.

Cette liqueur n'est pas aussi bonne quand on la boit dans sa nouveauté, que quand on la garde trois ou quatre mois avant de la boire : ainsi je conseille à ceux qui aiment cette liqueur de la mettre dans des bouteilles bien cachetées, & de l'oublier jusqu'à ce temps-là.

Ceux qui aiment cette liqueur pourront en faire assez pour en avoir toujours de la vieille, quand ils en feront de nouvelle ; & ceux qui voudront bien faire attention à ma remarque, verront la vérité de ce que j'avance à ce sujet.

Recette pour environ six pintes d'eau de Céleri commune.

Vous pilerez deux gros de graine de céleri que vous mettrez dans l'Alambic, avec trois pintes d'eau-de-vie, une livre de sucre, & trois pintes d'eau pour faire le sirop.

Recette pour pareille quantité de la même liqueur, fine & seche.

Sur quatre pintes d'eau-de-vie, vous mettrez deux pintes d'eau, deux livres & demie de sucre, & trois gros de graine de céleri pilée.

CHAPITRE LXIV.

Du Persil.

LA graine de persil, dont les Distillateurs font usage pour l'eau de persicot, est une semence menue, arrondie, cannellée sur le dos, d'un goût aromatique & piquant. Elle entre dans le vespétro, dans la recette de l'eau des sept graines, & dans plusieurs autres recettes. Elle est la base de l'eau de persicot, dont nous allons parler dans ce Chapitre.

Eau de Persicot.

Quand vous aurez choisi la graine de persil

qui foit fraîche, & qui ait le goût de la plante
(car elle feroit vieille ou gâtée fi elle avoit un
goût étranger), vous la pilerez & la mettrez
dans votre Alambic avec de l'eau & de l'eau-
de-vie, ainfi qu'il fera dit dans la recette. Vous
diftillerez cette recette à un feu tempéré ; quand
vos efprits feront diftillés, vous les verferez dans
un firop qui fe fera avec du fucre fondu dans
de l'eau fraîche, ainfi qu'il fe fait ordinairement, & pafferez le tout à la chauffe ; quand
la liqueur fera claire, elle fera faite.

Recette pour fix pintes d'eau de Perficot.

Mettez trois pintes & chopine d'eau-de-vie
dans votre Alambic, & une demi-once de graine
de perfil pilée ; & pour le firop, une livre
de fucre & trois pintes & demie d'eau.

CHAPITRE LXV.

Eau des fept Graines.

L'Eau des fept graines eft compofée d'une
partie de celles que nous avons définies ci-
deffus ; l'anis, le fenouil, la coriandre, l'angélique, & trois autres graines dont nous parlerons au ratafia de vefpétro, auxquelles vous
pourrez ajouter l'anette.

L'ANETTE.

L'anette eft la graine d'une plante appellée
l'anet. Ses femences font ovales, applaties &
cannelées fur le dos, d'une odeur forte, d'un
goût piquant & aromatique : elle fert aux Dif-

tillateurs dans plusieurs liqueurs ; comme l'eau
des sept graines, dont nous allons parler. Elle
entre dans la recette de l'huile de Vénus, dans
le ratafia de vespétro, & on en tire des quintessences, comme de toutes les autres graines.

Pour faire l'eau des sept graines.

Vous prendrez de toutes les graines susdites les
quantités portées par vos recettes ; que vous
choisirez suivant les instructions que nous avons
données de la bonté de chacune dans les Chapitres qui en traitent. Votre choix fait, vous pilerez vos graines ; car il est toujours meilleur de
les piler ; tout se développe mieux quand elles
le sont, les esprits ont une issue plus facile, &
le goût des matieres qui entrent dans les recettes, se communique plus facilement aux esprits
de l'eau-de-vie. Quand elles seront pilées, vous
les mettrez dans l'Alambic, avec de l'eau-de-vie
& le double d'eau de ce qu'on en met ordinairement aux autres graines, au genievre près,
à cause des quantités & de la différence des graines. Votre Alambic étant ainsi garni, vous le poserez sur un feu modéré : il ne faut pas tirer de
phlegmes, si vous voulez que votre liqueur soit
délicate.

Quand vous aurez tiré vos esprits, vous ferez
fondre du sucre dans de l'eau fraîche ; & quand
le sucre sera fondu, vous mettrez vos esprits
dans ce sirop, le passerez à la chausse ; &
quand la liqueur sera claire, elle sera faite.

L'eau des sept graines est infiniment supérieure
au ratafia de vespétro, quoique ce soit les mêmes choses en même ou différente quantité ; mais
l'une est l'ouvrage de la distillation, l'autre n'est
qu'une infusion. La distillation lui donne du brillant, & ne tire que ce qu'il y a de plus fin ; au

lieu que dans l'infuſion tout demeure, ce qui fait que les infuſions ſont toujours ſujettes à quelque mauvais retour. On perd doublement aux infuſions : premiérement, ſur le goût qui n'eſt jamais ſi parfait que dans les recettes diſtillées ; ſur la quantité, car il ſe fait d'abord une évaporation ſenſible, & ſur l'eau-de-vie qui a imbibé les graines.

Recette pour ſix pintes d'eau des ſept Graines.

Prenez trois pintes & demi-ſeptier d'eau-de-vie, ſix gros d'anis, ſix gros de fenouil, demi-once de coriandre, deux gros d'angélique, deux gros de graine de carrotte, demi-once de carvi, demi-once de chervis ; vous pourrez y ajouter demi-once d'anette & de dacus ; trois demi-ſeptiers d'eau dans l'Alambic, & prendrez pour faire le ſirop une livre de ſucre, que vous ferez fondre dans trois pintes & demi-ſeptier d'eau.

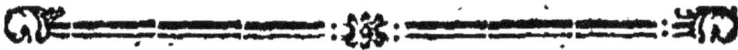

CHAPITRE LXVI.

Du Café.

LE café eſt un grain, ou le fruit d'un arbre qu'on ne trouve pas en Europe : le café qui nous vient du Levant eſt le meilleur & le plus eſtimé : il eſt verd, plus peſant & de meilleur goût. Il y a pluſieurs eſpeces de café, différentes en groſſeur, couleur & goût. Le café qu'on appelle le Moka, tient à Paris le premier rang : quelque bon qu'il ſoit, il n'eſt cependant pas comparable au café du Levant. Il y a le café de la Martinique, qui paſſe pour la meilleure eſpece de tous les cafés des Iſles. Sa couleur eſt d'un gris cendré ; ſes grains ſont petits. Après celui-là, nous avons le café Bourbon, c'eſt la plus belle eſpece de tous les cafés, & celui que toutes ſortes de perſonnes jugeroient le meilleur à l'apparence : il eſt le plus menu de tous & d'une couleur verte, il paroît toujours frais ; il a enfin l'apparence plus ſéduiſante que le Moka ; les connoiſſeurs s'y trompent eux-mêmes. Voici une marque à laquelle on ne peut manquer de le diſtinguer ; c'eſt que dans le Moka il ſe rencontre aſſez ordinairement des grains écornés, & que le café eſt d'une couleur blanche tirant ſur le jaune ; mais le café Bourbon eſt toujours plus verd, & ſes grains ſont toujours entiers. Il y a encore une marque qui ne trompe guere ſur le café de Moka, c'eſt qu'il vient dans des balles couvertes d'une eſpece de natte, faite avec des feuilles de palmier ; c'eſt le ſeul qu'on voit arriver avec cet emballage : on le connoît encore en le brûlant, il s'enfle moins que les autres, & ſe tient preſque au même état ; au lieu que les autres s'ouvrent à l'endroit de ce ſillon qui ſemble le partager en deux parts. A toutes ces marques, il eſt preſqu'impoſſible de s'y méprendre, & ſur-tout à la derniere qui n'eſt pas impraticable, puiſque les Marchands vous permettent de tirer d'une poche, ou ſac, & du milieu même, du café pour le brûler & l'éprouver : & quand vous auriez pu vous tromper à toutes les marques ci-deſſus, vous ne vous tromperiez pas au goût & à l'odeur en le brûlant, & cette épreuve vous fera connoître s'il eſt verd ou mariné, & s'il n'a pas d'autres mauvais goût. Le café de Saint-Domingue eſt le café commun. Nous en avons de pluſieurs autres eſpeces communes. Il y a encore une eſpece de café qu'on appelle le café de Java ;

celui-là & celui de Saint-Domingue font gros & d'un prix commun : le plus grand usage qu'on en fait est de le faire rôtir, de le moudre ; & de cette poudre de café on fait une infusion, ou teinture, dont on fait à présent usage partout. Les Distillateurs en tirent l'esprit & la quintessence, & en font une liqueur appellée l'eau de café, parce que ce grain en est la base ; & c'est de cette eau dont nous allons parler & donner les recettes.

Eau de Café.

Pour faire de bonne eau de café, il faut employer le café du Levant ou celui de Moka. Quand vous l'aurez bien choisi, sur ce que nous venons d'en dire, vous le brûlerez comme si vous vouliez faire la teinture du café, & en mettrez dans l'Alambic la quantité qui sera dite dans les recettes, avec de l'eau-de-vie, pour en tirer les esprits ; ensuite vous ferez fondre du sucre dans de l'eau fraîche, pour faire un sirop à l'ordinaire ; & quand il sera fondu, vous y mettrez les esprits que vous aurez tirés, les mêlerez bien avec le sirop ; & quand le sirop & les esprits se feront pénétrés réciproquement, vous passerez ce mélange à la chausse ; & quand il sera clair, la liqueur sera faite, & on pourra la vendre sur-le-champ. La nouveauté dans cette liqueur est bonne, & la vieillesse n'y ajoute rien.

Recette pour six pintes d'eau de Café.

Vous emploierez une once de café rôti & moulu, trois pintes & demi-septier d'eau-de-vie, une chopine d'eau, que vous mettrez dans l'Alambic, avec la recette ci-dessus ; &

prenez , pour faire le firop , une livre un quart de fucre , & trois pintes & demi-feptier d'eau.

Recette pour fix pintes d'eau de café fine & feche.

Vous employerez pour faire cette liqueur fine & feche , une once & demie de café rôti & moulu , quatre pintes d'eau-de-vie , & une chopine d'eau , pour mettre dans l'Alambic. Pour faire le firop , vous prendrez quatre livres de fucre , que vous ferez fondre dans deux pintes & demi-feptier d'eau , & même prefque chopine : ayez foin de diftiller ces deux recettes à un feu tempéré ; car le café eft fujet à monter : on courroit rifque , fans cette précaution , & celle de mettre de l'eau dans l'Alambic , de faire engorger le chapiteau , & brûler les endroits où l'on diftilleroit.

CHAPITRE LXVII.

Du Chocolat.

LE chocolat eft une confection, ou breuvage, compofée de plufieurs drogues broyées & mifes en pâte avec le cacao , la vanille , le fucre , la cannelle , &c. on en fait des tablettes brunes , qu'on pulvérife , & qu'on délaie dans l'eau bouillante. Philippe Sylveftre Dufour, Marchand de Lyon , dans fon Traité du Thé , du Café , du Chocolat , a ramaffé tout ce que les Auteurs ont dit du Chocolat. Vous y trouverez la définition de toutes les drogues ou matieres qui entrent dans le chocolat. Les feules que nous employons font le cacao & la vanille : c'eſt de la vanille ſur-tout dont nous avons beſoin pour l'eau de chocolat, dont nous allons donner la recette dans ce Chapitre.

Cette liqueur a tenu à ſa naiſſance le premier rang parmi les liqueurs chaudes : le goût en a un peu changé.

Comme ce qui compoſe le chocolat eſt ſur-tout la vanille & le cacao, ce ſont ces deux fruits qu'il faut employer pour faire l'eau de chocolat : il ſemble qu'il ſeroit plus à propos d'employer le chocolat même, puiſque dans ſa compoſition ſe trouvent la cannelle & d'autres drogues très-cordiales ; mais l'expérience a démontré que cette façon étoit impraticable. C'eſt donc au cacao & à la vanille ſeuls qu'il faut avoir recours. Vous ferez rôtir l'un & l'autre comme ſi vous vouliez faire du chocolat : vous broyerez enſuite le cacao ſeulement, & laiſſerez la vanille ſans la piler : vous les mettrez enſemble dans l'Alambic avec de l'eau & de l'eau-de-vie : vous les diſtillerez à un feu ordinaire, & ne tirerez point de phlegmes. Quand vos eſprits ſeront tirés, vous les mettrez dans un ſirop que vous ferez à l'ordinaire, avec du ſucre fondu dans de l'eau fraîche : vous paſſerez la liqueur à la chauſſe, & quand elle ſera claire, elle ſera faite.

Recette pour faire l'eau de Chocolat ſimple.

Prenez deux onces de cacao, trois gros de vanille, trois pintes demi-ſeptier d'eau-de-vie, une livre & demie de ſucre, & deux pintes trois demi-ſeptiers d'eau.

Recette pour la même liqueur double.

Prenez une once & demie de cacao, ſix gros

de vanille , quatre pintes d'eau-de-vie , quatre livres de sucre , & deux pintes & chopine d'eau
pour le sirop.

CHAPITRE LXVIII.

Des Liqueurs compliquées.

APrès avoir donné jusqu'ici nos recettes simples en fruits , fleurs , aromates , vulnéraires ,
épices , fruits à écorces , graines , nous passons
aux liqueurs de recettes compliquées. Nous appellons liqueurs compliquées , les liqueurs d'alliage , ou celles dont les noms n'annoncent au-
cunes fleurs , fruits , graines ou épices qui en
soient la base.

Les liqueurs compliquées ont chacune des recettes différentes , & demandent aussi une conduite différente. C'est le goût du Distillateur qui
les dirige sur celui du Public.

L'Eau d'Or.

Cette liqueur est connue depuis long-temps. Il
semble que la recette en devroit être invariable ;
cependant il y en a un grand nombre , toutes différentes les unes des autres. Les uns la font de
grains , d'autres d'épices. Il y en a qui la font de
fruits : d'autres enfin de fleurs.

Pour faire l'eau d'or , je prends le citron dans
sa maturité , avec toutes les qualités décrites ci-
dessus , de la cannelle choisie , & pour nuancer
le goût de cette liqueur , un peu de coriandre ,
selon la quantité que nous prescrirons dans la recette. Vous couperez les zestes du citron, comme
nous l'avons dit , c'est-à-dire , de façon que vous

n'enleviez que la partie quinteffencieufe, fans couper de blanc, & fans laiffer de jaune, s'il eft poffible. Vous pilerez la cannelle & la coriandre ; & quand elles feront pilées, vous les mettrez dans votre Alambic, garni de la recette ci-deffus, avec les zeftes, de l'eau, & de l'eau-de-vie ; & votre Alambic étant ainfi garni, vous le poferez fur un feu tempéré, & vous tirerez vos efprits avec un peu de phlegmes, à caufe de la cannelle, dont les efprits ne viennent qu'à la fin du tirage, & même qu'avec les phlegmes. Vous ferez enfuite fondre du fucre dans de l'eau fraîche ; & lorfqu'il fera fondu, vous y mettrez vos efprits auffi-tôt qu'ils feront tirés. Il faut faire votre firop pendant le tirage : enfuite vous mêlerez bien les efprits avec le firop ; & après vous y verferez doucement du caramel, comme il eft dit dans le Chapitre fur la couleur jaune. Vous mettrez donc dans ce mélange votre caramel, jufqu'à ce que l'œil vous ait affuré que vous avez attrapé le vrai point : vous la pafferez enfuite à la chauffe, & quand votre liqueur fera claire, elle fera faite. Si vous avez fait paffer quelques pintes de cette liqueur dans une chauffe, où vous auriez fait paffer auparavant de l'efcubac, il faut mêler celle qui y aura paffé avec celle qui n'y aura pas paffé, & votre couleur d'or fera parfaite. Il faut y mettre enfuite autant de feuilles d'or que vous aurez de pintes de liqueur. Vous mettrez ces feuilles d'or dans une petite bouteille longue, avec un peu de liqueur : vous agiterez la bouteille jufqu'à ce que les feuilles d'or foient affez menues, pour que la plus grande foit comme une lentille ou l'aîle d'un moucheron : enfuite vous en verferez un peu dans chaque bouteille que vous remplirez.

Recette pour six pintes d'eau d'Or.

Prenez trois citrons ordinaires, un gros de coriandre, deux gros de cannelle, trois pintes & chopine d'eau-de-vie, trois pintes & demi-septier d'eau avec une livre & un quart de sucre pour faire le sirop, une chopine d'eau pour mettre dans l'Alambic avec vos recettes ci-dessus, pour qu'elles ne brûlent pas, & tirerez un peu de phlegmes, ainsi que nous avons dit.

Cette liqueur enfin est très-bonne, en ajoutant un gros de graine de carrotte, un citron, & de plus, la même quantité de cannelle & de coriandre, c'est-à-dire, pour six pintes, vous mettrez quatre pintes d'eau-de-vie, quatre livres de sucre, deux pintes d'eau pour votre sirop ; votre couleur & feuilles d'or comme à l'eau d'or commune. Si vous vouliez cette liqueur en double, observez les regles des autres Chapitres, & vous aurez une liqueur très-exquise.

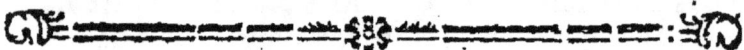

CHAPITRE LXIX.

De l'Eau d'Argent.

LA plupart des Distillateurs emploient la même recette pour l'eau d'or & pour l'eau d'argent ; mais pour donner un goût différent à l'eau d'argent, & qui ne soit point du tout celui de l'eau d'or, je prends du citron ; mais au lieu de coriandre & de cannelle, j'emploie le girofle & la graine d'angélique, pilés ensemble ; & la liqueur, comme il est facile de juger, se trouve totalement différente. Vous ferez distiller

tiller cette recette au même feu que pour l'eau d'or, & quand vos esprits seront tirés, vous ferez fondre ce qu'il se pourra trouver de plus beau sucre dans de l'eau fraîche & bien nette; & lorsqu'il sera fondu, vous mêlerez vos esprits dans ce sirop, & passerez le mélange à la chausse; & quand la liqueur sera bien claire, vous y mettrez des feuilles d'argent, & vous ferez pour cela comme nous avons dit au Chapitre précédent de l'eau d'or. Vous les agiterez de même dans une petite bouteille où vous aurez mis un peu de liqueur; après quoi vous les diviserez en chaque bouteille par proportion égale, que vous remplirez de liqueur. La recette va déterminer les quantités de chacune des matieres qui composent cette liqueur.

Recette pour six pintes d'eau d'Argent.

Vous prendrez les zestes de trois citrons ordinaires, un gros d'angélique pilé, avec huit clous de girofle, que vous mettrez dans l'Alambic, avec trois pintes & demi-septier d'eau-de-vie, & une chopine d'eau.

Pour le sirop, vous prendrez trois pintes & demi-septier d'eau, & une livre de sucre, le plus fin qu'il sera possible de trouver. Il faut encore observer qu'il faut tirer pour cette liqueur un peu de phlegmes, à cause du girofle, si l'on veut que le goût de cette épice se sente dans la liqueur.

K

CHAPITRE LXX.

De l'eau d'Abricots, de l'eau de Noyaux, &
les qualités des Amandes propres à la
faire.

L'Eau d'abricot est fort estimée, & la façon
de la faire est fort simple & très-facile. C'est
une espece de ratafia : le fruit ne passe point
à l'Alambic : on se sert de l'eau-de-vie tout simplement ; on pourroit bien se servir de l'esprit
de vin ; mais cela n'est pas absolument nécessaire , il est même inutile , à moins que ce
travail ne soit commandé.

L'eau d'abricot se fait avec le sirop d'abricot confit : lorsque l'on tire les abricots confits
de leur sirop pour les faire sécher, on a soin
de prendre tout de suite le sirop , sans mélange
d'autres : vous en mettrez une partie dans de
l'eau fraîche , ou la quantité que vous jugez à
propos, selon la force que vous voulez donner
à votre liqueur : quand ce sirop est bien mêlé
avec l'eau , vous y mettrez de l'eau-de-vie, afin
que cette liqueur soit plus agréable , & pour re-
lever le goût de l'abricot , qui est assez fade par
lui-même, vous pilerez quelques amandes d'abricots ou de pêches ; & au défaut de celles-là ,
vous pourrez employer des amandes ameres : il
faut les piler à sec , sans y mettre d'eau ; & quand
elles seront pilées , vous les mettrez dans la liqueur. Il faut observer qu'il ne faut pas mettre
vos amandes pilées dans le sirop d'abricot, avant
que votre eau-de-vie y soit ; car la liqueur
pourroit se blanchir, & auroit de la peine à se
clarifier : il ne faut donc les y mettre que lor-

que vous y aurez mis votre eau-de-vie : il faut auffi le colorer avec un peu de caramel, mais beaucoup moins que l'eau d'or.

Vous pourrez, fi vous voulez, ne la colorer que quand elle fera claire. Quand votre eau-de-vie & vos amandes feront dans le firop, vous la pafferez à la chauffe ; & lorfqu'elle fera claire fine, vous la mettrez dans une grande bouteille, pour donner au dépôt le temps de fe faire, s'il s'en fait ; mais cette liqueur dépofe ordinairement ; & quand vous l'aurez laiffée repofer quelque temps, fi elle a dépofé, vous la foutirerez, & remettrez votre liqueur ainfi clarifiée dans d'autres bouteilles.

L'eau de noyau peut fe faire avec l'amande de pêche, ou d'abricot, celle de cerife ou de prune ; mais ce qu'il y a d'incommode, c'eft que ces noyaux n'ayant pas une grande amertume, on eft obligé de les faire infufer : d'ailleurs, ou ils font trop fecs, ou ils ne le font pas ; s'ils le font trop, ils fe fondent en huile ; s'ils ne le font pas affez, ils ont trop de lait, blanchiffent la liqueur, l'empêchent de fe clarifier comme il faut, & lui donnent un goût fade & infipide. Si vous les faites fécher, comme ils n'étoient pas mûrs, ils fe gâtent, & en les pilant, ils gâtent les autres, & la liqueur par conféquent. Le plus fûr & le meilleur, eft d'employer des amandes ameres, que vous choifirez de l'année, fraîchement caffées : vous ôterez celles qui pourroient être gâtées ; car une amande gâtée donne à la liqueur un goût affreux. Les amandes vieilles la font fentir & lui donnent le goût d'huile : vous choifirez donc les plus fraîches & les meilleures. Voyez ce que nous avons dit de ce choix au Chapitre du firop d'orgeat.

Vos amandes étant ainfi choifies, vous les

pilerez à sec, parce que si vous y mettiez de l'eau, elles tourneroient en lait, & votre liqueur ne pourroit jamais se clarifier.

Quand vos amandes seront pilées, vous ferez fondre du sucre dans de l'eau fraîche ; & quand il sera fondu, vous mettrez dans ce sirop l'eau-de-vie, que vous remuerez bien, pour que l'un & l'autre se pénetre bien : ensuite vous mettrez dans ce mêlange vos amandes pilées, pour passer ensuite le tout à une grande chausse.

Observez qu'il faut toujours mettre l'eau-de-vie dans le sirop avant d'y mettre les amandes ; parce que si vous mettiez les amandes dans le sirop avant que l'eau-de-vie y eût été mise, infailliblement elles feroient le lait, ce qui empêcheroit entiérement la clarification de votre liqueur ; une partie de ces amandes ayant la disposition par le pilon de se tourner en huile, & l'autre n'étant pas si échauffée conservant font lait, on donneroit tout d'un coup à l'eau de noyau toutes les mauvaises qualités de nébuleuse & d'huileuse, contre lesquelles nous nous efforçons de prévenir nos lecteurs.

Enfin, quand votre liqueur sera faite, ainsi que nous venons de le dire, vous la ferez passer à une grande chausse, & quand elle sera claire, votre eau de noyau sera faite. Cette liqueur n'a d'abord pas besoin de la distillation, & si on se sert des amandes ameres d'amandier, elle n'a pas besoin non plus d'infusion ; elle prend autant le goût du fruit qu'il lui en faut, en passant à la chausse sur les amandes pilées.

Si on veut distiller les amandes pour cette liqueur, elle a un goût d'huile détestable : si vous faites infuser vos amandes, elles se chargent d'une bonne partie de l'eau-de-vie.

Recette pour l'eau de Noyau.

Pour vingt pintes de cette liqueur, prenez douze pintes d'eau-de-vie, quatre livres de sucre, neuf pintes d'eau, & une livre d'amandes ameres.

Recette nouvelle.

Prenez les noyaux de cent pêches en sortant de leurs fruits, cassez les sur-le-champ sans piler les amandes : vous mettrez la coque cassée, avec les amandes, dans deux pintes d'esprit-de-vin ; & un mois après, vous passerez vos esprits que vous mêlerez avec le sirop que vous aurez fait avec trois livres de sucre & deux pintes d'eau.

Recette pour l'eau d'Abricot.

Cette recette n'est pas bornée : le goût & le profit qu'on y peut faire sont les seules regles que nous donnons aux Distillateurs, pour la fabrique de cette liqueur.

Je suppose, pour faire du bon, qu'on veuille faire d'une livre de sirop deux pintes d'eau d'abricots. Vous mettrez cette livre de sirop dans une pinte dont vous remplirez le reste d'eau : vous y ajouterez encore un poisson d'eau, avec lequel vous rincerez la pinte ; & après, vous mesurerez une pinte d'eau-de-vie, que vous mettrez dans le sirop, avec huit amandes ou noyaux pilés ; & lorsque vous aurez bien mêlé le tout, vous pourrez le colorer, ou attendre que votre liqueur ait déposé ; & quand vous l'aurez soutirée, vous la colorerez, & pourrez encore la passer à la chausse, si elle n'étoit pas assez claire.

CHAPITRE LXXI.

De l'eau de Mille-fleurs.

L'Eau de mille-fleurs étoit autrefois en grand renom lorsque l'ambre étoit en usage ; car l'ambre étoit la base de cette liqueur, & les parfumeurs font encore aujourd'hui leur eau de Chypre & de mille-fleurs aux esprits-de-vin, avec l'ambre, comme autrefois ; & je crois qu'ils font encere mieux.

Les Distillateurs-Liqueuristes ne peuvent pas faire de même, ils ont aboli totalement l'ambre. Pour la rapprocher de sa premiere recette, il faut donc choisir quelque chose qui ne soit pas l'ambre, & qui pourtant ait un goût musqué.

Voici ce que je pense qu'on peut employer de mieux : il faut prendre du citron de Portugal, parce qu'il a plus de parfum que toutes les autres especes.

Vous prendrez ensuite du macis, qui est l'épice la plus musquée & la plus douce de toutes. Vous prendrez de l'angélique, qui a le goût ambré & aromatique : vous choisirez donc le citron, le macis, & l'angélique, selon les qualités que nous avons dites.

C'est le choix que j'ai jugé le plus analogue à la recette de l'eau de mille-fleurs ; & tout le monde saura que, si cette recette ne fait pas l'eau de mille-fleurs, elle sera toujours un alliage des plus agréables, & que ce parfum qui est ambré en a tout l'agrément sans en avoir les dégoûts.

Il faut pulvériser l'angélique & le macis dans un mortier, & couper les zestes du citron de

la même façon qui eſt dite dans le Chapitre XLI
du citron , & mettre vos zeſtes dans l'Alambic ,
avec l'angélique &: le macis ; vous mettrez de
l'eau & de l'eau-de-vie ; vous ferez un feu ordinaire , & mettrez votre Alambic deſſus , & tirerez vos eſprits ſans phlegmes. Vous ferez enſuite fondre du ſucre dans de l'eau fraîche ; mais
vous n'employerez pas tant d'eau pour ce ſirop
que pour les autres , afin que la couleur que
vous mettrez n'affoibliſſe pas votre liqueur : j'au-
rai ſoin d'en déterminer la quantité dans la recette. Lorſque votre ſucre ſera fondu , vous mettrez vos eſprits dans ce ſirop , le remuerez pour
bien mêler les eſprits , & après vous y jetterez votre couleur faite , ainſi que nous avons dit
dans le Chapitre XXX ; il faut obſerver , qu'il
ne faut pas mettre la couleur dans le ſirop , avant
d'y avoir mis les eſprits ; car elle ſeroit moins
belle : mais il ne la faut mettre que quand vous
aurez mêlé les eſprits ; vous les paſſerez à la
chauſſe , & lorſque cette liqueur ſera claire , vous
la mettrez en bouteille.

Recette de l'eau de Mille-fleurs.

Vous prendrez pour faire cette liqueur trois
citrons moyens , demi-once d'angélique , un gros
de macis , trois pintes & demi-ſeptier d'eau-de-
vie , & une chopine d'eau pour mettre dans
l'Alambic.

Pour le ſirop , vous prendrez une livre de
ſucre , trois pintes d'eau , & un demi-ſeptier
d'eau-de-vie pour faire la couleur.

Prenez garde de ne mêler aucun ratafia avec
l'eau de mille-fleurs, car les acides feroient tourner votre couleur , ſans pouvoir la faire revenir.
Vous pouvez la faire en double , en combinant
la recette comme les précédentes : elle eſt excellente.

K 4

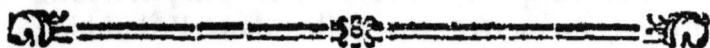

CHAPITRE LXXII.

Des eaux Cordiales.

POur bien faire l'eau cordiale, inventée par Coladon de Geneve, il faut prendre des zeftes des plus beaux citrons de Portugal, dans leur exacte maturité ; il faut que lefdits citrons foient employés bien frais ; vous mettrez double fruit, & diftillerez votre recette fur un feu un peu vif, vous ne tirerez point de phlegmes. Vous ferez un court firop, dans lequel vous mettrez très-peu de fucre, afin que votre liqueur foit feche, & mettrez vos efprits, lorfqu'ils feront tirés, dans le firop, & le pafferez à la chauffe; & auffi-tôt que votre liqueur fera faite, vous pourrez la livrer, fi elle eft commandée, ou l'expofer en vente, fi vous voulez la vendre : la recette vous dira la quantité de chaque chofe qui entreront dans la compofition de votre eau cordiale.

Nous avons une autre eau cordiale. Voici la façon de la faire.

On emploie du jafmin d'Efpagne, que vous choifirez le plus beau & le plus frais qu'il fera poffible de trouver. Vous le diftillerez avec des zeftes de citron ou de cédrat & quelques graius de coriandre. Vous diftillerez les matieres de la recette fur un feu ordinaire. Vous ferez enfuite le firop avec du fucre fondu dans de l'eau fraîche, comme vous le faites pour les autres liqueurs. Vous y mettrez vos efprits quand ils auront été tirés, & pafferez le tout à la chauffe ; & quand votre liqueur fera claire, elle fera faite.

Il ne nous reste plus qu'à parler de l'eau cordiale de Montpellier. Les Diſtillateurs de cette ville emploient pour faire cette liqueur, la bergamote, le niacis & quelques clous de girofle : autrefois ils y mettoient de l'ambre, mais aujourd'hui on l'a ſupprimé totalement. Quand vous aurez bien choiſi le fruit & les épices, vous couperez les zeſtes de la bergamote, & pilerez les épices, mettrez le tout enſemble dans l'Alambic, avec de l'eau & de l'eau-de-vie, la quantité que nous déterminerons dans la recette ; votre Alambic ainſi garni, vous le mettrez ſur le feu, & diſtillerez vos recettes ſur un feu ordinaire ; & quand vos eſprits ſeront tirés, vous les mêlerez avec le ſirop que vous aurez eu ſoin de faire, en faiſant fondre du ſucre dans de l'eau fraîche, comme aux recettes précédentes. Le ſirop étant fait, vous y mettrez vos eſprits diſtillés, ferez paſſer le tout à la chauſſe pour le clarifier ; & quand votre liqueur aura été tirée à clair fin, elle ſera faite, & en état d'être livrée ſur-le-champ.

Recette de l'eau cordiale de Coladon.

Mettez quatre pintes d'eau-de-vie dans l'Alambic, avec une chopine d'eau, les zeſtes de ſix beaux citrons, en tirerez les eſprits, ainſi que nous avons dit au Chapitre ſur la conduite de cette opération, c'eſt-à-dire, à un feu vif. Pour votre ſirop, une pinte & chopine d'eau ſimplement, avec une livre & demie de ſucre ; & mettrez encore avec ce ſucre une demi-livre de caſſonnade, pour engraiſſer la chauſſe, afin que votre liqueur paſſant moins vîte, ſe clarifie davantage : vous pourrez ne pas mettre toujours la quantité du ſucre portée par la recette ; vous pourrez l'augmenter ou la diminuer : mais quelque quantité que vous ayiez de liqueurs à paſſer, ne mettez jamais plus de demi-livre de caſſonnade ; & comme le goût d'à préſent n'eſt pas celui des liqueurs ſeches , vous ferez bien d'augmenter le ſucre, c'eſt-à-dire, qu'au lieu d'une livre & demie, vous en pourrez mettre deux livres & plus.

Recette de l'eau cordiale de Jaſmin.

Mettez trois pintes & demi-ſeptier d'eau-de-vie, & chopine d'eau dans l'Alambic, ſix onces de jaſmin d'Eſpagne, douze gouttes de quinteſſence de cédrat, deux gros de coriandre ; & pour faire le ſirop, vous prendrez trois pintes d'eau & une livre & demie de ſucre.

Recette de l'eau cordiale de Montpellier.

Vous prendrez trois pintes & chopine d'eau-de-vie ; vous mettrez une chopine d'eau avec cette eau - de - vie dans l'Alambic , avec les zeſtes d'une bergamote, ou vingt-cinq gouttes de quinteſſence de ce fruit, deux gros de macis, demi-gros de clous de girofle. Pour faire de cette liqueur, vous prendrez trois pintes & demi-ſeptier d'eau, & une livre un quart de ſucre. Vous pourrez, ſi vous voulez, faire toutes ces recettes doubles , en ſuivant la pratique ordinaire d'y mettre plus d'eſprit, de fruit & de ſucre qu'aux préſentes recettes ; & ces liqueurs en liqueurs doubles ſont excellentes.

CHAPITRE LXXIII.

De l'eau de Pucelle.

POur faire l'eau de pucelle, vous prendrez du genievre, le meilleur qu'il se pourra trouver, avec de la graine d'angélique ; vous les pilerez & les mettrez dans la cucurbite de votre Alambic, avec de l'eau & de l'eau-de-vie, & mettrez votre Alambic sur le feu. Il est essentiel d'y mettre de l'eau, car ces graines pourroient donner une âcreté qui nuiroit à la liqueur, & autres inconvéniens qui gâteroient absolument votre marchandise ; ce que nous avons fait observer dans plusieurs endroits de ce Traité. Vous distillerez votre recette à petit feu.

Quand vous aurez tiré vos esprits, vous ferez fondre du sucre dans de l'eau fraîche, comme on fait ordinairement les sirops de toutes sortes de liqueurs : vous mettrez ensuite vos esprits dans ce sirop, avec un peu d'eau de fleurs d'orange : & le tout étant bien mêlé, vous le passerez à la chausse, & quand votre liqueur sera claire, elle sera faite.

Cette composition, comme on peut juger par l'exposé & la recette qui suit, ne peut qu'être bonne ; mais comme les grains sont tombés dans un grand discrédit, si à la place du genievre on peut trouver quelque alliage de goût, je ne doute pas qu'elle ne revienne à la mode ; le moindre changement peut la rajeunir & la faire reprendre. Voici sa recette, telle qu'elle a été jusqu'ici.

K 6

Recette pour l'eau de Pucelle.

Prenez deux onces de genievre, une demi-once d'angélique, pilés ensemble, & un demi-poisson de bonne eau de fleurs d'orange, trois pintes & demi-septier d'eau-de-vie, en tirer les esprits, & trois pintes & demi-septier d'eau pour le sirop, trois livres & un quart de sucre; mêlez les esprits avec le sirop, & les passez à la chausse, la liqueur sera faite.

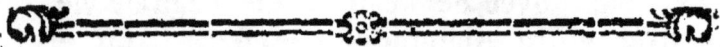

CHAPITRE LXXIV.

De l'eau Divine.

Voici une de ces liqueurs qui ont besoin de leur nom, pour faire fortune.

La base de l'eau divine est l'eau de fleurs d'orange, avec un alliage d'autres drogues, pour diviser le goût : les uns se servent de l'eau de fleurs d'orange simple : d'autres, d'eau de fleurs d'orange double ; & d'autres mettent du Néroly dans l'esprit de vin : d'autres font blanchir des fleurs d'orange dans de l'eau, de la même façon que nous l'avons dit au Chapitre de l'orange ; & quand elles sont blanchies, ils les mettent dans de l'eau-de-vie ou de l'esprit de vin ; il n'y a point de quantité déterminée pour cela : ensuite ils laissent infuser ces fleurs six semaines ou deux mois : après ce temps, ils font leur sirop avec du sucre fondu dans de l'eau fraîche, comme il se pratique ordinairement, & quand le sucre est fondu, ils versent leur infusion dans ce sirop, après l'avoir séparé des fleurs, en le passant par le tamis : ensuite ils passent le tout à la chausse.

Le Diſtilateur, au contraire, ſans toutes ces préparations, expédie l'opération plus promptement, plus facilement, & d'une meilleure façon pour la perfection de ſon ouvrage; & même la met, en ſortant de l'Alambic, en état d'être livrée, & même bue, ſi le cas l'exige. Il prend de la coriandre & de la muſcade, pilées enſemble, qu'il met dans ſon Alambic, avec de l'eau de fleurs d'orange, ou au défaut d'eau de fleurs d'orange, il met quelques gouttes de Néroly qu'il ajoutera à ſa recette, avec de l'eau & de l'eau-de-vie : il poſe enſuite ſon Alambic ainſi garni ſur un feu ordinaire, & fait diſtiller ſa recette : quand les eſprits ſont tirés, il fait fondre du ſucre dans la quantité d'eau qu'il jugera à propos, ſelon le degré de force & d'odeur qu'il veut donner à ſa liqueur; mais pour l'ordinaire, on fait cette liqueur moëlleuſe plutôt que ſeche : cependant il ne faut pas ſe figurer qu'il faille qu'elle ſoit plutôt douce que ſeche, moëlleuſe que fine, ni qu'elle doive abſolument être l'un ou l'autre à un certain degré : c'eſt pourquoi il ne faut pas être eſclave de la recette; il faut la changer ſi vous la trouvez trop commune, ou la rapprocher plus du goût général, ſi vous croyez qu'elle en ait un qui ſoit particulier. Ce que je dis pour l'eau divine, je le dis auſſi pour toutes ſortes de liqueurs. Je n'ai donné mes recettes pour toutes mes liqueurs ci-deſſus, & celles que je donnerai encore, que pour qu'on ait quelque point fixe, d'après lequel on puiſſe partir, ſans prétendre aſtreindre mes lecteurs à telles ou telles pratiques. Je ne crois d'invariables que les regles que nous avons données pour les différentes opérations de la diſtillation. Il y a dans tous les arts un point de conduite qui eſt de tous les temps.

Je reviens à notre Chapitre. Vous pourrez

changer, diminuer ou augmenter votre recette;
mais il faut toujours laisser la fleur d'orange
pour la base de cette liqueur : vous aurez toujours par provision la recette ci-dessus, à laquelle vous serez maître de changer tout ce qu'il
vous plaira, pourvu que l'alliage soit raisonné
avec les connoissances ci-dessus : vous pourrez
toujours, avec un peu de combinaison, faire
quelque chose de bon dans les différentes méthodes que vous essayerez.

Recette pour l'eau Divine en commun.

Vous prendrez pour faire cette liqueur, soixante gouttes de Néroly de fleurs d'orange, une
once de coriandre, une petite muscade, les zestes de trois beaux citrons; vous distillerez ces
matieres avec trois pintes & demi-septier d'eau-
de-vie, trois pintes & demi-septier d'eau, &
une livre un quart de sucre pour faire le sirop.

Recette pour l'eau Divine en liqueur double.

Pour faire cette eau en liqueur double, vous
prendrez trois pintes d'eau-de-vie, une chopine
d'eau pour mettre dans l'Alambic, quatre-vingt-
dix gouttes de Néroly, une once & demie de
coriandre, une muscade ordinaire, & le zeste
de trois beaux citrons, trois livres de sucre, &
deux pintes d'eau pour faire le sirop.

Recette pour faire la même eau en liqueur fine & seche.

Vous prendrez quatre pintes d'eau-de-vie, une
chopine d'eau pour mettre dans l'Alambic, cent
gouttes de Néroly, une once & demie de coriandre, une belle muscade, le zeste de trois
beaux citrons, deux livres de sucre, & deux

pintes d'eau : pour l'ordinaire on fait cette liqueur plus moëlleuſe que ſeche.

Si vous employez de l'eau de fleurs d'orange au lieu de Néroly, vous en mettrez à proportion de la force que vous voudrez donner à votre liqueur, en diminuant l'eau du ſirop, de la quantité de l'eau de fleurs d'orange que vous mettrez : je conſeille aux Diſtillateurs de ſe ſervir plutôt de l'eau de fleurs d'orange que du Néroly, pour l'eau divine : elle eſt plus excellente.

CHAPITRE LXX.V.

De l'eau du pere André.

L'Eau du pere André porte le nom de celui qui en fut l'inventeur. Cette liqueur, vu les matieres qui entrent dans ſa compoſition, eſt fort bonne : il eſt ſurprenant qu'elle n'ait pas eu un plus grand cours.

Cette eau eſt un alliage de fleurs qui ſe rencontrent toutes dans la même ſaiſon. Ces fleurs ſont la roſe, la fleur d'orange, & la giroflée. Il faut, pour faire cette liqueur, une grande attention. On fait une infuſion de roſe, ou on en diſtille certaine quantité. On prend des feuilles de roſe en certaine quantité ; on les pile, on en exprime le jus : on met ce jus dans l'Alambic, avec la giroflée & de la fleur d'orange : il faut diſtiller le tout enſemble au bain-marie, ou au bain de vapeurs à grand feu ; & lorſque vous aurez tiré votre eau aux fleurs, vous ferez un court ſirop chargé de ſucre ; & votre ſirop étant fait, vous mettrez dedans de l'eſprit de vin ; & après, vous y mettrez de l'eau de fleurs d'orange, & vous paſſerez le tout à la chauffe ; & quand votre liqueur sera claire, elle sera faite.

Afin que la fleur d'orange n'absorbe point l'odeur de la rose & de la giroflée , vous en prendrez la moitié moins : il faut toujours que chacune de ces fleurs ait les qualités décrites dans les Chapitres qui en traitent. La recette vous apprendra les quantités de chaque chose.

Et pour le plus facile , vous pourrez distiller vos recettes à feu nud, en mettant dans votre Alambic une quantité d'eau suffisante , pour que vous en puissiez tirer assez pour faire votre sirop avec cette eau de fleurs distillées, sans y mêler d'eau crue.

Recette pour l'eau du pere André.

Vous prendrez trois pintes & chopine d'eau pour en tirer environ trois pintes : mettez ensuite dans l'Alambic l'eau d'une demi-livre de rose ; vous ajouterez demi-livre de giroflée , & deux onces de fleurs d'orange ; & l'eau qui sortira de cette recette sera assez forte en odeur pour en faire du fin double.

Pour faire du commun , vous ferez le sirop avec une livre de sucre fondu dans cette eau aux fleurs , avec l'esprit de vin de trois pintes & demi-septier d'eau-de-vie.

Et pour la faire fine , avec la même quantité d'eau aux fleurs , vous mettrez quatre livres & demie de sucre , & l'esprit de quatre pintes & demie d'eau-de-vie.

Enfin , pour la faire seche , vous augmenterez les quantités des fleurs d'un tiers , vous mettrez quatre livres de sucre, & l'esprit de six pintes d'eau-de-vie , & la même quantité d'eau.

Ces différentes recettes sont extrêmement compliquées. L'artiste intelligent , avec les matieres propofées, ne peut manquer de faire de bonne liqueurs, en obfervant de faire un alliage raifonné.

CHAPITRE LXXVI.

De l'eau à la Béquille du pere Barnaba.

L'Auteur de cette liqueur a fait un alliage de cannelle, de branches d'angélique & de racine d'iris: elle n'a d'original que fon nom; car la liqueur elle-même n'eft pas mauvaife: le nom a peut-être plus nui à cette liqueur que toute autre chofe; en changeant le nom, elle ne déplairoit fûrement pas.

L'iris a un goût ambré & qui approche de la violette. Pour s'en fervir, il faut la concaffer, afin de donner à l'odeur la facilité de monter. Vous couperez l'angélique par petits morceaux, & pilerez la cannelle : vous en garnirez votre Alambic, dans lequel vous mettrez de l'eau & de l'eau-de-vie ; vous diftillerez votre recette à petit feu, fans tirer de phlegmes, à caufe de la racine d'iris.

Quand vous aurez tiré vos efprits, vous ferez le firop de votre liqueur, en faifant fondre du fucre dans de l'eau fraîche, comme il fe fait ordinairement, & mettrez vos efprits dans ce firop que vous pafferez à la chauffe ; & quand votre liqueur fera parfaitement clarifiée, elle fera faite.

Recette pour faire l'eau à la Béquille du pere Barnaba.

Prenez une once d'angélique, une demi-once

de cannelle, & deux gros de racine d'iris ; pilez la cannelle & l'angélique, & concassez l'iris en petits morceaux ; mettez une chopine d'eau dans l'Alambic, avec trois pintes & demi-septier d'eau-de-vie ; & pour faire le sirop, une livre un quart de sucre, & trois pintes & demi-septier d'eau.

CHAPITRE LXXVII.

De l'eau de Cédrat blanc.

NOus avons déjà donné diverses recettes de l'eau de cédrat : mais comme les liqueurs que nous allons donner, à commencer par celle-ci, font les liqueurs les plus fines de la distillation, nous reprenons l'eau de cédrat, pour donner une façon de la faire supérieure à celles que nous avons données ci-dessus.

Vons choisirez le cédrat, le meilleur que vous pourrez ; vous en couperez légérement les zestes, & les distillerez avec les quantités d'eau & d'eau-de-vie, que nous allons dire, & prendrez garde de ne pas tirer de phlegmes. Si vous avez des liqueurs de cette espece, commandées hors la saison de ce fruit, & que vous soyiez par conséquent obligé d'en faire, vous n'aurez pas besoin de vous en embarrasser beaucoup, parce que, au défaut du fruit, vous employerez la quintessence du cédrat ; mais il faut qu'elle soit fine & bien faite. Il s'en trouve de parfaite ; & voici comment vous distinguerez la meilleure, & comme vous en pourrez faire un bon choix : vous en verserez une goutte sur le dessus de votre main, que vous frotterez avec le bout du doigt, & sur-le-champ vous la porterez au nez, son parfum se fera sentir tel qu'il sera, & vous distinguerez d'abord ses qualités ou ses défauts : vous vous servirez de cette quintessence, après l'avoir bien choisie.

Quelques-uns prétendent que la quitessence vaut beaucoup moins que le fruit pour l'eau de cédrat ; cela est vrai, mais je soutiens que non, quand la quintessence est bonne, la liqueur est parfaite ; & que si la liqueur est faite avec l'attention qu'on y doit faire, les plus délicats gourmets n'y trouveront rien à dire.

Vous observerez aussi de ne mettre qu'une demi-livre de cassonnade dans le total de votre sucre, seulement pour engraisser la chauffe ; & si au lieu de six pintes que vous en tirerez, par supposition, vous en aviez vingt à passer, il ne faut toujours que la demi-livre de cassonnade. Il est encore à propos de vous faire observer qu'il faut employer, pour cette liqueur, le plus beau sucre, afin qu'elle soit blanche, cela lui donne un mérite de plus.

Recette pour six à sept pintes d'eau de Cédrat fin & moëlleux.

Vous mettrez dans votre Alambic quatre pintes d'eau-de-vie, une chopine d'eau & deux cédrats moyens ; & pour le sirop, quatre livres de sucre, deux pintes, chopine & poisson d'eau : si vous employez de la quintessence au lieu de fruit, vous en mettrez soixante-huit gouttes dans l'Alambic ; & le tout comme il est dit.

Recette pour environ cinq pintes d'eau de Cédrat fine & seche.

Vous mettrez dans votre Alambic quatre pintes d'eau-de-vie, une chopine d'eau & trois cédrats moyens, & pour le firop, deux livres de fucre, & deux pintes d'eau.

Si vous employez de la quinteffence, vous en mettrez quatre-vingt gouttes dans l'Alambic, & tout le refte de même.

CHAPITRE LXXVIII.

Du Parfait Amour.

APrès le cédrat blanc, vient le cédrat rouge ou parfait amour ; ces liqueurs font les liqueurs du temps. J'aurois tort de dire que le nom de cette liqueur fît fon mérite, ni qu'on fe fût pris de fantaifie pour elle & pour le cédrat blanc. Ceux qui connoîtront un peu la nature du cédrat, conviendront qu'on ne peut pas trouver en aucun fruit à écorce plus de parfum, plus d'odeur, & rien de plus fufceptible d'un travail agréable & avantageux.

On faifoit autrefois le parfait amour avec l'ambre & la coriandre ; mais depuis que l'ambre eft devenu odieux dans les chofes purement comeftibles & de goût, il a fallu fupprimer avec la coriandre ; & on ne fe fert plus que du cédrat, qui a toujours fait la bafe de cette liqueur.

Le parfait amour d'aujourd'hui eft le cédrat feul, coloré ; ainfi, pour faire cette liqueur, vous vous fervirez de vos recettes de cédrat ; fi ce n'eft que vous pourrez, au lieu de fucre, employer toute caffonnade, comme fi c'étoit pour des liqueurs communes, à caufe de la couleur ; & pour faire votre firop, vous ferez chauffer l'eau pour la mieux faire fondre, & plus facilement. Vous diminuerez autant d'eau fur le firop, que vous en aurez mis pour faire votre couleur : de forte que , fi vous employez trois poiffons de couleur, vous diminuerez trois poiffons d'eau fur le firop ; & lorfque vos efprits feront mêlés avec le firop, vous y jetterez votre couleur, que vous aurez foin de faire comme nous avons dit au Chapitre des couleurs & teintures de fleurs, où la façon de faire le rouge & fes nuances eft expliquée fort au long. Vous pafferez enfin cette liqueur à la chauffe ; & lorfqu'elle fera clarifiée, elle fera faite.

On peut auffi faire le parfait amour en liqueur. feche : ainfi la recette du cédrat & celle du parfait amour font abfolument pareilles; il n'y a entr'elles que la couleur de différence.

CHAPITRE LXXIX.

De l'eau des quatre Fruits.

LEs fruits à écorce, comme nous l'avons montré dans chacun des Chapitres qui en traitent, donnent du parfum, des efprits, des quinteffences, & chacun d'eux en particulier fait fa liqueur.

Il y a déjà du temps que cette liqueur regne, & il femble que la mode ait en fa faveur fixé fon inconftance. On a choifi pour la faire les fruits les plus en ufage & les meilleurs ; tels font le cédrat, la bergamote, le citron & l'orange de Portugal. Pour réuffir maintenant, il faut connoître la qualité de chacun de ces fruits ; c'eft ce que vous verrez dans les fruits à écorce ; là force de leur parfum, la quantité que chacun de ces fruits a de quinteffence ; enfin comment on doit allier ces fruits pour qu'aucun ne domine fpécialement fur les autres ; mais que tous, fe faifant fentir malgré l'alliage, fuffent un enfemble des plus agréables. Le cédrat eft de tous les fruits à écorce celui qui a le meilleur parfum. La bergamote eft celui qui a le plus d'odeur. Le citron eft le plus acide & le moins parfumé, quoiqu'excellent dans fon efpece. L'orange de Portugal enfin eft la plus douce & la plus quinteffencieufe de ces quatre efpeces.

Or, pour faire un jufte alliage, & où aucun des fruits ne domine, il faut mettre tous les fruits ci-deffus en jufte proportion.

Vous mettrez par fuppofition un beau cédrat ; & comme l'odeur de la bergamote l'emporte fur celle du cédrat, vous mettrez une petite bergamote, afin que par la moindre quantité, la bergamote ne l'emporte pas fur le cédrat.

Comme il faut que le citron s'y trouve, pour mettre en égalité la force du cédrat & de la bergamote avec le citron, qui eft d'un parfum bien inférieur à ceux des deux premiers, vous mettrez deux citrons moyens, de peur que deux petits ne foient pas fuffifans, & que deux gros ne foient trop, ainfi pour l'orange de Portugal, dont l'odeur eft toujours furpaffée par les deux premiers fruits, & dont la douceur doit fervir ici à corriger l'âcreté du citron ; il faut en choifir deux belles, & fuppléer par la quantité, au moins de force de ce fruit.

C'eft par un alliage fi bien combiné qu'on fait rentrer tous ces différens goûts en un feul qui, fans en faire un particulier, laiffe diftinguer les uns & les autres. Nous avons affez parlé du choix qu'il en faut faire.

Ainfi, quand vous ferez cette liqueur, s'il vous manquoit l'un des quatre fruits ci-deffus, vous vous fervirez de la quinteffence du fruit qui vous manquera. Vous en mettrez proportionnellement à ce que vous rendroit un fruit de la groſſeur de celui qui vous manque : on pourroit même, au défaut des fruits, ſe ſervir des quinteſſences, en obſervant la proportion des fortes quinteſſences aux moins fortes : ce que nous fixerons dans la recette.

En vous ſervant du fruit, vous obſerverez de couper les zeſtes avec l'attention preſcrite ci-devant.

Pour faire cette liqueur, vous mettrez les zeſtes de ces fruits dans l'Alambic avec de l'eau & de l'eau-de-vie ; votre Alambic étant ainſi garni, vous le mettrez ſur le fourneau avec un feu tant ſoit peu plus vif que l'ordinaire. Vous tirerez vos eſprits, vous ferez fondre du ſucre dans de l'eau fraîche ; & lorſqu'il ſera fondu, vous y mettrez vos eſprits diſtillés ; vous les mêlerez avec le ſirop, & paſſerez le tout à la chauſſe : & quand ce mêlange ſera clair, votre liqueur ſera faite.

Il faut toujours mettre de l'eau dans l'Alambic, quand même vous feriez la liqueur avec les quinteſſences des quatre fruits. La raiſon en eſt que l'eau empêche de conſommer plus d'eau-de-vie ; ce que nous avons expliqué plus au long dans le Chapitre des quinteſſences des fruits à écorte.

Recette pour environ cinq pintes d'eau des quatre fruits, fine & double.

Vous employerez quatre pintes d'eau-de-vie, quatre livres de ſucre, deux pintes, chopine & poiſſon d'eau pour le ſirop, & une chopine d'eau dans l'Alambic, avec les fruits marqués dans le Chapitre.

Si vous voulez faire la liqueur avec la quin-teſſence deſdits fruits, vous mettrez vingt-cinq gouttes de quinteſſence de cédrat, dix - huit gouttes de celle de bergamote, vingt-huit ou trente de quinteſſence de citron, & trente-deux de celle d'orange de Portugal : pour le reſte de la recette, vous mettrez le ſucre, l'eau & l'eau-de-vie, en pareille quantité qu'il vient d'être dit.

Recette pour pareille quantité d'eau des quatre fruits, fine & ſeche.

Vous employerez la même quantité de fruits, d'eau-de-vie & d'eau, pour mettre à l'Alam-bic, qu'à la recette précédente : ſi ce n'eſt que pour le ſirop, vous ne mettrez que deux pin-tes d'eau & deux livres de ſucre.

Mais ſi vous employez la quinteſſence des fruits à leur défaut, vous mettrez trente gouttes de quinteſſence de cédrat, vingt de bergamote, trente à trente-deux de quinteſſence de citron, & trente-ſix de celle d'orange de Portugal, & conſervant pour le reſte de la recette les quantités déterminées dans la recette,

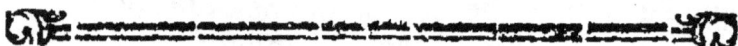

CHAPITRE LXXX.

De l'eau des quatre Epices.

CE que nous venons de dire ſur l'eau des qua-tre fruits, prévient nos Lecteurs ſur ce que nous pourrions dire de l'eau des quatre épices. En raiſonnant cette ſeconde opération ſur les principes de conduite que nous avons donnés pour la première, il n'eſt perſonne qui ne ſente d'abord que cette combinaiſon-ci, dans ſon genre, doit faire un auſſi bon effet que

la

la précédente , quand on les aura mifes en proportion de qualités & de force.

Avant que de commencer cette liqueur , il
faut confulter ce que nous avons dit ci-devant
des épices & des quinteffences d'épices , pour
connoître leurs qualités & les marques auxquelles on peut diftinguer & choifir les meilleures.

Avec ces connoiffances on pourra faire un
bon choix ; & ce choix fait , il refte encore
à déterminer les quantités de chacune , afin
qu'aucune d'elles ne domine pas fur toutes les
autres , mais que leurs goûts différens , en fe
rapprochant , faffent un tout agréable.

Vous pilerez donc toutes ces épices , felon
la quantité que nous déterminerons dans la recette ; & quand vous les aurez pilées le plus
fin qu'il fera poffible , vous les mettrez dans
l'Alambic avec de l'eau-de-vie , vous en tirérez
les efprits avec un peu de phlegmes , parce que
le goût & l'odeur des épices ne montent que
fur la fin du tirage , comme nous l'avons dit.

Vous obferverez que , pour que la liqueur
ait plus de goût , il faut mettre un peu moins
d'eau pour le firop , à caufe des phlegmes que
vous aurez tirés. Cette liqueur eft une des meilleures & des plus cordiales de toutes , lorfqu'elle
eft bien faite ; & afin que rien ne manque à
cette liqueur de ce qui pourra contribuer à fa
perfection & à fon brillant , vous n'employerez
que le plus beau fucre , & un peu de caffonnade pour engraiffer la chauffe , afin que votre
liqueur paffant moins vîte fe clarifie mieux. Pour
le firop ; vous employerez de l'eau chaude,
afin que la quinteffence de mufcade ne blanchiffe
point votre liqueur au point de ne pouvoir la
clarifier ; ce que vous ne pourriez peut-être pas
éviter fans cette précaution.

L

Recette pour environ six pintes d'eau des quatre Epices, liqueur double.

Vous mettrez quatre pintes d'eau-de-vie & chopine d'eau dans l'Alambic, six gros de cannelle, deux gros de macis, demi-gros de clous de girofle, & une belle muscade ; & pour le sirop, vous ferez chauffer deux pintes d'eau, dans lesquelles vous ferez fondre trois livres & demie de sucre bien beau, & prendrez pour engraisser la chausse, une demi-livre de cassonnade.

Je ne parle point ici des quintessences des épices, parce qu'il n'en est pas d'elles comme des fruits, on en trouve toujours : les fruits n'ont qu'un temps dans l'année, après lequel ils passent ; mais les épices se conservent toujours assez, pour attendre commodément l'arrivée de celles qu'on nous apporte.

Recette pour environ cinq pintes de la même liqueur, fine & seche.

Vous prendrez quatre pintes d'eau-de-vie, deux livres & demie de sucre, une pinte & chopine d'eau, une once de cannelle, trois gros de macis, un demi-gros de clous de girofle, deux petites muscades, & vous ferez chauffer l'eau pour votre sirop, comme il est dit, en observant, pour l'une & l'autre recette, de tirer un peu de phlegmes. Cette liqueur est la plus excellente pour l'estomac, & très-agréable au goût.

CHAPITRE LXXXI.

De l'Eau des quatre graines.

Nous avons déjà donné une liqueur commune, qu'on appelle l'eau des sept graines, à l'article des graines : mais la liqueur dont nous allons donner la recette, a quelque chose de si supérieur & de si différent, qu'on ne trouvera pas, en comparant celle-ci avec l'autre, la moindre ressemblance ; & quelque peu de crédit qu'aient actuellement les graines, je crois cependant que cette liqueur sera distinguée, si l'on veut en faire l'essai.

Les graines les plus flatteuses au goût, sont le fenouil, la coriandre, l'angélique & l'aneth : & vous consulterez sur le choix de ces graines, ce que nous en avons dit précédemment. Il faut les prendre nouvelles, & qu'elles n'aient point souffert en aucune façon, soit du transport ou sur la plante, &c.

Quand vous aurez fait votre choix, vous réduirez ces graines en poudre dans un mortier couvert, s'il se peut, de peur que le plus volatil desdites graines ne s'évapore. Quand elles seront pilées, vous les mettrez dans l'Alambic avec de l'eau-de-vie & de l'eau proportionnellement à la quantité de vos graines. Votre Alambic ainsi garni, vous le poserez sur le fourneau où vous aurez eu soin de faire un feu tempéré, de peur que les matieres qui composent votre recette, en montant au sommet du chapiteau, ne vous exposent, ou ne rendent tout au moins votre opération inutile. Vous éviterez aussi de tirer des phlegmes, de peur de tout gâter par

le goût d'empyreume. En obfervant ponctuellement toutes les circonftances énoncées dans le
préfent Chapitre , vous pouvez vous flatter de
faire une excellente liqueur , & fans contredit
la meilleure de toutes les liqueurs faites avec
les graines. Vous ferez fondre le fucre pour
faire votre firop , indifféremment à l'eau froide
ou à l'eau chaude , & vous choifirez le plus
beau fucre pour donner plus de brillant à la
liqueur. Pour de caffonnade à cette liqueur ,
il n'en eft pas befoin , parce qu'elle fe clarifie affez bien.

Recette pour environ fix pintes d'eau des quatre
Graines , fine & feche.

Vous prendrez quatre pintes d'eau-de-vie , &
vous mettrez trois demi-feptiers d'eau dans l'A-
lambic , une once & deux gros de fenouil , pareille quantité de coriandre , demi-once d'angélique , & une once d'aneth , quatre livres de
fucre , deux pintes & chopine d'eau pour faire
le firop.

Recette pour environ cinq pintes de la même
liqueur , fine & feche.

Prenez quatre pintes d'eau-de-vie , une once
& demie de fenouil , deux onces de coriandre ,
fix gros d'angélique & dix gros d'aneth ; deux
livres de fucre & deux pintes d'eau pour faire le
firop.

CHAPITRE LXXXII.

De l'Eau des quatre Fleurs , ou le Bouquet des Bouquets.

LEs fleurs que nous employons pour cette liqueur , font la fleur d'orange , le jasmin, la jonquille .& l'œillet. Voyez sur le choix de ces fleurs & sur les précautions qu'il faut prendre pour les cueillir à propos & les employer, les Chapitres qui en traitent.

Nous rassemblons toutes celles qui ont le plus de parfum & le plus exquis, d'où nos Lecteurs peuvent inférer que la liqueur que nous leur donnons est l'élite des liqueurs en fleurs. Il n'est plus question que de la façon de conduire cette distillation. Comme ces fleurs font presque toutes de la même saison , à la jonquille près qui est précoce , on peut dans ce cas mettre la jonquille en infusion dans l'eau-de-vie dans laquelle vous mettrez les autres fleurs, & distillerez le tout ensemble : il faut se servir du jasmin d'Espagne, de la jonquille simple , & du petit œillet à ratafia. Vous ne prendrez que les feuilles de la fleur d'orange : vous ôterez du jasmin ce calice verd découpé qui foutient la fleur ; de la jonquille & de l'œillet, le bas de la fleur. Vous garnirez ensuite votre Alambic de la quantité de chaque fleur qui sera indiquée dans la recette : vous y mettrez de l'eau-de-vie & de l'eau, & tirerez vos esprits à petit feu : il faut sur-tout éviter les phlegmes dans cette liqueur ; elle est si délicate, que la moindre chose peut l'altérer : ainsi il faut une extrême attention au degré du feu & au tirage des efprits. Cela fait, vous ferez fondre du fucre dans l'eau chaude, à caufe que la fleur d'orange eft pleine de quinteffence ; ce qui empêcheroit la liqueur de fe clarifier. Après que votre fucre fera fondu, vous mêlerez les efprits & le firop enfemble ; & quand les efprits auront été bien incorporés au firop, vous pafferez ce mêlange à la chauffe pour le clarifier ; & quand la liqueur fera claire, elle fera faite. Quand cette liqueur eft bien faite, elle eft la meilleure & la plus fine de toutes les liqueurs qu'on puiffe faire de fleurs, parce qu'elle réunit en elle le parfum le plus exquis des fleurs ; mais il faut une extrême attention pour la bien conduire, fans quoi on rifque de tout gâter.

Recette pour environ fix pintes d'eau aux quatre Fleurs, fine & double.

Prenez quatre pintes d'eau-de-vie, une chopine d'eau pour mettre dans l'Alambic, avec deux onces de fleurs d'orange, fix onces de jafmin d'Efpagne, quatre onces de jonquilles, & quatre onces d'œillets ; & pour le firop, quatre livres de fucre, deux pintes & chopine d'eau.

Recette pour environ cinq pintes de la même liqueur, fine & feche.

Prenez quatre pintes d'eau-de-vie pour mettre dans l'Alambic avec trois onces de fleurs d'orange, demi-livre de jafmin, fix onces de jonquilles, & fix onces d'œillets : deux livres de fucre & deux pintes d'eau pour le firop. La jonquille fait toute la difficulté de cette liqueur, attendu qu'elle fleurit un mois ou fix

femaines plutôt ; on y met ordre en mettant
cette fleur en infufion dans de l'eau-de-vie jufqu'à ce que les autres fleurs néceffaires foient
venues : on met l'eau-de-vie & les fleurs qui
font dans l'infufion, comme nous avons dit
ci-deffus, avec les autres fleurs portées dans
la recette.

Nota. Que fi l'on veut colorer cette liqueur
& qu'on veuille la teindre en rouge, il ne faut
pas mettre l'œillet dans l'Alambic, mais il faut
en tirer la couleur par infufion au feu, comme
nous avons dit au Chapitre de l'œillet. On le
met au feu, avec de l'eau dans un pot de
terre bien bouché, & vous ferez fondre du
fucre dans cette teinture. Si vous voulez la
colorer en jaune, vous mettrez la jonquille
avec un peu de giroflée, pour en extraire la
teinture, comme nous venons de dire de l'œillet. On fe fert de la giroflée, parce que la
jonquille feule ne donne pas une teinture bien
jaune, & la giroflée peut, en ajoutant même
un parfum agréable, donner véritablement la
couleur de la jonquille : on peut auffi fe fervir d'une légere teinture de fafran.

CHAPITRE LXXXIII.

De l'Eau Romaine.

L'Eau romaine eft une excellente liqueur
tierce ; elle l'emporte, felon moi, fur l'eau
clairette, fur-tout quand cette liqueur eft bien
faite ; & même elle égale le parfait-amour,
pour laquelle on la prend fouvent. Ceux qui
ne font point connoiffeurs, & qui n'ont pas le
goût du cédrat familier, s'y trompent.

L 4

· Pour faire cette liqueur, vous choifirez des citrons de Portugal, avec les qualités requifes & expliquées au Chapitre quarante-unieme ; & pour nuancer ou divifer le goût du citron, vous ajouterez du macis choifi ; cette épice rend la liqueur parfaite ; & lorfque vous aurez choifi le citron & le macis, vous couperez les zeftes du citron avec les attentions que nous avons dites dans nos Chapitres. Vous pilerez le macis & vous le mettrez dans l'Alambic, avec les zeftes du citron, de l'eau & de l'eau-de-vie, & vous diftillerez le tout fur un feu ordinaire.

· Vous tirerez un peu de phlegmes pour donner à la liqueur l'odeur & le goût du macis ; & quand vous aurez tiré les efprits de votre re-cette, vous les mettrez dans le firop qué vous ferez en faifant fondre du fucre dans de l'eau fraîche, comme vous faites ordinairement à tou-tes fortes de liqueurs. Votre fucre étant fondu, & vos efprits mêlés, ainfi que nous avons dit, vous paflerez le mélange à la chauffe ; & quand votre liqueur fera claire, elle fera faite.

Vous colorerez cette liqueur d'une couleur un peu plus foncée que l'écarlate, & un peu moins que le violet pourpre, c'eft-à-dire, un beau cramoifi, de même que le parfait-amour, ainfi qu'il eft dit au Chapitre des couleurs & tein-tures des fleurs, où vous trouverez la façon de faire cette nuance de rouge, & vous dimi-nuerez autant d'eau fur le firop que vous en au-rez mis pour faire votre couleur, afin de ne pas affoiblir votre liqueur.

Recette pour environ fept pintes d'eau Romaine,
en liqueur fine & feche.

Vous mettrez dans l'Alambic les zeftes de fix beaux citrons, un gros de macis bien pilé, quatre pintes d'eau-de-vie & une chopine d'eau ; & pour le firop, deux livres & trois quarterons de fucre, & trois pintes d'eau.

Recette pour pareille quantité de la même liqueur, double & fine.

Si vous voulez faire cette liqueur double & fine, vous vous fervirez de la recette du parfait-amour ; vous n'en fupprimerez que le cédrat, & vous n'augmenterez ni le citron, ni le macis, parce que les quantités de l'un & de l'autre font fuffifantes.

CHAPITRE LXXXIV.

De la Favorite de Florence.

LA favorite de Florence eft une liqueur des plus flatteufes & très - nouvelle ; elle tient un jufte milieu entre la fine orange & la crême des barbades : la recette n'eft pas compliquée. Cette liqueur eft fort bonne & doit durer longtemps ; elle n'eft faite qu'avec le citron & le macis, de même que l'eau romaine. La différence n'en eft que dans la couleur ; il eft vrai que la cochenille, qui eft dans la couleur, donne à la liqueur un goût particulier, qui n'eft cependant pas défagréable. Cependant par cette feule différence, on croiroit que la recette en eft différente, quoiqu'elle foit abfolument la même. Pour faire la favorite de Florence, vous vous fervirez de la recette même de l'eau romaine, à la couleur près, qu'il ne faut pas mettre à cette derniere, & que vous fupprimerez totalement.

L 5

CHAPITRE LXXXV.

Du Rossoly de Turin.

LE rossoly de Turin a été de mode autrefois. Cette liqueur étoit un composé de fleurs & d'épices, infusées & exposées au soleil dans les grandes chaleurs, comme c'étoit autrefois la coutume, & comme il se pratique encore dans beaucoup d'endroits : mais depuis qu'on a reconnu l'inutilité de l'infusion, & qu'on a trouvé une pratique moins longue, on ne s'en sert plus gueres.

Pour faire le Rossoly de Turin.

Vous prendrez des roses musquées, du jasmin d'Espagne, de la fleur d'orange, de la cannelle & du clou de girofle, le tout avec leurs qualités décrites dans chacun de leurs Chapitres. Quand vous aurez bien choisi, selon ce que nous avons dit, vous mettrez le tout dans l'Alambic, selon les quantités prescrites dans la recette, avec de l'eau, & distillerez ces matieres avec de l'eau simple, sur un feu tant soit peu vif : quand cette recette sera distillée, vous ferez fondre du sucre dans cette distillation, & quand il sera fondu, vous verserez dans ce sirop distillé, de l'eau-de-vie, ou de l'esprit de vin, selon la qualité ou la force que vous voudrez donner à votre liqueur : ceci étant fait, vous colorerez votre liqueur d'un rouge cramoisi, comme nous l'avons dit au Chapitre des couleurs & teintures des fleurs ; ensuite vous passerez cette liqueur à la chausse, & lorsqu'elle fera clarifiée, elle fera faite. Voilà la véritable façon de faire de bon roſſoly.

J'ai ſupprimé l'œillet, parce que le clou de girofle en tient lieu.

Vous éplucherez toutes vos fleurs de la façon qu'il a été dit dans chacun des Chapitres qui en traitent, avant que de les diſtiller.

Recette pour ſept pintes de Roſſoly de Turin.

Vous mettrez dans l'Alambic quatre onces de roſes muſquées, quatre onces de fleurs d'orange, & quatre de jaſmin, une demi-once de cannelle, un demi-gros de clou de girofle, quatre pintes & chopine d'eau, pour en tirer trois pintes & demi-ſeptier : vous diſtillerez ces matieres ſur un feu un peu vif. Quand votre eau ſera diſtillée, vous ferez fondre deux livres & trois quarterons de ſucre, ou plutôt trois livres dans cette eau diſtillée, & vous mettrez dans le ſirop quatre pintes d'eau-de-vie ou d'eſprit de vin. Vous mettrez enſuite la couleur dans cette liqueur, comme nous l'avons dit, rouge cramoiſi, que vous trouvez au Chapitre des couleurs & teintures des fleurs. Quand votre liqueur ſera colorée, vous la paſſerez à la chauffe pour la clarifier ; & pour mieux la rendre claire & fine, vous pourrez employer toute caſſonnade, comme pour une liqueur commune, à cauſe de la couleur, ou vous pourrez n'en employer qu'une demi-livre ; ce qui ſera ſuffiſant pour engraiſſer la chauffe.

Si vous mettez de l'eſprit de vin, vous n'en mettrez que trois pintes & demi - ſeptier ; & vous ne changerez rien au reſte de la recette.

CHAPITRE LXXXVI.

De l'Eau Nuptiale.

L'Eau nuptiale est une liqueur composée de trois graines ; mais très-différente, & fort supérieure à celle qui porte le nom d'eau des quatre graines.

Celles qui entrent dans la composition de l'eau nuptiale, sont différentes ; ce sont celles du daucus creticus, du chervi, & de carrotte, auxquels on ajoute la muscade & le cédrat. Cette liqueur est un élixir : ceux qui l'ont goûtée dans le temps qu'elle fut inventée, lui ont donné le nom d'eau nuptiale, nous ne savons pas pourquoi ; mais elle a conservé ce nom jusqu'à présent. La force des esprits & du sucre lui donne du corps : & pour la beauté & le brillant, aucune liqueur n'en est plus susceptible : on la colore ordinairement d'un rouge cramoisi un peu fort.

Lorsque vous aurez choisi les graines & le fruit, ou la quintessence du fruit, avec les qualités requises & indiquées dans les Chapitres qui traitent de chacune d'elles, vous pilerez les graines & épices, & vous mettrez le tout dans l'Alambic, avec les zestes du cédrat ou la quintessence de ce fruit, de l'eau & de l'eau-de-vie : votre Alambic ainsi garni, vous distillerez ces matieres sur un feu tempéré ; vous ne tirerez point de phlegmes : & pour faire le sirop, vous mettrez du sucre dans une poële à confiture, que vous mettrez sur le feu, pour faire fondre le sucre, parce qu'il y faut mettre très-peu d'eau, & que vous ne viendriez pas à bout

de le faire fondre, si vous vous y preniez d'une
autre-façon. Quand votre sucre sera fondu, vous
mêlerez les esprits que vous aurez tirés avec ce
sirop, & vous donnerez à cette liqueur le cramoisi foncé, dont nous avons parlé ci-dessus.
Quand votre liqueur sera colorée, vous la ferez passer à la chausse, & quand elle sera claire,
elle sera faite.

Recette pour environ cinq pintes d'eau Nuptiale.

Vous mettrez dans votre Alambic une once
de graine de daucus creticus, une once de graine
de chervi, une demi-once de celle de carrotte,
un gros de muscade, trente gouttes de quintessence de cédrat, quatre pintes d'eau-de-vie,
& une chopine d'eau, pour mettre avec les
graines dans l'Alambic ; & pour faire le sirop,
vous prendrez quatre livres de sucre, & une chopine d'eau. Il faut mettre enfin la couleur,
ainsi que nous l'avons dit : vous pourrez employer tout cassonnade, à cause de la couleur,
comme si c'étoit une liqueur commune. Si vous
employez du sucre, observez, par rapport à
la couleur, d'en mettre toujours une demi-livre
sur le total de votre sucre, pour engraisser la
chausse ; car, sans cette précaution, votre liqueur
ne clarifieroit point, comme il est de toutes
les autres liqueurs colorées ; ce que nous avons
déjà fait remarquer dans plusieurs de nos Chapitres.

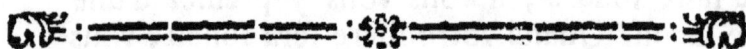

CHAPITRE LXXXVII.

De la Belle de Nuit.

CEtte liqueur eſt dans ſon regne ; elle eſt bonne, mais elle n'a point de recette fixe ; les uns la font d'une façon, & les autres d'une autre. Jamais liqueur ne fut appellée plus improprement belle de nuit, car elle n'a rien de plus brillant la nuit que le jour. Les uns lui donnent une teinture violette, & les autres la laiſſent blanche comme elle eſt ſortie de l'Alambic. Si cette liqueur n'eſt que blanche, elle n'a rien de plus ſpécieux que toutes les liqueurs blanches : & ſi on la fait violette, elle n'a pas plus de brillant que l'eau de mille-fleurs, & l'épiſcopale, qu'on pourroit appeller belle de nuit, avec autant de raiſon que celle-ci. Voici comment ſe fait cette liqueur.

On choiſit la muſcade, le limon, l'angélique, le chervi, que l'on met dans les quantités preſcrites par la recette, & on diſtille le tout ſur un feu ordinaire. On choiſit les matieres de ces recettes, comme il eſt dit dans les Chapitres qui en traitent : on fait chauffer l'eau, pour faire le ſirop, à cauſe que la quinteſſence de la muſcade blanchiroit la liqueur ſans cette précaution, & le tout étant paſſé à la chauſſe & clarifié, la liqueur eſt faite. Souvenez-vous de faire le ſirop avec de l'eau roſe.

Recette pour environ ſix pintes de Belle de Nuit, en liqueur double.

Prenez deux limons ou trente gouttes de quinteſſence de ce fruit, une belle muſcade, demi-

ôñce d'angélique, autant de chervi ; vous pilerez
les graines & la muſcade, & vous diſtillerez les
matieres ci-deſſus, avec quatre pintes d'eau-de-
vie, & une chopine d'eau, pour mettre dans
l'Alambic, pour prévenir les accidens du feu, ou
du goût de feu : pour le ſirop, quatre livres
de ſucre, & deux pintes & chopine d'eau
roſe.

Si vous voulez colorer ladite liqueur en violet pourpre, vous vous ſervirez, à cet effet, de
la façon de la faire, que nous avons donnée au
Chapitre des couleurs & teintures des fleurs, où
ſe trouve celle de faire la couleur ſuſdite ; &
vous ôterez du ſirop la quantité d'eau que vous
employerez pour la couleur, & mettrez ſur le
total de la recette une demi-livre de caſſonnade,
pour engraiſſer la chauſſe, clarifier la liqueur &
prévenir le dépôt qu'elle pourroit faire ſans
cette précaution. Vous pourrez auſſi la faire en
fin & en ſec, ſelon la conduite que vous trouverez dans nos Chapitres, en diminuant le
ſucre de moitié, & en augmentant le fruit
d'un tiers.

CHAPITRE LXXXVIII.

De la Crême des Barbades.

Voici une des liqueurs des plus à la mode, &
celle qui mérite le plus le cas qu'on en fait. Elle
ſe fait avec ce qu'il y a de meilleur à diſtiller,
tant en fruits à écorce, qu'en épices. On emploie, pour faire cette liqueur, le cédrat, l'o-
range de Portugal, le macis, la cannelle & le
clou de girofle. On voit par cette recette qu'on
ne peut rien employer de mieux. Quand cette li-

queur est bien faite, elle est une des plus flatteuses au goût, & c'est, à mon avis, ce qu'il y a de meilleur.

Au lieu du fruit, quand il ne s'en trouve pas, on peut employer les quintessences : mais le fruit est toujours meilleur que sa quintessence pour les liqueurs, & la quintessence est meilleure pour les esprits d'odeur.

Plusieurs Distillateurs, au lieu du cédrat, emploient le citron de Portugal ; ce fruit peut passer, mais il ne rendra jamais la liqueur aussi parfaite que celle qu'on fera de ce dernier fruit, parce qu'il a infiniment plus de parfum qu'aucun des fruits à écorce ; mais je laisse aux Distillateurs à se gouverner à leur fantaisie : tout ce que je puis dire, c'est que de quelque façon qu'ils en usent, dans la recette de la crême des barbades, voici la seule vraie & bonne façon de la faire, & comme on peut la faire avec moins de frais.

Lorsque vous aurez choisi vos fruits, ou vos quintessences de fruits & les épices, avec toutes les qualités que nous avons dit qu'il leur faut, dans les Chapitres où nous en parlons, vous couperez les zestes avec toute l'attention possible, comme nous avons dit de le faire dans plusieurs Chapitres de ce Traité : vous pilerez les épices, & mettrez le tout dans l'Alambic avec de l'eau & de l'eau-de-vie, & les distillerez sur un feu ordinaire ; & quand vous aurez tiré les esprits, vous ferez fondre du sucre dans de l'eau fraîche ; & quand il sera fondu, vous verserez les esprits dans ce sirop, & vous clarifierez ce mélange, en le passant à la chausse ; & quand votre liqueur sera claire, elle sera faite.

Recette pour fix pintes de Créme des Barbades,
liqueur double.

Vous mettrez dans votre Alambic les zeftes d'un beau cédrat, les zeftes de trois belles oranges de Portugal, un gros de macis, deux gros de cannelle, huit clous de girofle, quatre pintes d'eau-de-vie, & une chopine d'eau ; & pour le firop, trois livres & demie de fucre, une demi-livre de caffonnade, deux pintes & chopine & poiffon d'eau.

Cette liqueur ne fe fait jamais en fec ; & quand on la fait en fec, elle change de nom ; elle n'eft plus appellée crême, on l'appelle eau des barbades fimple : & comme on ne trouve pas toujours du cédrat, & qu'il ne faut employer le citron de Portugal, qu'au défaut de ce fruit ou de la quinteffence, s'il n'y a pas de cédrat, vous mettrez trente gouttes de quinteffence du cédrat, & foixante de celle d'orange.

CHAPITRE LXXXIX.

Des eaux des Barbades.

Les eaux des barbades font en grand nombre. On en fait de tout goût, par conféquent les recettes en font extrêmement multipliées.

Il y en a des brillantes, comme l'efprit de vin: d'autres plus ambrées. Nous allons donner des recettes des unes & des autres.

Je dis qu'on en fait de tout goût, & qu'il y en a de toutes recettes. On en fait de tous les fruits à écorce, à la bergamote, au cédrat, au limon, à l'orange de Portugal, à la bigarrade, au citron de Madere, qu'on appelle autrement citron chinois. On en fait de toutes épices, du girofle, de la cannelle, du macis, de la muscade : on y ajoutoit encore autrefois l'ambre, ou plutôt la quinteffence d'ambre. Si on faifoit les eaux des barbades avec le fruit à écorce, on l'affaifonnoit d'épices. Si on les faifoit d'épices réciproquement auffi on y mettoit du fruit à écorce, pour l'affaifonnement. Autrefois on faifoit cette liqueur avec plufieurs fruits & épices, mêlés enfemble ; quelquefois avec plufieurs fruits, & d'autres, avec plufieurs épices.

Voilà, en très-peu de mots, ce qui entre dans la compofition des eaux des barbades. Pour les faire comme elles doivent être, il faut que les recettes en foient bien réglées & que les marchandifes aient toute la bonté, que nous avons tant recommandée dans ce Traité.

J'ai dit qu'il y a des eaux des barbades extrêmement belles & brillantes ; c'eft qu'elles font diftillées avec le fruit, & rectifiées enfuite : & quand on les rectifioit, on mettoit dans l'Alambic, chaque fois, la moitié de la recette ; en voici la raifon.

Comme on vouloit que ces liqueurs euffent une violence extrême, & qu'il falloit faire fondre du fucre dans de l'eau, ce firop auroit affoibli confidérablement la liqueur, & beaucoup plus qu'il n'auroit fallu pour la force dont on vouloit qu'elle fût : on la foutenoit au moyen de la rectification, au plus haut degré de force ; & la liqueur ainfi reftifiée, ne pouvoit manquer d'être très-belle, & extraordinairement brillante.

Pour les eaux des barbades, qu'on veut faire ambrées, on prend tout fimplement de l'efprit de vin : on met les matieres de la recette dans cet efprit de vin ; on les y laiffe infufer au frais, pendant un mois ou six femaines : on bouche bien le vafe, foit bouteille, foit cruche, dans lequel on les a mifes, & on a foin de remuer l'infufion de tous les jours fans déboucher la bouteille. Après ce temps, on rape du fucre, que l'on met dans ladite infufion, avec les recettes, & on les remue auffi tous les jours, jufqu'à ce qu'il foit fondu ; & quand il l'eft, on le paffe au clair ; & c'eft le fruit qui donne à la liqueur cette couleur ambrée, à caufe de l'infufion, & même cette couleur eft foncée. On juge aifément par l'expofé ci-deffus, de la violence de ces liqueurs : elles coûtent beaucoup à faire.

Recette pour l'eau des Barbades, rectifiée.

Vous mettrez dans l'Alambic quatre pintes & chopine d'eau-de-vie, avec la moitié de la recette, c'eft-à-dire, que fi vous employez du cédrat, il faut en prendre quatre beaux, & une demi-once de cannelle, par conféquent vous mettrez dans l'Alambic, avec cette quantité d'eau-de-vie, deux beaux cédrats & deux gros de cannelle que vous aurez pilée ; & lorfque vous rectifierez les efprits que vous aurez tirés, vous mettrez dans l'Alambic le refte de la recette ; & pour faire le firop, une livre de fucre, & une chopine d'eau.

Recette pour l'eau des Barbades, de couleur ambrée, faite par infufion.

Pour faire cette liqueur ambrée, par infufion, vous mettrez fimplement vos zeftes & vos épices pilées dans l'efprit de vin fimple ; & au bout d'un mois, vous raperez une livre de fucre, que vous mettrez dans l'infufion fufdite ; & lorfqu'il fera fondu, vous paferez cette li-

queur dans une chauſſe fine où vous aurez déjà
fait paſſer du cédrat , & que vous ne nettoyerez pas , afin que votre eau des barbades puiſſe
ſe mieux clarifier , & prendre encore à ce paſſage de bonnes impreſſions du cédrat qui y aura
paſſé.

Recette pour l'eau des Barbades.

Si vous faites de l'eau des barbades à la bergamote , pour la clarifier , vous engraiſſerez
d'abord la chauſſe avec de l'eau de bergamote
fine & moëlleuſe , & cela lui donnera encore
un bon goût de fruit , & du parfum , qui ne
fera qu'ajouter à ſa perfection ; vous ferez ainſi
des autres fruits & épices , & votre eau des barbades ſera parfaite. Il s'agit maintenant de ſavoir
combien il faut de fruits ou d'épices pour chaque eſpece ; ce ſont ces quantités , que nous
allons déterminer dans les recettes ſuivantes.

L'eau des Barbades à la Bergamote.

Vous mettrez quatre pintes & chopine d'eau-
de-vie , & vous employerez quatre petites bergamotes , & deux gros de macis.

Eaux des Barbades à l'orange de Portugal.

Et pour la même quantité d'eau-de-vie , vous
employerez huit belles oranges de Portugal , &
un demi-gros de clous de girofle.

Eaux des Barbades à la Limette.

Pareille quantité d'eau-de-vie , huit beaux limons , & une muſcade moyenne.

Eaux des Barbades à la Bigarrade.

De l'eau-de-vie en pareille quantité qu'il est dit, douze bigarrades, deux gros de cannelle, & un gros de macis.

Eaux des Barbades au Citron de Madere ou chinois.

Vous prendrez pour la quantité d'eau-de-vie ci-dessus dite, trente de ces petits citrons de Madere, qu'on appelle autrement citrons chinois, verds, de la grosseur d'un œuf de pigeon ; & vous ajouterez à la présente recette une demi-once de macis.

Eaux des Barbades aux épices, & premiérement à la Cannelle.

Vous employerez, comme pour cette liqueur, faites aux fruits, quatre pintes & chopine d'eau-de-vie, & vous mettrez trois onces de cannelle, pilée & pulvérisée, dans votre Alambic, avec un cédrat moyen.

Eaux des Barbades au Macis.

Vous prendrez pour quatre pintes & chopine d'eau-de-vie, ainsi que dessus, une once de macis, avec une moyenne bergamote.

Eaux des Barbades aux clous de girofle.

Vous mettrez sur la quantité dite d'eau-de-vie, deux gros de clous de girofle, & deux grosses oranges de Portugal.

Eaux des Barbades à la Muscade.

Vous prendrez autant d'eau-de-vie que pour les recettes précédentes ; vous mettrez deux gros de muscade & deux beaux limons.

Eau des Barbades aux quatre fruits, sans Epices.

Vous employerez un cédrat moyen, une petite bergamote, deux belles oranges de Portugal, & deux beaux citrons, avec pareille quantité d'eau-de-vie que ce que nous avons dit.

Eaux des Barbades aux quatre épices.

Vous ajouterez aux épices un cédrat, ou une petite bergamote, vous employerez six gros de cannelle, deux gros de macis, un demi-gros de clous de girofle, un demi-gros de muscade, comme nous avons dit ; vous mettrez dans toutes ces liqueurs la même quantité d'eau-de-vie, de sucre & d'eau, marquée pour le sirop, que dans la premiere recette.

Toutes ces liqueurs & leurs différentes recettes se conduisent de la même façon, qu'il est dit à la même recette, & on ne met point d'eau dans l'Alambic pour la distiller ; & il est naturel de les distiller à petit feu, à cause de la rectification.

On peut faire aussi toutes ces liqueurs de couleur ambrée, de la façon décrite à la seconde recette ; & c'est de faire infuser les matieres.

J'ai donné la façon de faire les eaux des barbades ; mais je n'en conseille pas l'usage.

CHAPITRE XC.

L'Escubac de France.

CEtte liqueur a régné fort long-temps, & regne encore, mais elle n'eſt plus dans cette haute réputation où elle fut jadis. Je crois que c'eſt la faute du Diſtillateur, & non pas celle de la liqueur, de ne pas s'être ſoutenue dans le point de perfection où elle étoit ci-devant.

Le véritable eſcubac eſt une recette compliquée, dont le ſafran eſt la baſe. Aujourd'hui on a retranché tout ce qui compliquoit cette liqueur : il ne reſte plus que le ſafran, l'eau-de-vie & le ſucre ; auſſi le public s'en eſt-il laſſé. Je vais donner dans ce Chapitre la façon de faire ces deux ſortes d'eſcubacs : j'y en ajouterai une troiſieme.

Du Safran.

Le ſafran de France doit avoir la préférence ſur tous les autres : il nous en vient du Levant ; mais ſoit que ſa délicateſſe ne puiſſe ſupporter le trajet, ſoit que la ſéchereſſe du climat où il croît l'ait extrêmement deſſéché, on nous l'apporte preſque toujours en poudre ; & s'il eſt bon dans le pays d'où il vient, il doit avoir beaucoup perdu de ſa vertu ; car il eſt beaucoup moins propre à l'emploi qu'en font les Diſtillateurs, que celui de France. Le ſafran quand il eſt vieux brunit. Sa bonne couleur eſt un jaune rouge. Il a auſſi moins d'odeur quand il eſt vieux. Le meilleur des ſafrans vient du Gatinois ; ſa couleur eſt plus vive, par cette raiſon colore plus, & ſon parfum eſt plus agréable.

Si on pouvoit faire sa provision de cette marchandise d'abord après la récolte, le mettre dans un vaisseau vernissé & bien bouché, le tenir dans un endroit sec, on auroit du bon safran toute l'année ; ce qui ne peut pas être, en allant au détail, parce que le marchand, pour conserver son poids, le met dans des endroits humides qui occasionnent une fermentation ; & pour lors le safran dégénere au goût & à la couleur.

Vous mettrez dans l'Alambic du safran, avec un peu de vanille, un peu de quintessence des quatre fruits à écorce, un peu de macis, un peu de clou de girofle, un peu de graines d'angélique, quelques graines de coriandre, & un peu de chervi, avec de l'eau & de l'eau-de-vie ; & vous distillerez le tout sur un feu tempéré, à cause de la complication de cette recette.

Quand vous aurez tirez vos esprits, vous ferez fondre du sucre dans de l'eau ; & lorsqu'il sera fondu, vous mêlerez les esprits avec le sirop que vous aurez fait, avec peu d'eau, à cause de la teinture. Pour faire cette teinture, vous ferez bouillir de l'eau, & vous en mettrez une partie dans une terrine, ou un verre, ou quelque autre vase, selon la quantité que vous voudrez faire de liqueur ; vous mettrez dans cette eau bouillante du safran, & vous le remuerez & le presserez avec une cuiller, afin que la couleur se décharge dans l'eau plus facilement ; & quand votre teinture aura ce coup d'œil foncé qu'il lui faut, vous la coulerez doucement dans la liqueur, & vous y mettrez encore plusieurs fois de cette eau, en remuant toujours & pressant le safran, comme nous avons dit ci-devant, jusqu'à ce qu'il ne reste plus de couleur au safran. Vous mettrez le tout dans la liqueur, & le mêlerez ; après cela, vous la clarifierez. Cette liqueur est la plus

difficile

difficile à clarifier : on ne peut en venir à bout qu'en se servant d'une chausse de drap , le plus grossier & le moins serré.

Le superfin escubac , qui est blanc , ne diffère du précédent qu'en ce qu'on met tout le safran dans l'Alambic ; mais cette liqueur jaunit en vieillissant ; c'est la seule qui fasse cet effet. Pour l'escubac jaune , dont nous venons de parler , il est fort sujet à déposer , & sa couleur s'affoiblit. Quand vous voudrez voir si votre escubac est suffisamment coloré, il faut, après que vous l'aurez clarifié, l'essayer dans un verre : vous en verserez donc un peu, & vous rejetterez dans le vase où sera votre escubac , ce que vous en aurez mis dans le verre ; si la couleur tient audit verre , c'est la preuve que votre liqueur est suffisamment colorée.

Recette pour l'Escubac simple , ou teinture de safran.

Vous employerez quatre pintes d'eau-de-vie , ou l'esprit de quatre pintes d'eau-de-vie ; & pour le sirop, vous ferez fondre quatre livres de sucre dans trois chopines d'eau, si vous employez de l'eau-de-vie ; mais si vous employez de l'esprit de vin , vous le ferez fondre dans deux pintes d'eau ; & pour la teinture , vous prendrez trois gros de safran & une chopine d'eau bouillante. Si vous trouviez que votre liqueur ne fût pas suffisamment colorée, vous pourriez y suppléer en y mettant un peu de caramel.

La plupart des Distillateurs ont déguisé l'escubac , de façon qu'on ne le connoît plus , & s'en tiennent à cette teinture. D'abord cette opération est toute unie , & il ne faut pas raisonner. On s'épargne de cette façon du temps & des soins ; mais il est vrai de dire que la plus forte raison qui leur ait fait négliger la véritable re-

M

cette, s'ils l'ont sue, c'est qu'on n'y met pas le prix.

Recette du véritable Escubac.

Vous mettrez dans l'Alambic quatre pintes d'eau-de-vie, une chopine d'eau, trois gros de safran ; dix gouttes de chaque quintessence des fruits à écorce, de cédrat, bergamote, orange de Portugal & limon, un demi-gros de vanille pilée, un gros de macis aussi pilé, huit gros de girofle pilés, un gros de graine d'angélique, un demi-gros de coriandre, un demi-gros de graine de chervi, le tout pilé, que vous distillerez sur un feu tempéré, & vous ne tirerez pas de phlegmes ; & pour le sirop, vous employerez quatre livres de sucre & deux pintes d'eau ; & pour la teinture, une demi-once de safran, avec une chopine d'eau bouillante.

Recette pour le superfin Escubac-blanc.

Vous vous servirez pour le superfin escubac blanc de la même recette que celle ci-dessus ; mais vous mettrez tout le safran, c'est-à-dire, une once dans l'Alambic, parce vous n'aurez point de teinture à faire. Vous employerez la même quantité de sucre & deux pintes d'eau, pour faire le sirop.

On n'a que faire d'employer la cassonnade, pour engraisser la chausse par laquelle doit passer la liqueur pour être clarifiée, parce que la teinture de l'escubac est assez grasse par elle-même pour faciliter la clarification.

CHAPITRE XCI.

De l'Escubac d'Irlande.

L'Escubac d'Irlande est le meilleur de tous les escubacs ; mais en France, on n'a jamais essayé de le faire, parce qu'il ne se fait pas avec de l'eau-de-vie de vin. On se sert pour cette li-

queur d'eau-de-vie de grains. On pourroit bien
facilement tirer de l'efprit de bierre ; mais comme l'eau-de-vie de bierre eft houblonnée, & que
le houblon nuiroit au goût de cette liqueur, c'eft
ce qui fait qu'on ne peut employer que celle de
grain, fermenté comme l'orge, & c'eft la meilleure qu'on puiffe employer. On le met dans l'eau
morte, & on le fait germer d'abord ; enfuite on
le fait fécher ; & lorfqu'il eft fec, on le fait bouillir, & après on met du levain pour le faire fermenter : la fermentation lui donne une force fpiritueufe, & lorfqu'elle eft à ce point, on en tire
de l'eau-de-vie, & c'eft de cette eau-de-vie dont
on fe fert pour la liqueur dont nous parlons. Premiérement, obfervez en faifant cette eau-de-vie
de ménager votre feu : le premier bouillon eft
dangereux & monte facilement, & votre opération deviendroit inutile : fecondemént, qu'il
faut repaffer par l'Alambic ou chaudiere, le produit de la première diftillation, à caufe de la trop
grande quantité de phlegmes qui rend foible &
mauvaife la premiere eau-de-vie : troifiémement,
que l'eau-de-vie de la feconde diftillation eft plus
forte d'un quart que l'eau-de-vie de grains, &
mettant quatre pintes de cette eau-de-vie, vous
réglerez votre recette comme fi vous y aviez
mis cinq pintes d'eau-de-vie de vin ; & alors vous
employerez les matieres de la feconde & la troifieme recette de la façon ci-deffus, & vous y
ajouterez une demi-once de cannelle, & un gros
de fafran. Vous mettrez d'abord la moitié du fu-
fran dans l'Alambic, & vous réferverez l'autre
moitié pour la teinture. Les quantités d'eau &
de fucre font différentes, & nous les donnerons
dans la recette. On diftille cette liqueur, comme
on fait pour celle de France, fur un feu tempéré.

Et pour faire le fuperfin efcubac d'Irlande,
vous ferez comme pour celui de France, c'eft-

à-dire, que vous distillerez tout le safran porté dans la recette du premier.

Recette de l'Escubac d'Irlande.

Vous mettrez dans l'Alambic quatre pintes d'eau-de-vie de grains, & la plus spiritueuse qu'il sera possible d'avoir, avec une chopine d'eau ; vous mettrez d'abord quatre gros de safran, dix gouttes de quintessence de cédrat, dix de celle de bergamote, dix gouttes de quintessence d'orange de Portugal, & dix gouttes de celle de limette, une demi-once de cannelle, un demi-gros de vanille, un gros de macis, huit clous de girofle, un gros de graine d'angélique, un demi-gros de celle de coriandre, un demi-gros de graine de chervi, & vous pilerez toutes ces graines & épices susdites, & distillerez cette recette sur un feu tempéré. Vous employerez pour faire le sirop, cinq livres de sucre, deux pintes & demie d'eau, & quatre gros de safran & chopine d'eau bouillante pour faire la teinture ; & vous agirez pour ce, comme nous l'avons dit aux recettes précédentes de l'escubac de France.

Recette pour le superfin Escubac d'Irlande blanc.

Vous employerez la même recette & la même quantité de sucre pour le sirop ; mais vous le ferez fondre dans deux pintes & chopine d'eau, n'ayant point de couleur à faire, & vous le mettrez tout dans l'Alambic, c'est-à-dire, une once. Il est à propos de ne point employer de cassonnade, pour la raison décrite à la fin de cette recette de l'escubac de France.

CHAPITRE LCII.

De l'Huile de Vénus.

L'Huile de Vénus eft une efpece d'élixir, dont feu M. Cicogne, médecin, fut l'inventeur. Cette liqueur eft digne d'éloges ; on ne peut les lui refufer, & nous devons de la reconnoiffance au travail de fon auteur, autant que le public doit être mécontent de voir que les Diftillateurs ont peu fuivi fa recette. Les matieres de fa compofition, cependant, font ou doivent être connues de tous les Diftillateurs. La bafe de cette liqueur font les graines de chervi, de carvi, & celle du daucus, & la teinture qu'on lui donne, eft celle du fafran. C'eft une efpece d'efcubac extrêmement cordial que cet élixir que nous devons à M. Cicogne ; fon alliage eft extrêmement bien raifonné, tout y eft parfait ; le degré de force, la légéreté de fa couleur, qui doit revenir parfaitement à celle de l'huile, fous le nom de laquelle elle eft connue. M. Cicogne a ajouté le macis à ces graines, & pour faire cette liqueur, il faut mettre toutes les matieres en même temps dans l'Alambic, avec de l'eau-de-vie & un peu d'eau, enfuite les diftiller fur un feu ordinaire ; il ne faut pas tirer de phlegmes ; & quand on a tiré les efprits, on fait fondre du fucre dans de l'eau bouillante. Quand le fucre eft fondu, & que le firop eft froid, on y verfe les efprits diftillés, & fur le champ, on y met une teinture de fafran, faite de la façon décrite dans les Chapitres précédens de l'efcubac ; & lorfque tout eft mêlé, on paffe cette liqueur à la chauffe ; & quand elle eft claire, elle eft faite.

M 3

Il faut obſerver, qu'il faut toujours laiſſer re-froidir la liqueur avant de la paſſer à la chauſſe, afin que les eſprits ne s'évaporent que le moins qu'il ſera poſſible.

Il eſt à propos & même eſſentiel de n'em-ployer que du ſucre, ſi l'on veut que la liqueur ſe clarifie plus promptement & plus facilement : car cette liqueur eſt preſque auſſi difficile à cla-rifier que l'eſcubac. Le ſafran étant gras par lui-même, engraiſſe aſſez la chauſſe, ſans qu'il ſoit beſoin d'employer de la caſſonnade. Vous vous ſervirez donc à cet effet d'une chauſſe faite avec un drap commun & point ſerré, plus fin cepen-dant que pour l'eſcubac, parce qu'il n'y a pas tant de ſafran dans l'huile de Vénus que dans l'eſ-cubac, & qu'il faut d'ailleurs que cette liqueur ne ſoit pas ſi colorée : mais auſſi faut-il le choi-ſir moins ſerré que pour des liqueurs fines & moins moëlleuſes.

Recette pour environ quatre pintes d'huile de Vénus.

Vous mettrez dans l'Alambic une once de carvi, une once de chervi, une once de daucus creti-cus, deux gros de macis ; le tout pilé, avec quatre pintes d'eau-de-vie, & une chopine d'eau ; & pour faire le ſirop, quatre livres & demie de ſucre, & une pinte d'eau bouillante ; & pour faire la teinture, environ un demi-ſeptier d'eau bouillante, dans laquelle vous ferez infuſer le ſa-fran & le preſſerez ; comme il eſt dit, juſqu'à ce que la couleur en ait été bien tirée ; vous em-ployerez un gros, & vous verſerez cette tein-ture dans la liqueur, obſervant de n'en mettre préciſément que juſqu'à ce qu'elle ait la couleur d'huile, & de ſupprimer ce qui pourroit en reſter.

CHAPITRE XCIII.

Des Eaux-de-vie d'Andaye & de Dantzic.

JE n'aurois pas fait de ces deux especes d'eaux un Chapitre particulier, si l'on n'avoit trouvé le secret de les faire : un seul exemple tiendra lieu de recette.

Vous faites cette eau-de-vie avec du vin blanc ; il en faut quatre pintes pour une pinte d'eau-de-vie ; ensorte que si vous voulez faire huit pintes d'eau-de-vie, vous mettrez dans votre Alambic trente-deux pintes du meilleur vin blanc que vous pourrez trouver ; & pour parfumer cette eau-de-vie, quelles que soient les matieres dont vous voudrez lui donner le goût, vous mettrez dans le vin que vous distillerez le double de ce que vous mettriez pour pareille quantité de liqueur.

CHAPITRE XCIV.

DES ODEURS.

L'Ambre, le Musc & la Civette.

COmme les odeurs font partie de la distillation, & que nous tâchons d'être utile à tous égards, & à autant de personnes que nous pourrons, nous allons traiter en bref des esprits d'odeurs ; & comme l'ambre, le musc & la civette ont été de tout temps l'ame des odeurs, nous allons d'abord définir ces trois drogues, & nous passerons ensuite à l'explication de ce qu'on en fait.

M 4

L'AMBRE.

Je ne veux parler ici que de l'ambre dont se servent les Distillateurs : c'est l'ambre gris. Cette drogue se fond à-peu-près comme la cire : sa couleur est tantôt gris de souris-clair, tantôt cendrée ou blanchâtre, tantot mêlée de blanc, de gris & de jaune, & quelquefois noirâtre ; d'une odeur très-douce, lorsqu'elle est étendue ou mêlée parmi quelqu'autre drogue odoriférante ; car lorsqu'elle est nouvelle, elle a très-peu d'odeur. On ramasse l'ambre aux bords de la mer, dans plusieurs contrées ; mais sur-tout on le trouve plus communément aux Maldives.

Tout le monde parle de son origine, & tout le monde en parle différemment. Je me contenterai d'expliquer la maniere de l'employer.

Quintessence d'Ambre.

Quoique l'ambre ne soit point aussi à la mode qu'il y fut jadis, il tient encore assez son coin dans le monde, pour ne pas omettre de dire comment on en tire la quintessence : un goût se perd & revient. L'ambre a essuyé ces vicissitudes de goût ; mais il faut savoir l'employer.

La premiere préparation qu'on fait à l'ambre, est de le réduire en quintessence, qui sert à parfumer tout ce qu'on veut, liqueurs, esprits, meubles, &c.

On fait de trois sortes de quintessence d'ambre : d'ambre, de musc & de civette ; d'ambre & de civette, & d'ambre seul. Avant d'expliquer ces trois sortes de quintessences, il faut dire ce que c'est que le musc & la civette ; & c'est ce que nous allons faire.

Le Musc.

Le musc est une espece de sang bilieux ; fermenté, caillé, & presque corrompu, qu'on tire d'une vessie grosse comme un œuf de poule, qui se trouve sous le ventre d'une bête sauvage à quatre pieds, & qui porte le même nom. Quelques-uns l'appellent gazelles des Indes. Cet animal est une espece de chevreuil fort léger, qui est assez commun dans les royaumes de Tonquin & de Boutan.

La Civette.

La civette est une liqueur épaisse & odoriférante, qu'on tire d'un animal qui porte le même nom. Cet animal est gros à-peu-près comme un chat ordinaire, ou une grosse fouine.

L'on peut faire de la quintessence avec les trois drogues ci-dessus, avec deux, ou avec l'ambre, seul.

Lorsqu'on fait la quitessence avec les trois drogues, il faut prendre garde si le musc est vieux, ce qu'on connoît par la vivacité de sa couleur, qui tire sur le noir, comme est un sang coagulé & pétrifié en quelque façon, & que la vessie ou pellicule dans laquelle il est renfermé, soit entiere, parce qu'une partie de l'odeur s'évapore ; & quoique le musc puisse, malgré qu'il soit exposé en plein air, conserver beaucoup d'odeur après vingt ans, cependant, quand on veut en tirer la quintessence, il est bon qu'il n'ait perdu de son odeur que le moins qu'il se pourra.

Pour la civette, il faut la choisir la plus claire & la moins brune qu'il se pourra trouver.

Quant à l'ambre, le plus clair aussi est toujours le meilleur & le plus nouveau.

Sur ces connoissances, vous employerez ces matieres, ainsi que nous l'allons dire : vous mettrez dans une phiole, ou bouteille, les quantités d'ambre, musc & civette que nous dirons

dans les recettes, avec de l'esprit de vin rectifié. Si vous ne faites qu'à la civette, ou au musc,
vous ne mettrez qu'une de ces matieres dans
ladite phiole, ou bouteille, mais toujours avec
de l'esprit de vin rectifié. A l'ambre, de même,
on ne met que l'ambre seul : & cependant on
appelle toutes ces quintessences, quintessences
d'ambre. C'est à ceux qui doivent les employer.
à se familiariser avec ces odeurs, pour ne pas
prendre les unes pour les autres, ou si ce sont
des quintessences simples, ou mêlangées, pour en
connoître les qualités, & leur donner leur véritable prix, parce que celle d'ambre simple est
plus chere que les autres.

Quelques drogues desdites que vous mettiez
en quintessences, ou simples, ou mêlangées,
vous aurez soin de les pulvériser, & d'en mettre
la poudre dans la bouteille ; ensuite vous acheverez de la remplir, pas tout-à-fait pourtant :
vous la boucherez ensuite, de façon que rien
ne puisse s'en évaporer, & vous la mettrez fermenter dans le fumier pendant six semaines, &
de huit en huit jours vous changerez de fumier,
pour conserver toujours à-peu-près le même degré de chaleur ; & toutes les fois que vous changerez de fumier, vous agiterez bien la bouteille,
pour remuer à fond les matieres, afin que la quintessence s'en détache mieux. Ce temps écoulé,
vous retirerez votre quintessence ainsi digérée, la
laisserez reposer quelque temps, & après la tirerez à clair en la versant doucement dans une
autre bouteille par inclination ; & le reste des
matieres, qui ne sont pas bonnes à être vendues,
vous les employerez pour votre travail : ces matieres sont trop précieuses & trop cheres pour
en laisser perdre quelque chose : ces quintessences servent ensuite à parfumer tout ce qu'on veut.
Je vais donner, 1°. la recette de la quintessence

de civette & de musc, ensuite je donnerai celle de l'ambre, sur laquelle nous aurons encore quelques remarques à faire.

Recette de la quintessence de Musc, Ambre & Civette.

Prenez demi-once d'ambre gris, demi-once de civette, & un gros de musc, que vous pulvériserez & mettrez dans une bouteille, avec une chopine d'esprit de vin, & le ferez digérer dans le fumier le temps qu'il est dit dans votre Chapitre & comme il est dit.

Recette de la quintessence d'Ambre & de Civette.

Vous prendrez six gros d'ambre & six gros de civette bien pulvérisés, que vous mettrez dans une bouteille, avec pareille quantité d'esprit de vin que ci-dessus; & tiendrez pour le reste de la même conduite qu'il est dit à la recette précédente.

Recette pour la quintessence d'Ambre gris.

Vous prendrez une once d'ambre gris, que vous pulvériserez, & mettrez dans une bouteille cette poudre d'ambre gris, avec de l'esprit de vin, en pareille quantité qu'il a été dit aux recettes précédentes : vous ferez digérer cette infusion comme les précédentes, ou vous exposerez ladite infusion au soleil pendant le même espace de temps que nous avons dit; ce qui sera encore mieux. Comme cette quintessence est extrêmement chere, vous pourrez en faire de deux sortes, pour deux sortes de prix, & pour votre usage particulier; & vous vous réglerez pour parfumer ce que vous voudrez qui le soit, sur la force dont elle sera, pour dix, quinze ou vingt gouttes, selon ce qu'elle sera & ce que vous voudrez parfumer.

J'ai oublié de dire que, pour piler ces drogues, soit ambre, musc ou civette, il faut faire chauffer un mortier & pilon de fonte, dans lequel vous faites votre trituration, & vos matieres viennent en pâte : pour lors vous versez un peu d'esprit de vin, & le mêlez bien avec le pilon, & mettez après dans la bouteille par la digestion, comme nous l'avons dit ci-dessus.

CHAPITRE XCV.

Des Eaux d'odeurs aux fruits, à écorces, en esprits simples & rectifiés.

CE que nous traitons actuellement est la partie la plus belle de la distillation. C'est aussi l'ouvrage des parfumeurs. Mais comme elle est la plus belle, aussi elle est la plus dangereuse, parce que la meilleure partie de ce travail se fait en esprits rectifiés.

Celle dont il s'agit ici, est des fruits à écorce. Nous avons déjà dit dans plusieurs endroits de ce Traité, que non-seulement pour le goût, mais encore pour les odeurs, les fruits à écorce ont des ressources admirables.

On fait de ces fruits des eaux d'odeur aux esprits simples ; mais un bon Distillateur doit abandonner absolument cette partie. S'il en fait, c'est uniquement parce que les personnes qui en veulent, ne mettent pas aux esprits rectifiés, le prix que naturellement on y doit mettre.

On peut faire des eaux d'odeurs de tous les fruits à écorce : on emploie les fruits plus efficacement que les quintessences ; mais elles reviennent à trop haut prix au Fabricant : ce sont les quintessences qu'on emploie le plus ordinairement ; elles flattent beaucoup l'odorat, font revenir des évanouissemens ; elles font par conséquent de plaisir & d'utilité, & souvent de nécessité. Ce n'est pas de leur éloge qu'il doit être question à présent, c'est de la bonne façon de les faire.

Il faut, pour la conduite de ces opérations, redoubler d'attention, bien gouverner son feu, & n'employer que l'élite des marchandises.

C'est ici sur-tout que sert extrêmement ce que nous avons dit du choix des fruits à écorce, & de leurs quintessences, & ce que nous avons écrit des dangers de la rectification, des moyens de remédier aux accidens qui arrivent, soit en rectifiant les esprits, soit en employant des esprits rectifiés. La conduite d'ailleurs en est très-simple. Vous mettrez les zestes de vos fruits à écorce, ou les quintessences, dans l'Alambie avec de l'eau-de-vie.

Pour celles aux esprits simples, & pour celles aux esprits rectifiés, vous mettrez de même les zestes des fruits à écorce, ou les quintessences desdits fruits dans l'Alambic, avec des esprits simples qu'on repasse à l'Alambic pour les rectifier ; & quand ils ont été dépouillés de leurs phlegmes, l'opération est faite.

Une recette générale sera suffisante pour la conduite de toutes les eaux d'odeurs, aux fruits à écorce ; & avec ce secours, vous pourrez les faire toutes aux esprits, tant simples que rectifiées.

Unique recette pour faire quatre pintes d'eau d'odeurs aux fruits à écorce, en esprits simples & rectifiés.

Vous mettrez dans l'Alambic cinq pintes & chopine de bonne eau-de-vie, si vous faites votre eau d'odeur en esprit simple ; si vous la faites au cédrat, vous y mettrez les zeftes de vingt-quatre beaux cédrats, ou quatre onces de quinteffence de ce fruit.

Si vous faites de l'eau à la bergamote, vous mettrez dans pareille quantité d'eau-de-vie les zeftes de huit bergamotes, ou deux onces de fa quinteffence.

Si c'eft à l'orange de Portugal, vous mettrez les zeftes de vingt belles oranges, ou quatre onces de fa quinteffence, & toujours pareille quantité d'eau-de-vie.

Si vous la faites au citron, vous mettrez les zeftes de quarante citrons, ou quatre onces de la quinteffence de ce fruit.

Si c'eft au limon, autant de fruits ou de quinteffences qu'aux deux recettes précédentes.

Si vous faites de l'eau d'odeurs à la bigarade, vous mettrez les zeftes de trente fruits de cette efpece, ou quatre onces de quinteffence, & toujours la même quantité d'eau-de-vie.

Mais fi vous voulez faire quatre pintes d'eau d'odeurs auxdits fruits, en efprits rectifiés, vous mettrez dans l'Alambic fept pintes d'eau-de-vie, dont vous tirerez les efprits, enfuite vous les rectifierez ; & à cette feconde opération, vous mettrez les zeftes ou quinteffences de fruits, & diftillerez le tout une feconde fois.

C'eft fur-tout pour les efprits rectifiés, qu'il faut éviter de tirer des phlegmes ; fans cela l'opération feroit abfolument manquée, & d'ailleurs la marchandife feroit gâtée, s'il y en avoit jufqu'à un certain point.

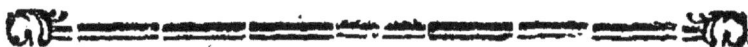

CHAPITRE XCVI.

Des Eaux d'odeurs aux Epices, en esprits, tant simples que rectifiés.

LEs épices font encore meilleures que les fruits à écorce pour remédier aux accidens, & fortifient le cerveau & l'eftomac mieux que les fruits, quoiqu'elles flattent beaucoup moins l'odorat.

Mais la conduite en eft longue & pénible, & il eft plus difficile de tirer l'odeur des épices que de toutes les autres matieres fujettes à la diftillation ; car, pour l'ordinaire, leur odeur ne monte que fur la fin du tirage, & ne vient bien qu'avec les phlegmes. Or, comme il ne faut point de phlegmes, & qu'il eft queftion ici de tirer des efprits dans toute leur pureté, il faut donc d'abord en extraire l'odeur par une autre préparation que la diftillation.

Pour cet effet, il faut mettre les épices dans un mortier que vous aurez foin de couvrir avec un fac de peau bien lié au pilon, en lui laiffant affez de jeu pour le lever & baiffer ; cette précaution empêche que les parties les plus déliées ne s'envolent par l'agitation.

Vous pilerez donc bien vos épices, & quand elles auront été bien pulvérifées, vous les pafferez dans un tamis, couvert des deux côtés de parchemin, & acheverez de pulvérifer ce qui fera refté de plus groffier, & le pafferez comme ci-deffus au tamis : les épices étant ainfi pulvérifées & réduites en poudre impalpable, & paffées au tamis, vous les mettrez en digeftion dans une bouteille, avec de l'eau-de-vie, pour quinze jours au moins, si votre eau d'odeur doit être faite en esprit simple, ou dans de l'esprit de vin, si elle doit être faite en esprits rectifiés. Vous boucherez bien la bouteille dans laquelle sera cette infusion, & la remuerez tous les jours sans la déboucher; il faut observer que cette digestion se fait mieux l'été que l'hiver; & si cette opération se fait l'hiver, & qu'il gèle, je conseille de laisser les épices en digestion huit jours de plus que le temps prescrit plus haut. En tout cas, il faut toujours mettre la bouteille en lieu très-chaud; & si c'est l'été, vous pourrez l'exposer au soleil, la chaleur fait toujours mieux sortir les esprits, rien n'est plus capable de les bien développer : ce temps expiré, vous les distillerez comme nous allons le dire.

Vous aurez l'attention de ne faire d'abord qu'un petit feu, que vous augmenterez ensuite par degré jusqu'à la fin, pour faire monter l'odeur des épices.

On peut, si l'on veut, mélanger les épices, c'est-à-dire, en mettre de deux especes ensemble, & conduire toujours l'opération sur les mêmes principes, c'est-à-dire, proportionner ces épices, de façon qu'en les partageant par moitié, elles ne fassent ensemble que la quantité que feroit une seule, comme il sera porté par la recette. Si vous en employez trois, vous les diviserez par tiers, & par quart, si vous en employez quatre; toujours en même quantité que vous en mettriez, si vous n'en employiez qu'une seule.

Observez ponctuellement tout ce qui vient d'être dit, si vous voulez faire vos esprits fort parfaits.

Recette pour faire quatre pintes d'eau d'odeurs aux épices, en esprit, tant simples que rectifiés.

Si vous faites vos eaux d'odeurs en esprits simples, vous employerez six pintes de bonne eau-de-vie, parce que la digestion en consomme d'abord bien une chopine.

Si c'est à la cannelle qu'il faut qu'elle soit faite, vous en employerez six onces.

Si c'est au girofle, vous n'en employerez qu'une once avec la même quantité d'eau-de-vie que nous venons de dire pour la digestion.

Si c'est au macis, deux onces.

Si c'est à la muscade, deux onces comme au macis.

Si vous voulez faire lesdites eaux en esprits rectifiés, vous employerez huit pintes d'eau-de-vie, dont vous tirerez les esprits, dans lesquels vous ferez digérer vos épices pulvérisées, & ensuite vous les distillerez & repasserez à l'Alambic pour les rectifier, jusqu'à ce qu'elles soient bien dépouillées de tous phlegmes.

Je crois que vous n'aurez pas oublié (ce qui est encore plus essentiel en cette partie qu'en toute autre) qu'il ne faut employer d'épices que les meilleures & dont vous aurez fait un bon choix, en suivant ce que nous avons dit aux Chapitres des épices. Cet abrégé en recette vous servira comme le précédent, pour tout ce que vous voudrez faire en ce genre.

CHAPITRE XCVII.

Des Eaux d'odeurs aux fleurs en esprits, tant simples que rectifiés.

Nous avons déjà donné, au Chapitre des plantes aromatiques, plusieurs eaux d'odeurs aux

fleurs : nous allons achever ici ce qui nous
refte à dire fur cet article.

On tire très-facilement de l'eau fimple aux
fleurs ; mais les efprits d'odeurs aux fleurs font
très-rares, fi ce n'eft de la fleur d'orange, &
des fleurs des autres fruits à écorce : ce n'eft
pas cependant qu'on n'en puiffe tirer de très-
parfaits d'une infinité de fleurs, telles que font,
la tubéreufe, la rofe, le jafmin, la jonquille,
l'œillet, le narciffe, le muguet, le jacinte,
defquelles on peut tirer les quinteffences pour
faire des efprits : mais tirer ces quinteffences de
fleurs eft un travail très-confidérable & très-
difficile: à Paris l'on ne fe donne pas cette peine.

Il eft vrai, que les fleurs ici font moins abon-
dantes en quinteffence que celles des Pays chauds;
& d'ailleurs, nous avons des fleurs, dont l'o-
deur eft fi douce, que les efprits prendroient
toujours fur elles le deffus ; & ces fleurs auffi
ne rendent pas beaucoup de quinteffence : mais
en général, les fleurs qui devroient, fans contredit, faire le parfum par excellence, font
négligées, & on ne veut pas fe donner la
peine d'en extraire ce qu'elles pourroient donner : cependant, fi pour la plupart d'entre elles,
on vouloit faire la même chofe, & tenir la
même conduite que pour la quinteffence de
rofe, je fuis fûr, qu'en employant le fel, on
tireroit d'excellentes quinteffences, ainfi que je
l'ai expérimenté moi-même plufieurs fois.

Recette unique pour quatre pintes d'eau d'o-
deurs aux fleurs, en efprits fimples & rectifiés.

Vous employerez cinq pintes & chopine d'eau-
de-vie, & deux onces de quinteffence de la
fleur dont vous voudrez que l'efprit ait l'odeur,
fi vous faites vos eaux d'odeurs aux efprits fimples.

Et fi vous voulez faire lefdites quatre pintes

aux efprits rectifiés , vous employerez fept pintes d'eau-de-vie , que vous mettrez dans l'Alambic : vous en tirerez d'abord les efprits , & vous les rectifierez enfuite avec deux onces de la quinteffence de la fleur dont vous voudrez que vos efprits aient l'odeur.

Dans toutes les recettes ci-deffus , fruits , fleurs & épices , il ne faut point mettre d'eau dans l'Alambic.

Si vous voulez faire un agréable alliage , vous n'aurez qu'à mêlanger plufieurs quintef-fences ; vous en mettrez autant de l'une que de l'autre , & vous en ferez une once de tou-tes ; c'eft-à-dire , que fi vous en employez de deux fortes , vous mettrez une demi-once de chacune ; & fi vous employez de quatre for-tes , vous en mettrez deux gros de chacune.

Recette d'efprits , faite aux fleurs , fans employer la quinteffence.

La Violette.

Pour quatre pintes , fix pintes d'eau-de-vie ; une livre de violette , une once de racine de Florence , tirée au bain de fable ou marie , à petit feu fur - tout , jufqu'à ce que vous ayiez retiré un quart des efprits que vous devez ti-rer : obfervez la même regle à toutes les dif-tillations où il y aura des fleurs ; & à celle-ci , de concaffer votre iris.

La Jonquille.

La même quantité d'eau-de-vie , deux livres de fleurs , douze gouttes d'ambre pour faire fortir la fleur : fi l'ambre eft fort , on doit diminuer les gouttes à proportion de fa force ; s'il eft foible , les augmenter de même.

La Fleur d'orange.

Une livre de fleurs épluchées, même quantité d'eau-de-vie, même conduite qu'aux précédentes.

L'Œillet.

Epluchez votre œillet comme pour le ratafia, & en mettrez une livre, une once de clous de girofle pilé ; opérez comme ci-dessus.

Eau Rose aux esprits.

Pilez deux livres de feuilles de rose, & rapez une once de bois rose pour aider à l'odeur, même eau-de-vie, même conduite. Nous traiterons plus au long les fleurs dans le Traité des odeurs.

CHAPITRE XCVIII.

De l'Eau sans pareille.

QUelques Distillateurs font leur eau sans pareille du citron qu'ils distillent simplement à l'eau-de-vie, & tirent par-dessus tout beaucoup de phlegmes, au point même d'être obligé de filtrer leur distillation au coton ; mais les vrais Distillateurs emploient les quatre quintessences des fruits à écorce ; savoir, de cédrat, de bergamote, d'orange de Portugal & de limon, & rectifient les esprits.

Voilà en peu de mots avec quoi & comment l'on fait l'eau sans pareille ; il ne s'agit à présent que de bien opérer, & de distiller les matieres sur un feu ordinaire, sans phlegmes, & de donner la recette des unes & des autres eaux sans pareille.

Recette pour quatre pintes d'eau sans pareille, au fruit en esprits simples ou communs.

Vous mettrez dans l'Alambic les zestes de trente citrons, cinq pintes d'eau-de-vie, & chopine d'eau, & vous tirerez vos esprits dans un récipient de quatre pintes ou environ : il y aura des phlegmes ; mais quand les esprits seront tirés, vous les filtrerez au coton, & votre eau d'odeur deviendra aussi claire que les esprits tirés sans phlegmes. Cette eau est la plus commune, & il n'en faut faire que pour ceux qui en veulent à un plus bas prix.

Recette pour quatre pintes d'eau sans pareille, en quintessence des quatre fruits, aux esprits simples.

Vous mettrez dans votre Alambic deux gros de quintessence de cédrat, demi-once de celle de bergamote, six gros de quintessence d'orange de Portugal, & six gros de celle de limette, avec cinq pintes & chopine d'eau-de-vie, sans eau, dont vous tirerez les esprits.

Recette pour pareille quantité de la même, aux mêmes quintessences, en esprits rectifiés.

Vous mettrez dans l'Alambic les esprits de sept pintes d'eau-de-vie pour les rectifier, & vous mettrez la même quantité de chaque quintessence que nous avons dit à la recette précédente pour les esprits simples, & votre eau sans pareille sera parfaite.

Si vous voulez que votre eau sans pareille soit véritablement bonne, ne faites pas comme les Parfumeurs, qui pour s'éviter la peine, les frais & les risques de la rectification, ne font d'autre façon pour faire leur eau sans pareille, que de faire dissoudre les quintessences des quatre fruits ci-deſſus dans de l'eſprit de vin ; auſſi vous pouvez voir que leurs eſprits d'odeur n'ont jamais la qualité & le brillant qu'ils doivent avoir.

CHAPITRE XCIX.

De l'Eau de Chypre.

ON continue de faire des eſprits ambrés ſous le nom d'eau de Chypre , & cette eau eſt fort à la mode , d'où l'on voit qu'il eſt encore beaucoup d'amateurs de cette odeur ; mais c'eſt la ſeule auſſi qui ſoutienne ce parfum , qu'on a regardé long-temps comme ce qui étoit de plus exquis en ce genre.

Pour faire cette eau d'odeur , on emploie la quinteſſence d'ambre gris , la plus pure & la meilleure qu'il eſt poſſible , ſans mêlange de muſc & de civette. Si vous la faites en eſprits ſimples , vous ne mettrez que de l'eau-de-vie dans votre Alambic , que vous tirerez en eſprits. Si vous la faites aux eſprits rectifiés , vous mettrez de l'eſprit de vin dans l'Alambic avec la quinteſſence , & jamais d'eau ; & vous ne ferez jamais diſſoudre ſa quinteſſence dans l'eſprit de vin , ſi vous voulez que les eſprits aient le brillant qu'il leur convient d'avoir : vous diſtillerez le tout ſur un feu ordinaire.

Recette pour quatre pintes d'eau de Chypre , en eſprits ſimples.

Vous mettrez dans l'Alambic deux gros de quinteſſence d'ambre gris , ſans mêlange de muſc ni de civette , & la meilleure qu'il ſera poſſible d'avoir , avec cinq pintes & chopine d'eau-de-vie ſans eau , & obſerverez ſur-tout de ne point

:tirer de phlegmes ; cela eſt eſſentiel pour cette eau d'odeur.

Recette pour la même quantité d'eau de Chypre, en eſprits rectifiés.

Vous mettrez dans l'Alambic les eſprits de ſept pintes d'eau-de-vie, avec deux gros de quinteſſence d'ambre gris, comme il eſt dit ci-deſſus pour les rectifier.

CHAPITRE C.

De l'Eau de Veſtale.

CEtte eau, comme beaucoup d'autres, eſt une eau de fantaiſie ; elle eſt ancienne, mais elle eſt fort agréable, & ce qui la compoſe en a fait un parfum fort bon ; elle eſt des meilleures quand elle eſt faite en eſprits rectifiés.

Cette eau ſe fait tout ſimplement avec de la graine de carrotte & de l'eau-de-vie. Quand l'Alambic eſt ainſi garni, vous diſtillez votre recette à petit feu, & ſur-tout ſur la fin, de peur que la graine ne s'attache au fond de la cucurbite, ce qui perdroit vos eſprits, & vous tirerez les eſprits ſans mettre d'eau dans l'A-lambic, & comme la graine boit les phlegmes, ſi vous ne prenez préciſément le moment où les eſprits ceſſent pour déluter le récipient, la graine qui s'attache au fond de l'Alambic donne aux eſprits le goût d'empyreume & de feu, & votre marchandiſe ſe gâte abſolument.

Si vous faites cette eau en eſprits rectifiés, vous y ajouterez de la quinteſſence de limette & de celle d'ambre gris : ces odeurs miſes en très-petite quantité, n'en font point une dominante, & ce mélange fait une odeur des plus agréables, où on apperçoit un mélange, sans distinguer précisément de quelle nature sont les odeurs qui la composent : vous ferez distiller cette eau à petit feu, crainte d'accident, & votre eau de vestale sera parfaite.

Recette pour quatre pintes d'eau de Vestale en esprits simples.

Vous employerez cinq pintes & chopine d'eau-de-vie, & deux onces de graine de carrotte, sans eau ni phlegmes.

Recette pour pareille quantité de ladite eau, en esprits rectifiés.

Vous mettrez dans l'Alambic sept pintes d'eau-de-vie, avec deux onces de graine de carrotte, sans eau : vous les distillerez d'abord à un feu modéré ; & quand vous en aurez tiré les esprits, vous remettrez lesdits esprits dans l'Alambic, avec une once de quintessence de limon, & trois gouttes seulement de quintessence d'ambre gris ; & quand vous repasserez lesdits esprits avec les quintessences susdites, vous les rectifierez sur un petit feu, pour prévenir les accidens.

CHAPITRE CI.

De l'Eau d'Artus.

L'Eau d'artus est une eau d'odeur en esprits rectifiés, odeur ancienne, mais très-bonne. Le clou de girofle & l'iris font la base de cette eau. Comme nous avons déjà parlé du girofle, disons un mot de l'iris.

L'iris

L'iris qu'on emploie le plus volontiers eft ce-lui de Florence : fa racine eft fort odoriférante, & c'eft la racine feule qu'on emploie. Quand on la met tremper dans du vin, cette plante lui donne un goût & une odeur agréables.

Elle a été ainfi appellée, parce que les cou-leurs de ces fleurs reffemblent affez à celles de l'arc-en-ciel. On appelle autrement cette plante, *Flambe*.

La diverfité de ces couleurs provient des diffé-rens climats dont on nous les apporte, & le mélange de leurs femences fait qu'en dégéné-rant, elles fe revêtiffent de toutes les couleurs que nous leur voyons. Les Diftillateurs tirent l'odeur de cette plante, ainfi que nous le dirons dans ce chapitre.

Pour faire donc l'eau d'artus, vous prendrez du clou de girofle, que vous pilerez, & de la racine d'iris, que vous cafferez & hacherez par petits morceaux ; vous la mettrez dans l'Alam-bic avec de l'eau-de-vie, fans eau ; vous en ti-rerez les efprits fans phlegmes, & remettrez enfuite ces efprits dans l'Alambic pour les rec-tifier : on ajoute encore à la recette ci-deffus, de la quinteffence de bergamote, & du Néroly de fleurs d'orange. Cette recette fe diftille d'abord à un feu ordinaire, & vous la rectifierez à petit feu.

Recette pour quatre pintes d'eau d'Artus.

Vous mettrez dans l'Alambic un quarteron de racine d'iris de Florence concaffé, une once de clous de girofle, & fept pintes d'eau-de-vie. Vous diftillerez d'abord ces matieres à un feu ordinaire, fans tirer de phlegmes, & fans mettre d'eau dans l'Alambic. Quand ces efprits feront tirés, vous les remettrez dans l'Alam-bic, fur un petit feu, pour les rectifier avec une once de quinteffence de bergamote, &

N

deux gros de Néroly, ou quinteſſence de fleurs d'orange. On voit, par ce compoſé, qu'il doit réſulter une odeur très-agréable, & que l'eau d'artus n'a de défaut que celui d'avoir duré long-temps.

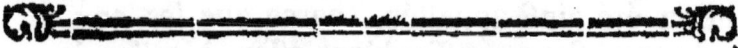

CHAPITRE CII.

De l'Eau de Bouquet.

L'Eau de bouquet eſt un mêlange de fleurs diſtillées, dont les odeurs réunies font un parfum des plus agréables. Dans cette eau entrent la fleur d'orange, le jaſmin, l'œillet, la roſe & la jonquille, toutes fleurs dont l'odeur eſt très-agréable. La conduite de cette opération eſt la même que celle de toutes les eaux d'odeurs aux fleurs, c'eſt-à-dire, au bain de ſable ou au bain-marie, à petit feu, juſqu'à ce qu'un quart de vos eſprits ſoient tirés.

Recette pour environ cinq pintes d'eau de Bouquets en eſprits, tant ſimples que rectifiés.

Vous mettrez dans l'Alambic quatre gros de Néroly, ou un quarteron de fleurs d'orange, une demi-livre de jaſmin d'Eſpagne, quatre bottes d'œillets à ratafia, deux onces de feuilles de roſe rouge commune, ou un gros de quinteſſence de roſe, quatre onces de jonquille & ſept pintes d'eau-de-vie.

Si vous voulez la rectifier, vous ne mettrez la recette qu'à la rectification des eſprits, & vous n'en tirerez qu'environ trois pintes & demie : vous obſerverez qu'il faut piler toutes les fleurs ſuſdites pour les diſtiller.

CHAPITRE CIII.

De l'Eau Royale.

L'Eau royale est des eaux d'odeur la plus parfaite ; ce qui lui a fait donner le nom de royale, & qu'elle mérite à tous égards. C'est un composé de cédrat, de muscade & de macis, duquel alliage résulte un tout excellent, du parfum le plus agréable. Eu égard au goût de ce temps, rien n'égale cette eau d'odeur. On peut la faire aux esprits simples ; mais il est beaucoup mieux de la rectifier. Vous ne mettrez que les épices la premiere fois que vous la passerez à l'Alambic, & vous mettrez la quintessence du cédrat, lorsque vous voudrez rectifier, & elle sera parfaite.

Recette pour quatre pintes d'Eau Royale.

Vous employerez cinq pintes & chopine d'eau-de-vie, une once de macis pilée, & une demi-once de muscade aussi pilée, deux onces de quintessences de cédrat. Vous ne mettrez point d'eau dans votre Alambic, & vous aurez l'attention de ne point tirer de phlegmes.

Si vous voulez rendre votre eau royale infiniment plus parfaite, il faut la rectifier ; & pour ce, vous distillerez d'abord les épices, & ne mettrez la quintessence de cédrat, que quand vous repasserez les esprits, ainsi que nous l'avons dit : vous éviterez de tirer des phlegmes ; & pour ce, vous employerez plus d'eau-de-vie, & tirerez moins d'eau royale : on peut ajouter quelques gouttes d'ambre.

CHAPITRE CIV.

De l'Eau de Beauté.

L'Eau de beauté a tiré son nom de ses propriétés. Elle se fait avec des plantes aromatiques, dont nous avons donné les définitions aux Chapitres des plantes. On la fait en eau simple & aux esprits. Elle décrasse le visage & laisse une odeur fort agréable. On prend pour cela du thym lorsqu'il est en fleurs : on dérame les branches ; on met les feuilles & les fleurs de cette plante dans l'Alambic avec de la marjolaine, ce qui fait un mélange d'odeur fort agréable, & qui flatte très-fort l'odorat.

Si vous faites cette eau en esprits, vous mettrez les feuilles & les fleurs de cette plante dans l'Alambic, avec de l'eau-de-vie & de l'eau, & vous les distillerez au bain-marie, à grand feu, & vos esprits seront très-bons.

Si, au contraire, vous faites cette eau à l'eau simple, vous mettrez la même recette dans l'Alambic, hors que vous mettrez de l'eau au lieu d'eau-de-vie, & vous distillerez vos plantes de même au bain-marie. L'une & l'autre eau sert à décrasser le visage. L'eau simple entretient la fraîcheur du teint. L'eau aux esprits décrasse mieux, & dessèche les boutons qui pourroient être au visage.

Recette pour quatre pintes d'Eau de Beauté, simples & aux esprits.

Vous prendrez une demi-livre de thym, & une demi-livre de marjolaine, feuilles & fleurs des deux plantes, que vous mettrez dans l'Alambic, avec fix pintes d'eau-de-vie & une pinte d'eau ; & diftillerez au bain-marie.

Pour la faire à l'eau fimple, vous mettrez pareille quantité que deffus de marjolaine & de thym & fept pintes d'eau, pour en tirer environ quatre pintes, que vous diftillerez pareillement au bain-marie, & toutes deux feront parfaites.

CHAPITRE CV.

Du Pot-Pourri.

QUi dit pot-pourri, dit ordinairement un ramaffis de toutes fortes de chofes : c'eft ici précifément la même chofe ; c'eft un affemblage de plufieurs fleurs & épices, auxquelles on pourroit ajouter des quinteffences de fruits à écorce, de l'ambre, du mufc & de la civette, en un mot, de tout ce qui eft odorant.

Vous prendrez de la fleur d'orange fraîche cueillie, qui ne foit point échauffée, de l'œillet à ratafia bien choifi, & vous ôterez le cœur, pour n'employer que les feuilles, des lys dans leur entier & bien frais, des rofes mufquées blanches dont vous arracherez les feuilles, des épices, de la lavande, de la fleur de romarin, & les fommités des branches de cette plante, des branches de thym, de fauge, d'armoife, de marjolaine bien déramées, du bafilic, du mélilot ; vous mettrez de chaque chofe partie égale, après vous prendrez des quatre épices que vous réduirez en poudre. Vous mêlerez les fleurs & les plantes enfemble. Vous prendrez une grande terrine bien verniffée ; vous y mettrez d'abord au fond un lit de fel & un peu d'épices pilées ; enfuite vous mettrez un lit de fleurs & plantes, fur lequel vous mettrez un autre lit de fel & épices, que vous couvrirez d'un autre lit de fleurs & plantes, ainfi. jufqu'à ce que vous ayiez rempli votre terrine, en obfervant de ménager vos épices, de forte que tout foit affaifonné également, & vous finirez par un dernier lit d'épices. Quand tout fera arrangé comme nous venons de le dire, vous couvrirez votre terrine d'un couvercle qui lui foit bien ajufté, afin de pouvoir le luter, pour obvier à l'évaporation des odeurs qui y font contenues : vous l'expoferez au foleil, & tous les deux jours vous découvrirez ladite terrine, & remuerez lefdites matieres jufqu'au fond avec une fpatule, & la recouvrirez chaque fois de même qu'à la premiere ; vous continuerez le même exercice tous les deux jours pendant fix femaines, après lequel temps votre pot-pourri fe trouvera fait & parfait, & fon odeur fera très-bonne.

On fe fert du pot-pourri, pour mettre dans les appartemens ; on en fait des fachets de fenteurs que plufieurs perfonnes portent fur elles, qu'on met fur les toilettes, dans les armoires, & enfin pour fe garantir des mauvaifes odeurs ; & même pour chaffer le mauvais air.

Recette du Pot-Pourri.

Vous employerez une livre de chaque fleur & une livre de chaque plante, une livre des quatre épices, c'est-à-dire, un quarteron de chacune ; autant de lits de fel que de lits de plantes & de fleurs ; & quand votre pot-pourri fera fait, vous pourrez en féparer une partie dans laquelle vous mettrez un peu d'ambre, pour ceux qui pourroient l'aimer ; car l'odeur de cette drogue n'eft pas d'un goût général.

CHAPITRE CVI.

Des Eaux Simples.

QUoique je me fois attaché toute ma vie à la diftillation des efprits, comme la partie principale d'un Diftillateur de liqueurs & eaux d'odeur, & que tout ce qui fe diftille foit de mon art, je n'ai pas négligé les eaux fimples.

La diftillation des eaux fimples, a été abandonnée par les Diftillateurs de Paris, aux Apothicaires de cette ville; ils leur ont laiffé par ce moyen une grande partie de leurs richeffes; car les eaux fimples telles que celles qu'on tire de la fleur d'orange; les eaux fimples de rofe, de lavande, & des autres plantes aromatiques, ne laiffent pas d'avoir beaucoup de mérite. D'ailleurs les eaux qu'on tire avec les quinteffences, foit de rofe, foit du Néroly, peuvent s'employer en liqueurs pour le commun; & beaucoup de fameux Diftillateurs de Paris achetent de grandes parties d'eau-de-vie, qu'ils diftillent en efprits, auxquels ils ajoutent les quantités d'eaux fimples qui fuffifent à leur donner le goût & l'odeur des fruits ou fleurs dont ils veulent faire des liqueurs; & de cette façon, ils s'en rendent la fabrique extrêmement aifée.

Si vous vous fervez d'une femblable pratique, vous fuivrez au moins ce que nous en avons dit, & vous raifonnerez vos recettes; vous tirerez autant d'eau qu'il vous en faudra pour faire votre firop, que vous mêlerez avec l'efprit de vin.

Les eaux fimples des fruits à écorces font d'une odeur très-flatteufe & très-agréable: on s'en fert pour parfumer les pâtes à laver les mains, elles font propres auſſi à parfumer les crêmes & autres mets, tant de cuiſine que d'offices, dans leſquels entre du fruit à écorce ; on ſe ſert à préſent des eaux ſimples, des fruits à écorces pour parfumer l'orgeat.

Mais les eaux ſimples ont encore d'autres propriétés que perſonne juſqu'ici ne s'eſt donné la peine de chercher, ainſi que les épices. J'ai haſardé quelques expériences, que je donne au public, dont on pourra faire un très-bon uſage, & que j'expliquerai au long dans mon Traité des Odeurs.

Les eaux ſimples des fines herbes, & diſtillation des quatre épices pour la cuiſine.

Perſonne juſqu'à préſent n'avoit imaginé qu'on pût tirer parti de la diſtillation pour la cuiſine : quelques expériences que j'ai faites m'ont fait reconnoître qu'on pouvoit très-bien diſtiller toutes ces plantes d'odeurs dont on ſe ſert dans les ragoûts. On emploie déjà dans la cuiſine l'eſprit de vin : il reſte à ſavoir comment on peut avoir de fines herbes en hiver, plus odorantes & de meilleur goût qu'on ne peut les avoir dans le fort de leur ſaiſon. J'ai diſtillé le thym, la ſauge, le baſilic, le laurier, le cerfeuil, le perſil en eau ſimple, & du meilleur goût. Après leur ſaiſon on ne peut les employer ; elles font deſſéchées, ſans ſaveur, avec peu d'odeur, ſouvent échauffées, poudreuſes & preſque corrompues, & par conſéquent, ne peuvent donner qu'un mauvais goût aux ragoûts auxquels on les emploie.

La diſtillation les conſerve & les rend dans les ſaiſons où elles ne font plus, meilleures & plus odorantes qu'elles ne le furent jamais. Quelles obligations n'auront point les chefs de cuiſine, aux perſonnes qui leur procureront tou-

tes ces reſſources ? c'eſt ce que je prétends faire.
Cette idée m'en a fourni une ſeconde qui ne
leur eſt pas moins avantageuſe, c'eſt de diſtiller les quatre épices comme je le fais jour-
nellement ; il eſt d'expérience que les épices
diſtillées ont infiniment plus d'odeur & de parfum, que les épices telles qu'on les emploie.

La diſtillation les dépouille de tout ce qu'elles ont de groſſier, & n'en extrait qu'un eſprit
ſuperfin, dont deux ou trois gouttes proportionnellement à la quantité des mets qu'on veut
aſſaiſonner, les parfumeront infiniment mieux
qu'une quantité d'épices en nature que la diftillation n'a pas dépouillées des parties groſſieres, corroſives & cauſtiques. Cet eſprit d'épice
ſervira ſur-tout pour les gelées, pour les crêmes & autres mets, dans leſquels on veut un
beau tranſparent & du brillant, & que les épices rendent obſcures & nébuleuſes ; & dans notre méthode, on eſt aſſuré de réuſſir. Pluſieurs
perſonnes n'aiment pas ſentir dans la bouche
les épices, ſur tout le clou de girofle. L'eſprit des épices obvie à tous ces inconvéniens.
Je conſeille encore de ſe ſervir de l'eau diſtillée
des fruits à écorce à la place de celle de fleur
d'orange dont le goût eſt bien uſé, comme nous
le voyons par l'orgeat, dans lequel on aime mieux
le goût du citron que celui de fleur d'orange.

J'ai travaillé à contenter les perſonnes qui
voudront faire l'eſſai des eaux & eſprits ci-deſſus, en faiſant une ſuite à cet ouvrage, & qui
a pour titre : Traité des Odeurs, & qui ſe vend
chez les mêmes libraires.

Pour continuer notre Chapitre des eaux ſimples, ſi vous en tirez les fleurs, vous employerez la fleur d'orange & le lys dans leur entier ; pour
le reſte des fleurs, il faut les piler pour les diſtiller.

Pour les eaux qui viennent avec les quinteſfences, on en fait ordinairement un excellent emploi pour les liqueurs.

Pour tirer les eaux simples des vulnéraires Suisses, il faut les distiller dans leur entier.

Pour ce qui est des plantes vulnéraires qu'on trouve en France., il faut hacher les feuilles & les plantes, afin de faire monter plus facilement les phlegmes qui font précisément l'eau de ces plantes.

On fait de même pour les eaux qu'on peut tirer du cerfeuil, du cresson, du seneçon, de la bourache, la scolopendre, le plantin, la chicorée sauvage, la buglose, & toutes fortes de plantes de cette nature propres pour les remedes, qu'il faut piler afin d'en tirer meilleur parti.

Pour tirer l'eau simple de noix, vous employerez des noix, quinze jours auparavant qu'elles puissent se manger en cerneaux: vous les pilerez & les distillerez à grand feu.

Enfin on peut tirer des eaux simples de tout ce que la terre produit en fleurs, fruits, plantes, tant aromatiques que vulnéraires.

On ne peut donner des recettes de toutes; on laisse à l'intelligence des Distillateurs à travailler sur cette partie, ils ne doivent point être embarrassés de faire des eaux simples; il y a assez de recettes dans le présent traité, pour y prendre un raisonnement juste pour la conduite de toutes ces opérations.

Vous aurez assez de regles essentielles pour venir à bout de tout ce qu'on peut avoir besoin dans la distillation.

CHAPITRE CVII.

Du Ratafia rouge, & les matieres qui entrent dans sa composition.

LE ratafia est une liqueur d'un très-grand usage. Il n'y a personne qui ne le sache, ou

qui ne croie le favoir faire, particuliérement celui au fruit rouge.

Il faut en premier lieu favoir de quel fruit
on fe fert pour faire le ratafia rouge. Tous les
fruits rouges font propres à en faire, la groffe
& la petite cerife, la guigne noire. La mérife,
la fraife, la framboife, la grofeille & la mûre.

Il y a du ratafia de trois fortes, le fin, le
fec & le commun, & tous les trois fe tirent
des fruits rouges ci-deffus.

Pour ne pas m'arrêter plus long-temps, je
paffe aux qualités qu'ils doivent avoir. Il faut
premiérement dans le fort de leur faifon, choifir les plus beaux fruits qu'on pourra trouver;
c'eft-à-dire, pour la cerife, il faut qu'elle foit
groffe, que fon noyau foit petit, afin qu'elle
rende plus de jus, qu'elle foit bien mûre, afin
qu'elle foit plus douce : il faut cependant prendre garde qu'elle ne le foit trop ; car une partie de fon jus eft defféché fur l'arbre : il faut
auffi qu'elle ne foit ni pourrie, ni tournée,
qu'elle foit claire & tranfparente, & qu'elle
foit du meilleur goût qu'il fera poffible de trouver.

La cerife, telle que nous venons de dire ci-
deffus, eft propre à mettre à l'eau-de-vie.

2°. La guigne noire. Il faut que ce fruit foit
extrêmement mûr, parce qu'on ne l'emploie
que pour colorer le ratafia quand la cerife manque.

On connoît qu'elle eft à fon vrai point de maturité, quand elle eft extrêmement noire. L'u-
fage de ce fruit eft d'autant meilleur & plus profitable, qu'étant fort doux fa douceur épargne
le fucre.

3°. La grofeille. Comme ce fruit a beaucoup
d'acide, il faut le choifir le plus mûr qu'il eft
poffible. Il faut que fes grains foient tranfparens,
qu'ils foient gros. Il faut que la grofeille foit
fraîchement cueillie, & l'employer auffi-tôt ;

parce que ſi elle étoit échauffée & qu'elle eût fermenté avant le temps , elle gâteroit le ratafia.

On ſe ſert de la groſeille pour rendre le ratafia plus ſec, & par conſéquent moins moëlleux. On s'en ſert pour faire foiſonner le ratafia commun.

4°. La mériſe. Il faut que la mériſe, pour être bonne, ſoit petite, ait la peau très-fine, ſoit noire & pleine d'un jus qui reſſemble preſque à l'encre: il faut ſur-tout obſerver qu'elle ne ſoit ni échauffée ni pourrie. Elle eſt d'un grand uſage pour le ratafia : elle corrige par la douceur les acides des autres fruits , veloute la liqueur, & ſert ſur-tout pour colorer le ratafia. La mûre ſert pour colorer celui qui eſt moins moëlleux.

5°. La fraiſe & la framboiſe mêlées, ſont très-bonnes à faire le ratafia fin qu'elles parfument. On doit n'employer ces deux fruits que dans leur parfaite maturité : il faut les choiſir beaux & bien colorés ; ce ſont les meilleurs.

CHAPITRE CVIII.

Du Ratafia fin en fruits rouges.

LA connoiſſance du bon fruit eſt une des parties eſſentielles de la ſcience du Diſtillateur ; mais une plus néceſſaire encore, eſt celle de ſavoir l'employer à propos.

Recette pour le ratafia fin en fruits rouges.

Vous prendrez le fruit qui ait , autant que faire ſe pourra , le goût & la beauté que nous avons dit dans le Chapitre précédent. Vous ôterez la queue de la ceriſe, de la mériſe, des frai-

fes & framboifes ; vous les écraferez & les laifferez infufer, pour donner lieu à la couleur qui
eft dans la peau de cerife , de fe décharger dans
le jus : deux ou trois heures fuffifent pour cette
infufion, ou tout au plus l'efpace du foir au matin. Cette infufion fuffifamment faite , vous en
tirerez le jus par expreffion, vous mettrez , à
proportion du jus que vous aurez tiré, fuffifante
quantité de fucre; vous le pafferez à la chauffe ;
& quand vous aurez votre jus clair , vous y mettrez votre eau-de-vie : cette façon eft d'autant
plus profitable, qu'elle épargne plus d'eau-de-
vie que vous feriez obligé de mettre, fi vous la
mettiez avec le marc, qui en emporteroit une partie , & diminueroit fa force : le paffage à la
chauffe la diminueroit auffi.

Tous les fruits qui font la bafe de ce ratafia,
feroient affez infipides & ne donneroient pas
grand goût à la liqueur, fi la framboife qu'on
y mêle n'ajoutoit par fon parfum à la qualité
qui leur manque. Ajoutez pour l'affaifonnement
des épices. Voici la préparation qu'il leur faut.

Mettez dans une pinte d'eau-de-vie quatre fois
plus de cannelle que de macis ; & du macis
quatre fois plus que de girofle : diftillez cette
eau-de-vie à l'Alambic., & de cet efprit épicé,
affaifonnez fur le champ votre rataffa au degré
que vous jugerez à propos : votre ratafia fera
très-bon fur le champ ; mais pour achever de
le perfectionner , mettez-'e dedans la cave, comme on fait de tous les autres.

Quelques-uns pilent les épices , les enveloppent dans un linge, & mettent ce linge dans le
ratafia jufqu'à ce qu'il foit fuffifamment épicé.
Voici ce qu'il faut obferver pour proportionner
toutes les quantités.

Pour douze livres de cerife , mettez deux livres de mérife, une livre & demie de framboifes

qui fentent bon , qui n'aient point été cueillies
en temps de pluie , mais dans un temps bien
chaud , c'eft le temps qu'elles ont le plus de parfum & le meilleur. Vous pourrez ajouter à ces
quantités une livre & demie de fraifes bien épluchées, cela donnera beaucoup de qualité à votre
ratafia. La regle pour le fucre eft de quatre onces
pour une pinte de jus , que vous y ferez fondre ,
& le paſſerez à la chauffe : à ce jus vous ajouterez
deux pintes ou plus d'eau-de-vie.

Pour faire une pinte d'efprit épicé , vous prendrez une once de cannelle , deux gros de macis ,
& un gros de clou de girofle ; vous pilerez le
tout , le mettrez dans l'Alambic, en tirerez les
efprits avec un peu de phlegmes ; & de ces efprits vous affaifonnerez votre liqueur, & vous aurez du meilleur & du plus fin qu'on puiffe avoir :
aïnfi de tout pour une plus grande quantité , en
proprotionnant le fucre , l'eau-de-vie & les
épices.

Vous pourrez donner à votre ratafia un peu
plus de force , en ajoutant à deux pintes d'eau-
de-vie, qui font la quantité que j'ai réglé pour
douze livres de cerife , le furplus qu'on y peut
mettre ; mais prenez garde & réglez fi bien le
tout, que vous ne diminuiez pas le corps du
fruit, en ajoutant du côté des efprits.

Obfervation. Plufieurs perfonnes font fermenter les fruits pendant plufieurs jours ; je ne puis
croire qu'il en réfulte quelque chofe de meilleur, je vois même une raifon contre cet ufage ;
car la fermentation dépouille le goût du fruit,
enleve les efprits & donne un goût vineux au
ratafia, qui ne vaut rien fur-tout pour le fin.
Je ne confeille à perfonne de fuivre cet exemple , & je fais cette obfervation à cet effet.

La regle pour la quantité d'eau-de-vie , eft
une pinte pour deux pintes de jus , parce que

·les cerifes ne rendent pas du jus en égale quantité, & qu'on ne peut ftatuer pour le jus fur
.le poids du fruit.

. Obfervez que la fraife, qui donne un goût exquis au rātafia, a cependant un grand inconvénient qui eft de rendre le ratafia nébuleux, tout
au moins très-louche, & perd le brillant de fa ·
couleur, ce qui eft caufe que plufieurs Artiftes la fuppriment, & doublent la framboife.

CHAPITRE CIX.

Du ratafiā fin & fec en fruits rouges.

LE ratafia dont nous avons* donné la recette
dans le Chapitre précédent flatteroit le goût de
plufieurs perfonnes, & ne flatteroit pas celui
d'une infinité d'autres. Il eft néceffaire de le
favoir faire fin & moëlleux, fin & fec, pour contenter les goûts différens.

Le ratafia fec fe fait de la même façon que le
précédent; mais il n'y entre pas les mêmes fruits.

On prend de cerife & de grofeille égale quantité: on emploie ce dernier fruit, parce qu'étant
acide, il rend le ratafia plus fec; on aura foin
de n'employer que des grofeilles qui aient toutes les qualités prefcrites dans le premier Chapitre fur le ratafia. J'en dis autant des cerifes
qu'il faut choifir groffes & mûres, comme il eft
dit dans le même Chapitre.

Au lieu des mérifes qui entrent dans la compofition du ratafia précédent, on met des mûres
dans celui-ci: la raifon en eft, que la mérife
étant plus douce que la mûre, & fon jus plus
épais & plus limoneux, eft moins propre que la
mûre à faire le ratafia fec. Il faut la choifir là

plus mûre & la plus noire qu'il se pourra, afin qu'elle colore davantage.

Il faut, pour donner du goût & du parfum à votre liqueur, y mettre de la framboise, & sur-tout n'employer tous ces fruits qu'avec les qualités que j'ai dit, & dont je recommande particuliérement l'observation.

Il entre dans celui-ci plus d'eau-de-vie que dans le précédent, & moins de sucre à proportion du jus. La recette va régler les quantités de chaque chose, & c'est la véritable façon de faire le ratafia fin & sec, en y mettant la quantité d'épices convenable.

Recette pour faire le ratafia fin & sec.

Prenez trente livres de cerise, trente livres de groseille, un panier d'environ dix livres de mûres, sept livres de framboise, tout fruit choisi, bien épluché; écrasez le tout, donnez à ce mêlange trois heures d'infusion tout au moins, & tout au plus l'espace du soir au matin, pour que la couleur puisse se décharger, & que ce mêlange ne fermente pas : pressez-le ensuite, pour en tirer tous les jus : mesurez le jus que vous aurez exprimé ; ajoutez par pinte de ce jus trois onces de sucre ; & quand il sera fondu, vous le passerez à la chausse : quand votre jus sera clair, si vous en avez vingt pintes, vous mettrez douze pintes & chopine d'eau-de-vie, c'est-à-dire, un quart de plus que pour le ratafia moëlleux. Le calcul est aisé pour l'eau-de-vie qu'il faut pour chaque pinte de jus, c'est chopine & demi-poisson. Pour l'assaisonnement, vous vous réglerez sur le plus ou moins de jus; & pour vos épices, vous vous servirez, comme à la recette précédente, d'esprit de vin épicé.

Observation. J'ai réglé la dose d'épices pour une pinte d'esprit épicé ; mais je n'ai rien réglé

fur la quantité d'efprits qu'il faut pour l'affaifonnement du ratafia ; cette quantité doit être pro-
portionnelle à celle du ratafia, & au difcernement d'un habile Diftillateur. Il faut en cela prendre un goût qui foit le goût communément le
plus univerfel, fauf à fe faire pour le goût particulier une connoiffance particuliere, parce que
quelques perfonnes aimeront le ratafia plus épicé,
& d'autres moins.

J'avance, fans crainte d'être chicané, que
ma recette pour les efprits épicés, eft d'un ufage
excellent pour bien proportionner l'affaifonnement, & épargne confidérablement, ce qui me
fait efpérer que le public me faura gré d'une recette à laquelle on gagne de tous côtés pour la
facilité & la dépenfe.

CHAPITRE CX.

Du Ratafia commun.

LEs ratafias précédens font honneur, & font
profitables au Diftillateur ; mais celui-ci ne fer-
vant qu'à mêler avec l'eau-de-vie, demande une
conduite différente.

La cerife & la grofeille font la bafe de ce ratafia.

Prenez de ces deux fruits ce qu'il y a de plus
commun, qu'il ne foit ni gâté ni pourri ; écra-
fez ce fruit, & laiffez-le fermenter trois jours au
moins avant de le preffer, afin que la fermentation lui donne un petit corps ; car dans ce mêlange il entre très-peu d'eau-de-vie, & même on
n'en met qu'autant qu'il en faut pour le conferver.

Il eft abfolument néceffaire de faire fermenter ce ratafia, parce que la fermentation lui don-

ne la couleur, & qu'il faut que la couleur y
domine, puifqu'il doit couvrir l'eau-de-vie.

Pour la mérife, il en faut une bonne quan‑
tité, parce qu'elle donne la couleur à ce rata‑
fia, ce qui fait l'objet principal.

Vous obferverez de le paffer à la chauffe avant
de l'entonner dans votre futaille ; ceci fait, vous
mettrez le fucre fondre dans le jus qui aura été
paffé par la chauffe, parce que les acides le
fondront promptement : vous l'entonnerez en‑
fuite dans la piece, où il fe repofera & fe fera
tout feul : il fera même une efpece de lie ou
dépôt, qui confervera votre ratafia dans le fin.

On paffe à la chauffe, comme nous venons
de le dire, & aux Chapitres précédens ; mais
dans celui-ci, il faut ménager le fucre.

Recette pour faire le ratafia mêlé.

Pour faire un muids de ratafia mêlé, prenez
environ quatre cents cinquante livres pèfant de
cerifes communes, cependant bonnes & mûres,
& environ deux cents vingt-cinq livres pefant
de grofeilles, auffi très-mûres, cinquante livres
de mérifes bien noires ; & fi votre piece tient
trois cents pintes, il faut y mettre deux cents
cinquante pintes de jus, & verferez deffus,
pour achever de la remplir, cinquante pintes
d'eau-de-vie, après que vous aurez fait fondre
le fucre que vous y devez mettre.

Il faut pour cette quantité de ratafia, cin‑
quante-fix livres de fucre, c'eft-à-dire, trois on‑
ces pour chaque pinte de liqueur, & une pinte
d'eau-de-vie pour cinq pintes de jus ; ce qui
confervera votre ratafia.

Ajoutons encore qu'il eft très-à-propos & même
néceffaire de le goûter au moins tous les mois
une fois, pour y remédier. Si votre ratafia ve‑
noit à dégénérer, vous ferez ce qui fuit pour
le renouveller.

Comme on y met beaucoup moins d'eau-de-vie que de fruit, le ratafia communément ne se conserveroit pas plus d'un an, si l'Artiste intelligent ne suppléoit par son savoir à ce défaut. Les esprits, eu égard au peu d'eau-de-vie qu'on y met, n'auroient pas la force de le conserver plus long-temps; le fabricant seroit en danger de faire des pertes considérables.

Il n'est pas possible, en gardant la douceur qui lui est propre, qu'il puisse se conserver plus d'une année, de sorte que le Distillateur, obligé d'en faire une certaine quantité, pour ne pas demeurer court, courroit le danger de perdre beaucoup, parce que le ratafia rouge ne doit point avoir un goût de vieux; mais il est un remede pour obvier à cet inconvénient, & le renouveller lorsqu'il commence à vieillir & à dégénérer.

Le ratafia rouge, en vieillissant, perd le goût du fruit, & c'est ce qui fait tout son mérite, & ce qui le fait rechercher: il perd aussi la vivacité de ses couleurs & le brillant de rouge bruni; ainsi il perd de tout côté, du côté du fruit, du parfum, & de la couleur qui invite à en boire.

J'ai dit ci-devant qu'il falloit goûter tous les mois son ratafia, sur-tout le ratafia mêlé, parce que l'un & l'autre peuvent fermenter dans le cours d'une année, sur-tout le mêlé, parce que le peu qu'il y a d'eau-de-vie n'est pas suffisant pour le conserver, & comme la fermentation l'altéreroit, on prévient les inconvéniens & les pertes par le remede qui suit, qui est très-facile.

Prenez pour le ratafia mêlé quelques pintes d'eau-de-vie, & vous arrêterez d'abord par-là le progrès de la fermentation, qui est le premier accident.

S'il vous reste de ratafia de quelque espece qu'il soit dans le temps du fruit, vous prendrez pour le renouveller, du même fruit, dont vous vous êtes servi pour le faire, en y mettant moitié plus de mérise, & moitié plus d'eau-de-vie qu'au ratafia ancien ou nouveau.

Cette quantité de mérise est pour rétablir la couleur qui s'affoiblit, ou qui s'est perdue ; & l'eau-de-vie, pour réparer les forces qui se sont perdues pendant l'année : il faut mettre un quart de cette préparation sur le ratafia ancien, pour le renouveller.

S'il reste, par exemple, quarante pintes de ratafia, il faut mettre dix pintes de la préparation ci-dessus, ainsi de tout par même proportion, & huit jours après, votre ratafia ancien aura les mêmes qualités du nouveau.

C'est celui-ci qu'il faut consommer le premier, quoiqu'il y ait des Distillateurs qui en ont conservé pendant quatre ou cinq ans, sans qu'il ait paru dans la liqueur aucune altération.

CHAPITRE CXI.

Du Ratafia muscat.

POur suivre l'ordre des choses, nous mettons à la suite des ratafias rouges ceux qu'on appelle ratafias blancs.

Comme les fruits rouges font la base des premiers, & les rangent sous l'étiquette des ratafias rouges, ceux-ci de même prennent le nom de blancs, des fruits qui entrent dans leurs compositions, & dont le jus est la base.

On les appelle ratafias, parce que ces liqueurs se font par infusion & par filtration sans l'Alambic ; au lieu que ce qui passe par l'Alambic est appellé eau ou esprit.

Quoique le ratafia soit fait par infusion, il faut bien distinguer les infusions du ratafia ; car toute liqueur dont le jus de fruit est la base, peut seule être appellée de ce nom.

Voici les différentes especes de ratafias blancs, le ratafia muscat, celui de noix, le ratafia de coing, de pêche, de reine-claude, le cassis, le vespétro. La connoissance de ceux-là suffira bien pour mettre en état d'en faire de toutes sortes.

Le ratafia muscat est un des meilleurs qui soient en usage.

Il faut, pour faire ce ratafia, choisir du muscat parfaitement mûr, qu'il ne soit ni pourri, ni vieux cueilli : s'il y en a quelques grains gâtés, vous les ôterez ; vous séparerez aussi les bons grains de la grappe, en les mettant à mesure que vous les éplucherez, dans des vases bien propres, où vous les écraserez ; car si on écrasoit les grains, attachés à la grappe, la grappe pressée donneroit son goût au jus, & de mauvaises qualités au ratafia, & sur-tout un goût âcre. Vos grains donc détachés & écrasés dans les vases à ce destinés, vous exprimerez le jus en le pressant dans un linge bien blanc & fort ; après avoir tiré de ce jus tout ce que vous aurez pu en tirer, vous les passerez à la chausse aussi-tôt, il ne passera que difficile-ment : mais dès qu'il sera passé, mettez-y votre sucre ; & quand le sucre sera fondu, vous y mettrez de l'eau-de-vie, ou de l'esprit de vin. Pour les épices qui doivent servir à l'assaisonne-ment de ce ratafia, vous distillerez simplement du macis à l'eau-de-vie, selon la recette que j'en vais donner, auquel vous pourrez ajouter la muscade.

Ce ratafia est exquis, mais le passage à la chausse est onéreux par sa longueur ; ce qui oc-

cafionne une évaporation des efprits, & du parfum du mufcat qui eft la partie précieufe de ce
ratafia : pour remédier à cet inconvénient, il
faut prendre des cruches de grès, les remplir aux
trois-quarts de grains de mufcat, fans les écrafer, & remplir les cruches de l'eau-de-vie la
plus fpiritueufe que faire fe pourra, les laiffer
infufer pendant fix femaines, & après paffer le
jus, écrafer le fruit, mêler le jus preffé avec l'eau-
de-vie, y ajouter un quarteron de fucre par pinte ;
& l'efprit d'épice comme ci-deffus : vous remuerez vos cruches tous les jours jufqu'à ce qu'il foit
bien fondu ; enfuite vous le pafferez à la chauffe
huit jours après, pour donner le temps de faire
un dépôt au fond des cruches, & verferez doucement dans la chauffe, lorfque l'épais viendra,
vous vous arrêterez ; & après, quand votre ratafia fera clair, vous mettrez le fond de votre
cruche dans la chauffe, vous en tirerez ce que
vous pourrez ; vous aurez par ce moyen ce ratafia avec les qualités qu'il doit avoir.

Si vous voulez que votre ratafia foit rouge,
vous choifirez à cet effet du mufcat rouge, de
couleur qui tire fur le noir ; & quand vous aurez écrafé votre grain dans des vafes propres,
comme nous avons dit plus haut, vous le laifferez fermenter à découvert pendant douze heures avant de le preffer, pour donner lieu à la couleur qui eft dans la peau du grain, de colorer
votre jus.

Vous procéderez pour le refte comme aux recettes du ratafia rouge, & l'aurez parfait.

Recette fimple.

Si vous avez vingt pintes de jus mufcat, vous
mettrez quatre-vingts-dix onces de fucre qui font
cinq livres dix onces, dix pintes d'eau-de-vie, &
de l'efprit au macis & à la mufcade, ce que vous

jugerez à propos d'en mettre pour l'affaifonnement de votre ratafia.

Recette double.

Dans vingt pintes de jus, mettez quinze livres
de fucre, dix pintes d'efprit de vin, & d'efprit
au macis & à la mufcade fuffifante quantité pour
le parfait affaifonnement de votre liqueur.

Si vous voulez un ratafia fort naturel, vous
laifferez votre fruit fix femaines dans l'eau-de-vie ;
au bout duquel temps vous le retirez de l'eau-de-
vie & l'écraferez à part, & après le prefferez.
Le jus que vous aurez eft un ratafia tout fait
qu'il faut clarifier ; l'eau-de-vie qui a été à l'infufion vous fervira à autre chofe : il ne faut point
de fucre pour ce ratafia ; le fuc du fruit fait tout.

CHAPITRE CXII.

Du Ratafia de Noix.

LE ratafia de noix eft une liqueur que le vulgaire imagine être très-propre pour le mal d'eftomac & la colique ; le remede eft un peu ima-
ginaire. Il eft mille autres liqueurs infiniment
meilleures au goût, & fûrement plus faines &
plus efficaces au mal d'eftomac, que le ratafia
de noix fi vanté.

Quoi qu'il en foit, il eft toujours très-nécef-
faire au fabricant de favoir faire ce ratafia.

La noix eft de tous les fruits le plus mauvais à employer, tant pour le Confifeur qui s'en
fert, que pour le Diftillateur.

On confit la noix avant qu'elle foit en maturité ; il faut, pour l'employer, qu'elle ne foit pas
plus groffe, avec fon écorce, que la noix dépouillée de la fienne dans fa parfaite maturité.

Quand vous aurez cueilli des noix à-peu-près de cette groſſeur, vous les ferez blanchir dans l'eau bouillante, vous les mettrez après dans l'eau fraîche, à meſure que vous les tirerez du blanchiſſage ; vous les laiſſerez dans cette eau l'eſpace de vingt-quatre heures.

. Au bout de ce temps, vous verſerez cette eau, & en remettrez de nouvelle, ce que vous continuerez pendant huit jours, en changeant d'eau toutes les vingt-quatre heures. Après avoir obſervé cette regle l'eſpace de huit jours, vous retirerez vos noix : vous en piquerez quelques-unes de clous de girofle, & piquerez les autres de lardons d'écorce de citron, vous les mettrez infuſer dans l'eau-de-vie pendant ſix ſemaines, & au bout de ce temps vous retirerez vos noix.

Vous ferez enſuite fondre du ſucre ou de la caſſonnade dans de l'eau fraîche, vous mettrez ce ſirop dans l'eau-de-vie, paſſerez l'un & l'autre dans la chauſſe, & votre ratafia ſera fait.

On peut auſſi, ſi l'on veut, employer le ſirop de noix confites, tant petites que groſſes.

. Le ſirop des petites noix eſt beau, celui des groſſes eſt noir ; il ne faut point mettre d'eau dans ce ſirop, il y faut mettre ſimplement de l'eau-de-vie.

Mettez deux fois autant d'eau-de-vie que de ſirop, c'eſt-à-dire, les deux tiers pour un tiers de ſirop. C'eſt ainſi que ſe fait ce ratafia dont j'ai déjà conſeillé de ne pas faire beaucoup, à cauſe du peu de débit.

Si la noix a quelques bonnes qualités, c'eſt en la diſtillant, par la raiſon qu'elle laiſſe dans l'Alambic le ſel fixe dont elle eſt trop chargée, & la liqueur eſt plus belle, mieux faiſante, meilleure au goût, & moins coûteuſe : pour faire cette liqueur, vous prendrez vos noix de la groſſeur comme ci-deſſus, vous les écraſerez

dans

dans un mortier, & les mettrez dans l'Alambic, avec les épices aussi pilées, & les tirerez à petit feu, & rafraîchirez souvent.

Recette pour six pintes.

Prenez cinquante noix que vous pilerez, un demi-gros de clous de girofle, un gros de macis, deux gros de cannelle, demi-gros de muscade, le tout pilé, mis à l'Alambic avec quatre pintes d'eau-de-vie, quatre livres de sucre, deux pintes & demie d'eau pour le sirop, le sucre étant fondu, vous mêlerez vos esprits, les passerez à la chausse, & votre eau de noix sera parfaite.

Recette pour le ratafia de Noix.

Prenez mille noix blanchies, changées & piquées, comme j'ai dit ci-dessus, avec du girofle & des lardons d'écorce de citron ; mettez ces noix dans des bouteilles, que vous remplirez jusqu'aux trois-quarts, vous acheverez de remplir vos bouteilles d'eau-de-vie ; & quand vous aurez retiré votre eau-de-vie, vous la mesurerez ; si vous avez dix pintes de jus, vous ferez fondre dans dix pintes d'eau cinq livres de sucre, & la mettrez dans l'eau-de-vie où vos noix auront infusé. Vous passerez le tout à la chausse, & aurez votre ratafia.

Il y a encore le ratafia de brou de noix. Il faut prendre environ un cent de noix vertes au commencement du mois d'Août, & piler dans un mortier le brou & le cœur du fruit ensemble, le mettre infuser dans six pintes d'eau-de-vie pendant trois mois, après le mettre égoutter dans un tamis, & faire fondre quatre livres de sucre dans trois pintes d'eau, mêler le tout ensemble avec un peu d'esprit de cannelle, & le passer à la chausse. Le ratafia de brou de noix n'est bon que vieux.

O

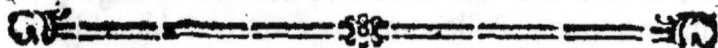

CHAPITRE CXIII.
Du Coing.

LE coing est le fruit d'un arbre qu'on appelle coignassier ou cognier.

Ce fruit est de la figure d'une poire; excepté, qu'il commence d'abord en pointe & tout de suite s'élargit beaucoup, & s'écrase par le haut. En mûrissant, il prend une couleur d'un beau jaune, entre l'orange & le citron, d'une odeur forte & suave, quand il est fraîchement cueilli; mais l'odeur en devient désagréable, quand on le garde un peu trop; étant cueilli, ce fruit ne mûrit jamais bien: La chair en est ferme & dure, âpre à manger crue, & excellente quand elle est cuite. On le confit & on en fait un ratafia parfait, quand il est bien bouché: mais il lui faut encore bien du temps pour acquérir la perfection qu'il lui faut. Ce fruit est stomachal & d'un grand usage, tant en confiture qu'en liqueur.

Ratafia de Coing.

Les ratafias sont si multipliés, que le grand nombre fait qu'un fabricant n'en fait de chaque espece, que la quantité qu'il croit pouvoir débiter; la raison en est qu'il y a, comme je l'ai dit, danger de le perdre, à moins qu'on n'ait une extrême attention, ou tout au moins l'embarras de le renouveller tous les ans. Dans le nombre des liqueurs de ce nom, il y en a qui n'ont pas grand cours: l'excellence des liqueurs distillées les a presque anéantis.

Il est cependant encore beaucoup de personnes entêtées des ratafias; c'est pour la satisfaction de ces personnes, que nous travaillons dans cette suite de ratafias, dont nous donnons les recettes. Tous les autres ratafias sont sujets au renouvellement d'années à autres, ou plutôt au bout de la premiere année.

Il en eſt tout autrement de celui-ci, il lui faut trois ans pour être à ſa perfeûion.

Pour faire ce ratafia, il faut choiſir les plus beaux coings qu'on pourra trouver, il faut qu'ils ſoient fraîchement cueillis, & bien mûrs; vous connoîtrez facilement qu'ils ſont au point de maturité qu'il faut, par leur couleur: il faut que ces coings ſoient bien jaunes; obſervez ſurtout qu'ils ne ſoient ni gâtés ni pourris, qu'ils ſoient ſans tache. Ces coings bien choiſis, vous les eſſuyerez avec un linge blanc, pour ôter le duvet dont ils ſont couverts; vous prendrez enſuite une rape, & raperez le fruit juſqu'au cœur, en obſervant de ne point y mettre le pepin. Quand vous aurez rapé ce fruit, vous le laiſ-ferez fermenter dans ſon jus l'eſpace de vingt-quatre heures, au bout duquel temps vous le preſſerez dans un linge blanc & fort, afin qu'il puiſſe réſiſter à l'effort de la preſſion.

Vous paſſerez enſuite ce jus à la chauſſe, vous y ferez fondre du ſucre; & quand le ſu-cre ſera fondu, vous mettrez ce jus dans l'eau-de-vie, & y mettrez comme aux autres ratafias, de l'eſprit épicé de girofle, macis & cannelle, pour l'aſſaiſonner, ſelon la recette que je donnerai ci-après.

Ce mêlange fait, vous le paſſerez à la chauſſe pour le clarifier de plus en plus: ce qui ſe fera facilement; vous le mettrez enſuite dans des bou-teilles, que vous aurez ſoin de bien boucher; il faut de plus les bien cacheter, & les mettre enſuite dans la cave, où il faut les oublier pour deux ou trois ans.

Il faut abſolument laiſſer vieillir ce ratafia; car c'eſt le temps qui lui donne ſa perfeûion.

Après ce temps, cette liqueur eſt d'un goût

délicieux, & du goût de bien des personnes ; c'est d'ailleurs un spécifique excellent pour le mal d'estomac, il arrête le cours de ventre les plus opiniâtres, & l'expérience des guérisons qu'il a opérées tient lieu de certitude sur ce point.

Ce ratafia est facile à faire ; mais quelque facile qu'il soit, on ne réussit à le faire parfait, qu'en n'omettant aucune des choses que j'ai prescrites pour le bien faire.

Quoique ce ratafia se perfectionne en vieillissant, on peut en boire au bout de trois mois ; mais si l'on veut qu'il ait toute la perfection qu'on peut desirer, il faut le conserver bien fraîchement dans sa cave, & ne le boire qu'au bout de trois ans ; c'est à-peu-près le temps qu'il faut à cette liqueur pour être à sa derniere perfection.

Recette.

Si vous avez vingt pintes de jus de coing, faites fondre dans ce jus passé à la chausse, sept livres & demie de sucre, six pintes d'eau-de-vie, quatre pintes d'esprit de vin, & de l'esprit de vin à la cannelle, au girofle & de macis ; ce qu'il en faudra pour l'assaisonner ce qu'il doit être.

Autre Recette.

Pour vingt pintes de jus, mettez sept livres & demie de sucre, dix pintes d'eau-de-vie, & de l'esprit des quatre épices distillées, ce qu'il en faudra.

Recette double pour l'hypotheque.

Pour vingt pintes de jus, mettez dix pintes d'esprit de vin, d'esprits épicés, ce qu'il en faudra pour l'assaisonnement de votre liqueur, & quinze livres de sucre.

Observation.

La pomme de reinette, & la poire de rousselet, donnent un ratafia - excellent, en observant la même pratique que pour celui-ci, tant pour le commun, que pour le double hypotheque, en observant bien de choifît les meilleurs fruits des deux efpeces ; car les bonnes matieres feules peuvent donner de bonne liqueur. Il eft entre les ratafias de pomme de reinette & de rouffelet, par rapport au coing, une différence feulement qui eft à l'avantage des deux derniers; c'eft que les ratafias de pomme de reinette & de rouffelet, peuvent fe boire à leur perfeûion au bout de trois mois, & qu'il faut trois ans pour perfeûionner celui de coing.

CHAPITRE CXIV.

Du ratafia de Pêche.

LA pêche eft de tous les fruits le meilleur & le plus beau. Le ratafia qu'on fait de ce fruit eft auffi le plus délicieux qu'on puiffe faire de tous les fruits à noyau.

Ce fruit eft d'une fi grande délicateffe, qu'il faut épier fon point de maturité pour l'employer auffi-tôt ; cette délicateffe fait qu'il eft très-fujet à fe gâter ; car la pêche un peu trop gardée, perd de la fineffe de fon goût & du parfum qui la met au deffus de tous les autres fruits.

Recette.

Choififfez, pour faire ce ratafia, les pêches les plus belles & les plus mûres qu'il fera poffible de choifir ; choififfez celles qui auront le plus de jus ; obfervez qu'elles ne foient point gâtées : vous aurez foin encore de ne les cueillir que dans un temps chaud, parce que les fruits ont toujours plus de faveur & de goût.

Quand vous les aurez cueillies avec toutes les précautions indiquées, vous les écraferez & les pafferez tout auffi-tôt dans un linge bien fort, pour en bien exprimer tout le jus : vous ferez fondre le fucre dans ce jus fans y mettre d'eau : quand le sucre sera fondu, vous y mettrez de l'eau-de-vie ou de l'esprit de vin, selon la qualité que vous voudrez lui donner, & le prix que vous vous proposerez de le vendre. A ce ratafia, il ne faut point mettre d'épices, pour ne pas ôter le goût de la pê-che, dont le parfum vaut toutes les épices du monde.

Lorsque votre eau-de-vie ou votre esprit de vin sera dans le jus de pêche sucré, vous passerez le tout à la chausse : quand il sera clair, vous le mettrez en bouteilles, que vous aurez soin de bien boucher & même de cacheter, de peur que vo-tre ratafia ne perde quelque chose de son goût par l'évaporation qui s'en pourroit faire, si les bouteilles n'étoient pas exactement bouchées ; vous les laisserez ensuite reposer au moins pen-dant six semaines.

Si vous voulez que votre ratafia soit rouge ou couleur de vin gris, vous laisserez fermenter la pêche écrasée dans son jus, plus ou moins, à proportion de la teinture que vous voudrez lui donner, sept ou huit heures, si le ratafia doit n'ê-tre que médiocrement coloré, ou plus, si on le veut davantage, pour donner à la couleur de la peau & à celle du cœur de la pêche, le temps de se décharger & de colorer le jus. Je ne dis rien de la quantité d'eau-de-vie, ou d'esprit de vin, qu'il faut y mettre, cela est du goût des Distilla-teurs ; je laisse cette quantité à régler à leur in-telligence : pour l'esprit de vin ou l'eau-de-vie, le prix qu'on voudra le vendre, ou la qualité qu'on voudra lui donner, sera la regle de la recette.

CHAPITRE CXV.
Du Ratafia de Prune de Reine-Claude.

LA reine-claude est la prune la plus parfaite de toutes, d'un goût délicieux quand on la mange fraîche, bonne à confire, à mettre à l'eau-

de-vie, & pour en faire du ratafia. Cette prune
a beaucoup de jus, & fon jus eft d'une douceur
extrême ; c'eft en un mot la reine des fruits de
cette efpece : auffi eft-elle de toutes les prunes
celle dont le Confifeur fe fert le plus, & celle
auffi dont le Diftillateur fait le plus d'ufage.

Il faut, pour faire ce ratafia, cueillir les prunes dans leur maturité, les employer auffi-tôt
qu'elles feront cueillies, choifir les plus groffes,
les plus mûres qu'il fe pourra, obferver de ne
les cueillir qu'en temps chaud, fi cela fe peut,
par la raifon que nous avons dite dans les Chapitres précédens : ce qu'étant fait, ayez foin de
les bien effuyer, pour ôter ce duvet qui les couvre ; quand vos prunes feront effuyées, vous les
ouvrirez & en ôterez le noyau, les écraferez
dans un vafe bien propre, où vous les laifferez
feulement deux ou trois heures, de peur que ce
fruit, qui s'échauffe facilement, ne fermente trop,
& que la fermentation ne l'aigriffe ; ce qui lui
ôteroit ce goût délicieux qui fait le mérite de
ce ratafia.

Ce temps paffé, vous les ôterez, les mettrez
dans un linge bien propre, & en exprimerez
tout le jus ; vous ferez fondre du fucre dans ce
jus ; quand le fucre fera bien fondu, vous y
mettrez fuffifante quantité d'efprit de vin à la
cannelle pour tout affaifonnement, fans autre
épice ; vous y mettrez de l'eau-de-vie, pafferez le tout à la chauffe, & quand il fera clair,
vous le mettrez en bouteilles que vous aurez
foin de bien boucher & cacheter, de peur qu'il
ne s'affoibliffe par l'évaporation ; vous les mettrez à la cave, pour le faire repofer l'efpace
de fix femaines ; & au bout de ce temps, vous
pourrez le mettre en vente.

Je renouvelle ici le confeil que j'ai donné ci-
deffus de goûter fouvent le ratafia ; mais j'ajoute

O 4

encore celui-ci, c'est qu'il faut toujours le goûter avant que de le vendre, pour bien connoître sa qualité ou ses défauts.

On s'assure par-là qu'il ne manque rien à ses recettes, on fait ses réflexions, on raisonne son opération, & on tire ses conséquences pour faire de même, si la liqueur a les qualités qu'elle doit avoir, ou pour remédier à ce qui lui manque, si on avoit omis quelque chose, ou enfin pour y ajouter, si la liqueur est encore susceptible de plus de perfection qu'on ne lui en a donné.

D'ailleurs, en raisonnant ces principes, outre qu'on peut faire de nouvelles découvertes, c'est qu'on s'assure de sa propre science ; & que, sans compter qu'on se met hors d'atteinte, & qu'on n'aura point de reproches à recevoir, souvent encore on se distingue & on se met au-dessus des autres.

Rien en un mot n'est petit pour celui qui veut exceller, il tire avantage de tout ; & quoique le ratafia soit la partie la plus ingrate de la science du Distillateur, il ne faut pas cependant négliger de s'y rendre habile.

Recette.

Pour vingt pintes de jus, vous mettrez huit livres & dix onces de sucre, dix pintes d'eau-de-vie, & de l'esprit de cannelle distillé, ce que vous jugerez suffisant pour le goût de votre ratafia.

Recette double ou d'hypotheque.

Sur vingt pintes de jus, vous mettrez quinze livres de sucre, dix pintes d'esprit de vin simple & d'esprit aux quatre épices, que nous avons décrit plus haut, suffisante quantité pour le goût de la liqueur.

Observation. Pour prunes de ratafia de mirabelle & pour celui d'abricot, il faut observer la même conduite que pour les ratafias de pêche & prune de reine-claude, c'est-à-dire, qu'il faut

écrafer le fruit, en exprimer le jus, & y mettre la quantité de fucre prefcrite pour le ratafia
de pêche & pour le firop de celui-ci.

Ceux qui voudront l'avoir plus facile pour la
clarification, & pour exprimer le jus du fruit,
pour la pêche, l'abricot & la reine-claude, car
il faut être véritablement Artifte pour en venir à
bout, mettront lefdits fruits dans des cruches, remplies les trois-quarts d'un de ces trois fruits, &
les rempliront d'eau-de-vie, les boucheront bien,
les laifferont pendant un mois : au bout dudit
temps, les pafferont & prefferont les fruits ; ils
mettront neuf onces de fucre par pinte de jus :
il faut donner le temps au fucre de fondre avant
de le paffer à la chauffe ; on y ajoutera des efprits épicés. Si l'on veut en faire une hypotheque, on mettra un tiers d'efprit de vin avec l'eau-
de-vie, & dix onces de fucre par pinte.

CHAPITRE CXVI.

Du Vefpétro, & les qualités de la graine de carotte.

LE ratafia de Vefpétro fut autrefois une liqueur
extrêmement à la mode : elle eft excellente pour
les maladies occafionnées par les vents : elle réu-
niffoit deux excellentes qualités ; elle guériffoit
& faifoit plaifir. Son regne eft paffé, elle eft
tombée en bougeoifie. Sa chûte n'eft pas encore
fi mauvaife, & la bourgeoifie n'eft peut-être pas
la portion la moins fage de la fociété ; on pourroit dire plus : un nouveau nom fait quelquefois
fortune plus qu'un mérite ancien & reconnu.

On emploie à ce ratafia fept fortes de graines ; qui font, l'anis, le fenouil, l'angélique,
la coriandre, la graine de carotte, celle de l'a-
neth & de carvi.

J'ai donné les définitions des quatre premie-

res aux Chapitres qui en traitent fpécialement.
Je vais donner celles des trois dernieres.

La carotte eft une racine annuelle, potagere, faite comme un pivot, de couleur jaune, un peu plus que citrine. Sa moindre groffeur dans fa maturité, eft d'un pouce ou d'un
pouce & demi de circonférence, & de-là, jufqu'à cinq, fix & plus, charnue, ferme, unie,
& diminue jufqu'en bas, de la longueur de cinq
à fix pouces, fans fibre, ni chevelu; fes feuilles font d'un beau verd, velues par deffous, découpées en plufieurs fegmens, qui fe divifent encore en une infinité d'autres : fa tige eft ferme, droite, cannellée & garnie par intervalles
de quelques feuilles femblables aux premieres :
au fommet de cette tige naît un large bouquet
en parafol, compofé de plufieurs petites fleurs
blanches. Sa graine eft un ovale applati, de
couleur rougeâtre dans fa maturité; elle entre
en plufieurs autres recettes, ainfi que nous
dirons ci-après; elle eft aromatique, cordiale
& chaffe les vents.

Le carvi eft une plante qu'on dit avoir tiré
fon nom de la Carie, lieu de fon origine. Sa
racine eft longue, & groffe, blanche, d'un
goût aromatique un peu âcre : fes feuilles naiffent comme par paires, découpées, menues, le
long d'une côte; elles font femblables aux feuilles de carottes fauvages : fes fleurs font comme
celles de la carotte, tant fauvage que potagere, en parafol, compofées de cinq petites
feuilles rondes, blanches ou rouges, difpofées
comme les fleurs de lys : fa graine eft étroite,
un peu longue, cannellée fur le dos, d'un goût
âcre & aromatique. C'eft de toute la plante la
feule partie dont on faffe ufage dans la diftillation; elle eft ftomachale, cordiale & aromatique, chaffe les vents. Les Anglois en font

grand usage, il en entre dans beaucoup d'alimens.

Le chervi est une racine potagere, composée de plusieurs pivots, comme de petits navets, longs comme le doigt, blanchâtres en dehors, & très-blancs en dedans, doux, & d'un goût un peu aromatique, & se ramassent en bottes à leur sommet. Ses feuilles ressemblent à celles du cercifi dont il est une espece ; du milieu sort une tige grêle, ferme & cannelée. Ses fleurs sont blanches, sa graine est ovale, longuette, menue, rayée dans sa longueur, & beaucoup ressemblante à celle du persil, d'un blanc gris ; platte dans une de ses extrêmités, aromatique & bonne pour les vents.

Voilà les graines qui entrent dans la composition du Vespétro, & voici comme on les emploie.

Pour faire le ratafia de Vespétro, vous prendrez les graines ci-dessus, vous les mettrez dans un vaisseau bien propre, & y mettrez de l'eau-de-vie ; vous boucherez bien le vaisseau, & vous aurez soin de remuer votre infusion tous les huit jours ; observez cette pratique pendant six semaines : au bout de ce temps, vous la passerez dans un tamis, & laisserez égoutter vos graines ; vous ferez fondre du sucre dans l'eau-de-vie qui sera séparée de votre infusion, sans y mettre d'eau comme aux autres sirops ; vous le remuerez tous les jours, jusqu'à ce que le sucre soit bien fondu ; il faut toujours boucher le vaisseau pendant que le sucre sera à fondre, afin que les esprits ne s'évaporent point ; quand votre sucre sera fondu, vous passerez ce mêlange à la chausse. Si vous voulez que ce ratafia soit rouge, vous ferez une teinture de coquelicot.

Observez bien ce que nous avons dit ci-dessus, & votre ratafia sera parfait.

Recette.

Pour vingt pintes de ratafia, vous employe-rez vingt pintes d'eau-de-vie, six onces d'anis, six onces de fenouil, six de coriandre, trois on-ces d'angélique, trois onces de carotte, six d'a-neth, & six de carvi.

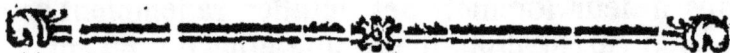

CHAPITRE CXVII.
Ratafia de Cassis.

LE cassis est une espece de groseiller, qu'on appelle groseiller noir en beaucoup d'endroits : il ne diffère des groseillers rouges qu'en ce que son écorce est plus noire, ses feuilles plus lar-ges, & qui jaunissent en vieillissant : son fruit vient en grappe; il est fort doux & même un peu fade, très-noir. On en fait un ratafia qui a beaucoup la vogue à présent, auquel on at-tribue des effets prodigieux & mille merveilles : sa feuille a de l'odeur. On en prend l'infusion comme du thé, & cette infusion fait des mi-racles, si l'on en croit les partisans du cassis.

L'usage nous en vient de Bordeaux; on le mit à la mode il y a quelques années. Il a si bien pris depuis, soit que ses effets soient bien prouvés ou non, qu'il figure avec beaucoup d'éclat & de brillant dans le monde : on fait même un extrait de ce fruit, comme du genie-vre, auquel on donne le grand nom de Pana-cée. Il n'est pas sans mérite, il est fort cor-dial, il aide à la digestion, & presque tout le monde a de ce ratafia pour obvier aux ac-cidens de ce genre. Qu'il mérite ou non les élo-ges dont on l'honore, voici la façon de l'em-ployer, elle est fort simple.

Vous prendrez les feuilles de cassis, dont vous ôterez les côtes; vous les mettrez infuser dans l'eau-de-vie pendant un mois, vous mettrez dans ladite infusion du macis, du clou de girofle, de la cannelle; & quand la vertu du cassis aura bien passé & bien pénétré votre eau-de-vie, vous passerez cette infusion dans un tamis. L'infusion passée, & vos feuilles bien égouttées, vous mettrez du sucre dedans, sans y mettre d'eau. Ce sucre ne fondra pas d'abord, parce qu'il fond difficilement dans l'eau-de-vie, & il lui faudra du temps, que vous lui donnerez; vous le remuerez tous les jours, jusqu'à ce qu'il soit bien fondu. Vous observerez sur-tout de ne point laisser le vaisseau, dans lequel vous aurez mis votre infusion, débouché pendant le temps que votre sucre sera à fondre, la force de vos esprits, & la vertu des feuilles du cassis s'évaporeroient : pour cet effet, vous mettrez cette infusion dans une cruche de grès ou autre vaisseau, dont l'embouchure soit étroite, & puisse se boucher exactement pendant que votre sucre fondra. Quand votre infusion sera au point où elle doit être, vous la passerez à la chausse pour la clarifier ; & quand elle sera claire, vous la mettrez en bouteille, que vous boucherez bien, & cacheterez, pour servir au-besoin.

Il n'est pas surprenant que ce ratafia échauffe, fortifie l'estomac & aide à la digestion des alimens. L'eau-de-vie fortifiée par les trois épices ci-dessus, le sucre & la chaleur même du cassis, sans une goutte d'eau, font concevoir sans difficulté, que la vertu qu'on lui donne, est nécessaire, tout y est cordial & bon.

Recette.

Pour faire dix pintes de ratafia de cassis, vous prendrez quatre poignées de feuilles, dix pintes d'eau-de-vie, deux gros de macis, demi-once de cannelle, demi-gros de girofle pulvérisé, & deux livres & demie de sucre. Si on le fait avec le jus.

du fruit, il faut faire comme pour les autres hypotheques.

Pour faire ce ratafia au fruit, il faut le cueillir dans sa parfaite maturité, prendre garde qu'il ne soit pas gâté, choisir les grains les plus beaux, les écraser, & sur chaque livre de cassis, vous mettrez chopine d'eau, & le laisserez fermenter vingt-quatre heures, ensuite le presser ; & vous mettrez autant de pinte d'eau-de-vie que vous aurez de jus, & mettrez quatre onces de sucre par pinte, c'est-à-dire, si vous faites six pintes, vous mettrez trois pintes de jus, trois pintes d'eau-de-vie, & une livre & demie de sucre, que vous ferez fondre dans le jus : avant que de mettre l'eau-de-vie, il faut l'assaisonner avec de l'esprit épicé, & le passerez à la chausse. On peut aussi mettre le grain écrasé dans l'eau-de-vie pendant trois mois, ensuite le passer & le presser, faire un sirop & l'incorporer avec votre infusion, & le passer à la chausse.

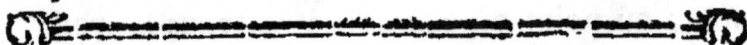

CHAPITRE CXVIII.

Du Ratafia de fleurs d'orange, & du ratafia commun & hypotheque d'orange de Portugal.

NOus aurions compris dans le Chapitre de l'orange ces trois liqueurs, si nous ne nous étions proposé de faire des ratafias une partie séparée, parce qu'à parler proprement, le ratafia n'est point l'ouvrage de la distillation, quoiqu'il soit une partie essentielle du commerce du Distillateur.

Les fleurs aussi-bien que les fruits, sont propres à faire le ratafia : généralement ce qui est propre à faire des liqueurs à l'esprit de vin, est propre à faire des ratafias. La fleur d'orange, par la supériorité de son parfum, y est plus pro-

pre que toute autre chofe : quoique l'ufage en
foit un peu tombé dans le difcrédit, il lui refte
encore des partifans ; c'eft pour eux que nous
donnons cette recette.

Pour faire le ratafia de fleur d'orange, vous
prendrez les fleurs les plus épaiffes qu'il vous
fera poffible, qui feront fraîchement cueillies,
avant le lever du foleil, au fort de leur faifon;
vous les éplucherez, les ferez blanchir dans très-
peu d'eau, vous ferez bouillir avant d'y mettre vos fleurs, vous ne laifferez ces fleurs que
très-peu de temps dans le blanchiffage ; quand
vous les aurez fait blanchir, vous les mettrez
égoutter dans un tamis, jufqu'à ce qu'elles foient
froides ; & quand elles le feront, & bien égouttées, vous les mettrez infufer dans l'eau-de-vie
tout au moins fix femaines ou un mois ; ce temps
écoulé, vous pafferez dans un tamis votre infufion, pour féparer vos fleurs d'avec l'eau-de-
vie ; & quand votre infufion fera paffée, & que
vos fleurs auront été bien égouttées, vous ferez
fondre du fucre dans l'eau ; & quand il fera fondu, vous mettrez cette eau-de-vie, féparée des
fleurs, dans ce firop, & le pafferez à la chauffe
pour le clarifier : voilà la façon de faire ce ratafia. Si votre infufion étoit trop forte en fleurs,
vous ajouterez de l'eau-de-vie & du firop, fait
comme ci-deffus, à proportion de fa force. Il
n'y a de regle pour ce point que le difcernement
du fabricant, & le goût général, qui doit étu-
dier & connoître autant qu'il eft en lui.

Plufieurs perfonnes ne font point blanchir la
fleur d'orange, parce que l'infufion ne donne
pas tant, & qu'il en faut beaucoup moins que
lorfqu'on les fait blanchir : il eft fimple que,
quand on les blanchit, une partie du parfum
s'évapore ; mais auffi quand on ne les blanchit
pas, il a beaucoup plus d'âcreté, qui fe perd

absolument au blanchissage ; d'autres ne se servent que de l'eau de fleurs d'orange distillée, forte en fruit, & en mettent au point qu'ils jugent au goût convenir à la force qu'ils veulent donner à la liqueur.

Ces façons différentes de faire ce ratafia sont relatives au goût ; ce sont autant de chemins différens qui conduisent au même but. On peut essayer des trois façons, & s'en tenir à ce qu'on jugera le meilleur.

On blanchit la fleur pour lui ôter ce goût âcre : on ne la blanchit pas, pour épargner sur la quantité qu'il en faut quand on les blanchit. On se sert de l'eau distillée de fleurs d'orange pour épargner les incommodités & trancher les longueurs. Toutes ces façons peuvent être bonnes ; je propose aussi ma recette.

Recette pour faire le ratafia de fleurs d'orange simple.

Prenez une livre de fleurs d'orange blanchies, comme il est dit ci-dessus, vous les mettrez dans cinq pintes d'eau-de-vie ; vous ferez fondre votre sucre dans cinq pintes d'eau, & vous ne mettrez de sucre que deux livres.

Si la fleur d'orange n'est pas blanchie, vous mettrez sept pintes & demie d'eau-de-vie, sept pintes & demie d'eau, & trois livres de sucre.

Recette pour faire le même ratafia double.

Si vous voulez faire le ratafia de fleurs d'orange double, vous mettrez le double de fleurs pour votre infusion, blanchies, comme il est dit ci-dessus, dans la même quantité d'esprit de vin simple : vous mettrez, pour faire votre sirop, au lieu de trois livres de sucre qu'il faut dans la recette précédente pour le ratafia commun, sept livres & demie dans celui-ci, dans pareille quantité d'eau.

Du ratafia & hypothèque d'orange de Portugal.

Ce ratafia que nous donnons n'est pas com-

mun, le jus de l'orange de Portugal en est la
base ; il est parfait quand il est bien fait ; mais
il faut pour le choix des oranges une extrême
attention.

L'orange est un fruit très-commun dans la
Provence & le Languedoc, plus commun encore dans la Provence ; commun aussi dans l'Italie & sur-tout dans le Portugal, d'où nous viennent les plus belles & les meilleures. Ces oranges sont grosses comme de grosses pommes, d'un
jaune d'or, elles sont d'abord couvertes d'une
peau extrêmement fine, jaune, dorée : cette
peau ou écorce, qui est la partie quintessen-
cieuse de l'orange, couvre une autre écorce blanche, épaisse, charnue & très-ferme : sa chair,
ou substance intérieure, est spongieuse, vésiculeuse, molle, & séparée par plusieurs pellicules
qui la divisent en plusieurs quartiers, pleins d'un
suc aigrelet dans quelques-unes, & doux dans
les autres. Ses semences sont comme celles du
citron, blanches, dures, oblongues & pointues
d'un côté. Nous parlons, dans plusieurs endroits
de ce Traité, du mérite de ce fruit.

Pour faire le ratafia d'orange de Portugal,
il faut prendre les oranges dans leur plus parfaite maturité, c'est-à-dire, pour ce pays-ci sur
la fin de Mars, ou au commencement d'Avril ;
choisir celles qui seront les plus tendres, dont la
peau sera la plus fine. Ces oranges ainsi choisies,
coupez légérement la premiere écorce, qu'on
appelle autrement zestes d'oranges, sans couper
le blanc de la seconde écorce ; gardez ces zestes
pour l'usage que nous dirons ci-après ; ouvrez
vos oranges ; exprimez-en le jus ; mettez ce jus
dans l'eau-de-vie, dans laquelle vous ferez fondre votre sucre, & mettez les zestes ci-dessus
dans la liqueur, & les laisserez infuser pendant
douze ou quinze jours. Après ce temps, & quand

votre fucre fera bien fondu , paffez le tout à la chauffe pour le clarifier ; & quand votre infufion aura paffé au clair, votre ratafia fera fait.

Obfervez fur-tout de ne vous fervir que d'o- ranges douces & des plus douces qu'il vous fera poffible d'avoir ; quelquefois il s'en rencontre d'aigres , d'autres fois d'ameres , ce font les plus mauvaifes , avec les cotonneufes ; les aigres font encore les plus fupportables.

Recette pour le ratafia commun d'orange de Portugal.

Pour faire ce ratafia , fur dix pintes de jus, vous mettrez cinq pintes d'eau-de-vie , trois li- vres de fucre , & les zeftes de dix oranges , que vous laifferez infufer pendant quinze jours.

Pour l'hypotheque.

Sur dix pintes de jus , vous mettrez fept pintes d'efprits rectifiés , huit livres & demie de fucre , & les zeftes d'orange autant qu'à la recette précédente.

Autre façon de faire l'hypotheque.

Au lieu de mettre infufer les zeftes , comme aux recettes précédentes , mettez pareille quan- tité de jus & de fucre qu'à l'hypotheque pré- cédent , & faites diftiller les zeftes en rectifiant les efprits , que vous mettrez en pareille quan- tité que pour l'hypotheque ci-deffus.

Obfervation. Dans les recettes que nous ve- nons de donner , nous avons donné la quantité de fucre , eau-de-vie , ou efprits , relativement à celle du jus ; mais il eft facile de voir que nous ne ftatuons notre recette que pour une quantité déterminée , & on augmentera ou l'on diminuera par proportion de la plus ou moins grande quantité de jus : on ne détermine rien non plus fur la quantité d'orange qu'il faut em- ployer , parce que les unes rendent plus de jus , les autres moins. Toute l'attention du Fabricant doit tomber fur le choix des oranges, qui doivent être, comme nous avons dit, les plus douces qu'il fera poffible.

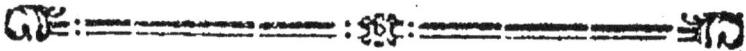

CHAPITRE CXIX.
De la Grenade.

LE grenadier eft un arbriffeau très-commun en Languedoc, en Provence, & très - connu dans ce pays-ci. Le fruit qu'il produit, qu'on appelle ici grenade, & que les Languedociens appellent miogranne, eft de la claffe des fruits à écorce. Celle de la grenade eft dure comme un cuir, de couleur brune, obfcure en-dehors, & jaune en-dedans ; ce fruit eft rond, garni d'une couronne formée par les échancrures du calice. Il eft divifé dans fon intérieur par plu-fieurs membranes, qui font tout autant de lo-ges remplies de grains entâffés les uns fur les autres, & d'une fubftance charnue, très-fuc-culente, de couleur rouge incarnate, extrê-mement agréable au goût & très-rafraîchiffante, tantôt aigre, tantôt douce, ce qui différencie les efpeces, en grenades aigres & en grenades douces : on diftingue encore ces efpeces entre celles à petits & celles à gros grains.

Pour faire le ratafia de Grenade.

Pour bien faire ce ratafia, vous prendrez des grenades douces ; il faut choifir celles dont les grains font les plus gros : les grenades à petits grains font d'un emploi très-ingrat, & ne ren-dent prefque rien. Il faut choifir les grenades les plus faines, qu'elles ne foient fur-tout ni gâtées, ni pourries, parce que la moindre al-tération dans ce fruit influe néceffairement fur tout le refte du fruit, lui donne un goût pourri ou amer, qui ôte tout le mérite de la liqueur

qu'on peut en faire, & la gâte abfolument :
il faut auffi que ce fruit foit pris dans fa parfaite maturité ; ce que vous connoîtrez par le
vermeil du grain, qui eft d'un brillant frap-
pant, quand le fruit eft à fon point.

Ce choix fait felon les connoiffances que nous
venons de donner, vous ouvrirez votre grenade, en ôterez les grains, & vous aurez fur-
tout une extrême attention à ne point laiffer
ces pellicules ou membranes, qui font les fé-
parations dans l'intérieur du fruit, parce qu'elles
font très-ameres, & donneroient à votre ratafia une amertume très-contraire à la douceur
qui lui eft effentielle.

Quand vos grenades feront égrainées, & que
vous aurez arraché les membranes fufdites, vous
des prefferez avec la main dans un tamis, afin
que le jus tombe dans une terrine, fans mêlange de grains ou autres chofes, parce que fi
le jus de vos grenades s'exprimoit avec un
linge, les grains froiffés donneroient encore un
goût amer à votre liqueur ou ratafia : votre jus
étant ainfi exprimé, vous ferez fondre dans ledit jus le fucre, fans autre firop : vous mettrez enfuite l'eau-de-vie & de l'efprit à la cannelle, & autres épices, le pafferez enfuite à
la chauffe pour le clarifier : quand votre ratafia fera clair, vous le mettrez en bouteilles,
& votre ratafia fera bon à boire au bout de quinze
jours, d'une beauté & d'un goût rares, & à coup
sûr nouveau pour Paris, mais auffi très-coûteux.

Recette pour le ratafia de Grenade fimple.

Pour deux pintes de jus, mettez cinq demi-
feptiers d'eau-de-vie, une livre de fucre, & de
l'efprit de cannelle ce qu'il en faudra pour affaifonner votre ratafia.

Recette double ou d'hypotheque.

Sur deux pintes de jus de grenade, vous

mettrez une livre & demie ou deux livres de
sucre, cinq demi-septiers d'esprit de vin pour
trois pintes environ, & de l'esprit aux quatre
épices, selon l'assaisonnement que vous jugerez
le plus convenable.

CHAPITRE CXX.

Sur l'Hypotheque en général.

L'Origine du nom d'hypotheque n'est pas
connue des Distillateurs qui l'emploient ; &
moi-même, je ne sais à quoi il vient pour les liqueurs ; mais comme tout est de convention dans
ce monde ; hypotheque en terme de distillation,
signifie liqueur double, & c'est ce qu'on est con-
venu d'entendre par ce terme.

L'hypotheque donc est une liqueur double,
& à laquelle le Distillateur a donné toute la
perfection dont elle puisse être susceptible, ou
plutôt toute la perfection qu'il est capable de
lui donner.

L'hypotheque & sa véritable signification, est
un ratafia double en ffuit, fait avec des esprits
& des épices, qui a tout le corps & le parfum de fruit, la force des esprits & la cordia-
lité des épices.

Les vrais hypotheques se font avec le corps du
fruit, qui sert à composer le sirop de ces liqueurs ; il n'entre point d'eau dans les hypotheques pour faire fondre le sucre, c'est dans
le jus du fruit qu'il est fondu.

Les hypotheques les plus ordinaires & les
meilleurs sont ceux de pêches, d'abricots, de
coings, de muscat & de grenade.

Ces hypotheques, quand ils sont bien faits,
font d'excellentes liqueurs, infiniment supérieurs
aux ratafias, dont ils sont l'ame, aussi clairs

que les ratafias, quoiqu'infiniment plus moëlleux
& conséquemment aussi faciles, & mille fois
plus agréables à boire. Le fruit y a un goût plus
marqué & plus fin. L'hypotheque le rend après
plusieurs années avec tout son parfum.

On peut, si l'on veut, faire des hypotheques
avec toutes sortes de sirops, en observant cependant de ne point augmenter le sirop en y
mettant de l'eau ; mais il faut mettre simplement
dans votre sirop autant d'esprits qu'il en faudra
pour donner à votre hypotheque la force qu'il
doit avoir.

Si donc vous vous servez des sirops, il faut
qu'ils soient nouveaux, que ces sirops soient
faits avec des fruits qui aient été confits seulement
depuis trois ou quatre mois au plus, parce que
c'est alors que le fruit & le sirop sont à leur perfection, & c'est le seul temps qu'on puisse s'en
servir pour faire des hypotheques ; à moins que ce
ne fussent des sirops de fruits à écorce, qui conservent leur parfum plus long-temps, & ce parfum est la partie essentielle de ces sortes de fruits.

Généralement dans toutes les sortes d'hypotheques que vous pourrez faire, vous mettrez pour
leur assaisonnement, un peu d'esprit distillé aux
quatre épices : ce qui leur donnera, outre la cor-
dialité, le goût le plus flatteur ; mais les hypotheques ci-dessus sont les meilleurs & les plus usités.

Quand vous aurez fait un bon choix des fruits
qui vous seront nécessaires, vous en tirerez tout
le jus, comme si vous vouliez faire du ratafia.
Quand vous aurez tiré tout le jus sans y mettre
d'eau, & quand ce sucre sera fondu, vous y mettrez de l'esprit de vin, le tout selon les recettes de
chacun ; vous les passerez ensuite à la chausse, &
quand ils seront clair-fins, vous les assaisonnerez
de vos esprits des quatre épices, & vous attendrez
quelques jours pour les livrer au public, afin de

donner le temps aux liqueurs de faire leur dépôt, s'il s'en doit faire ; car il y en a qui en font, d'autres qui n'en font pas ; mais au bout de six femaines, vous pourrez les livrer en toute sûreté.

Au cas qu'il se fît dans vos hypotheques quelques dépôts, vous tirerez par inclination votre liqueur au clair. Vous remettrez de l'esprit de vin dans vôtre dépôt, & le passerez à la chauffe des liqueurs fines. Il deviendra clair.

Cela fait, vous remettrez le tout ensemble, & vous n'aurez plus à craindre de dépôt.

Voilà la façon de faire tous les hypotheques. Ce Chapitre, tout abrégé qu'il est, suffit pour les faire de quelque espece qu'ils puissent être, & sera la regle de toutes vos opérations en cette partie.

CHAPITRE CXXI.
Des Huiles.

LEs huiles ou essences dont nous parlons font des huiles parfumées, d'amande, de ben & de noisette. Nous allons dire d'abord ce que font ces trois fruits, la façon d'en extraire les huiles, & ensuite nous dirons la maniere de les parfumer.

L'Amande.

L'amande est le fruit d'un arbre qu'on appelle l'amandier, & est très-connu. Son fruit à son commencement n'est qu'une partie charnue, verte, cotonneuse en-dehors, au dedans de laquelle se forme un noyau osseux, qui renferme sa femence. A quelques-uns de ces arbres, elle est douce, à d'autres amere. Cette femence est proprement le fruit de l'amandier, & la seule chose qu'on emploie. On en fait des huiles, des pâtes ; on le mange ; on s'en sert pour la pâte d'orgeat, ainsi que nous dirons. Cette femence est couverte d'une pellicule roussâtre, sa chair est ferme & blanche, fort douce & fort huileuse: on confit cependant le brou des amandes dans leur verdeur, à-peu-près comme celui des noix : on les essuie pour ôter le duvet qui les couvre, & on les cueille, à cet effet, auparavant que les coques ou parties osseuses de l'une & de l'autre aient durci, & on les confit ensuite ; mais comme cette partie ne nous regarde pas, ce sera de l'huile simplement dont nous parlerons.

Le Ben.

Le ben est un fruit à coque comme l'amande, d'un arbre qu'on appelle ben ou behen. Cet arbre croît dans l'Arabie ; on casse le noyau pour avoir la semence, de laquelle on tire une huile que les Parfumeurs emploient, parce qu'elle n'a point d'odeur d'elle-même ; mais elle est extrêmement susceptible des impressions de toutes les odeurs dont on la veut charger : elle a aussi le mérite particulier de ne rancir jamais, comme les autres huiles exprimées, & de se conserver très-long-temps au même degré de bonté. Cette huile sert à effacer les tâches & les lentilles du visage, appliquée seule, ou mêlée dans les pommades : elle est d'un usage extrêmement ancien. Les Distillateurs tirent de l'huile de ce fruit, qu'ils emploient aux mêmes usages que les Parfumeurs, pour faire des essences d'odeurs & des pommades.

La Noisette.

La noisette est un fruit à coque, que produit un arbre qu'on appelle le noisetier. Ce fruit, tel que nous disons, est couvert d'un brou peu épais, & enveloppé encore dans une espece de coupe évasée & échancrée par le haut. Le fruit, qui est la semence de l'arbre, est renfermé dans une coque dure, de couleur roussâtre quand la noisette est seche, & couverte

d'une

d'une pellicule de même couleur. Sa fubftance eft blanche & ferme , douce & huileufe,, comme l'amande. L'huile de ce fruit s'emplŏie encore avec fuccès pour les effences d'odeurs , ainfi que nous dirons.

Pour faire ces huiles , on caffe la coque defdits fruits , on en tire le fruit , on le broie , & on le met dans une forte toile , fous la preffe , & on en exprime l'huile fans feu ; ou fi on la tire au feu , on broie de même les fruits , que l'on met dans une poële ou cafferole point étamée , fur un fourneau , à un feu tempéré , remuant continuellement avec une fpatule , jufqu'à ce que votre fruit ait acquis une bonne chaleur ; & quand les fruits , ainfi broyés , font affez échauffés , & qu'ils diftillent l'huile , on les met comme ci-deffus , dans une forte toile qu'on met fous preffe , & on tire l'huile comme ci-deffus.

CHAPITRE CXXII.

Les Effences pour les Cheveux , parfumées aux fleurs.

CEci eft véritablement la partie du Parfumeur; mais comme les effences font auffi bien celle du Diftillateur , que la fienne , & que les Parfumeurs ne favent , ni fe donnent ici la peine de les faire , j'ajoute au préfent Traité la façon de faire ces effences ; ceux qui en voudront profiter la trouveront ; ceux qui ne s'en foucieront point , la pourront paffer.

Pour faire ces huiles & effences , il faut prendre une boîte de fer blanc carrée , d'environ un pied & demi de chaque face , ou plus , & haute d'un pied , qui s'ouvre par le côté , comme une couliffe ; vous poferez une grille auffi de fer blanc , piquée dru à la moitié de la hauteur de votre boîte ; & l'ouverture ou couliffe

P.

commencera deux doigts au-deſſous, & ſe ter-
minera au haut de la boîte. Si vous faites beaucoup de ces eſſences, vous aurez pluſieurs boîtes de la même façon ; vous prendrez enſuite
une toile de coton neuve, qui ſoit pliée en
quatre, & qui ſoit d'un pied & demi ou deux
pieds en quarré, à proportion de la grandeur
de votre boîte. Votre toile étant ainſi préparée, vous la tremperez dans l'huile de ben ou
celle de noiſette, & vous choiſirez de la toile
de coton par préférence à toute autre, parce
qu'elle prend davantage l'huile : mais au cas que
vous n'en euſſiez pas, ce qui ne ſe rencontre
guere, vous pourriez vous ſervir d'autre bonne
toile, pourvu qu'elle n'eût point été à la leſ-
ſive ; votre toile étant ainſi imbibée, vous la
poſerez ſur ladite grille ; & pour le parfum
deſdites huiles, vous employerez toutes les
fleurs qui auront l'odeur forte & agréable, telles
ſont la jonquille, le jaſmin d'Eſpagne & le
petit jaſmin, le lis, la tubéreuſe, l'œillet, la
fleur d'orange, le muguet, & autres fleurs qui
ont les qualités des ſuſdites. Nous n'avons pas encore parlé du muguet, il faut en dire un mot ici.

Le Muguet.

Le muguet eſt une plante qui croît dans les
bois & les vallées ; elle reſſemble beaucoup au
petit lys, ce qui lui a fait donner le nom de
lys des vallées. Ses fleurs ſont en cloches, blanches, évaſées par le haut, découpées en cinq
ou ſix crénelures, d'une odeur extrêmement
agréable : il y en a de blancs, de rouges d'incarnat ; mais tous ne diffèrent que par la couleur de leurs fleurs.

Pour continuer le Chapitre, ſi vous employez
l'œillet, il ne faut pas employer des œillets à
ratafia, mais vous employerez les petits œillets
marbrés, blancs & d'un rouge foncé.

Quand vous aurez choifi les fleurs que vous voudrez employer, qui toutes doivent être fraîchement cueillies, & dans leur force, vous en mettrez un lit de celle avec laquelle vous voudrez parfumer votre effence, fur votre toile de coton, ainfi imbibée d'huile, foit de noifette, foit de ben, ou celle d'olive vierge ou tirée fans feu, ou vous pourrez mettre un lit de plufieurs fleurs mélangées.

Vos fleurs ainfi étendues, vous mettrez fur ce lit une autre toile de coton, femblable à la premiere, & pareillement trempée dans l'une defdites huiles.

Si vous pouvez toujours employer l'huile de ben, ce fera le mieux, par la raifon que nous avons dite. Toutes les vingt-quatre heures, vous leverez la toile de deffus, & remettrez un autre lit des mêmes fleurs, dont vous aurez fait le premier lit, & changerez lefdites fleurs de cette forte, chaque jour pendant huit à dix jours.

L'efpace de vingt-quatre heures fuffit pour dépouiller abfolument leur parfum, dont l'huile de ben fe charge aifément. Ce qui tombe d'huile au fond de la boîte par cette planche de fer blanc percée, eft d'abord parfumée. Vous mettrez d'abord celle-là en bouteille, enfuite vous mettrez les toiles imbibées d'huile & chargées du parfum de vos fleurs fur la preffe, & les prefferez pour exprimer toute l'huile dont elles feront imbibées, jufqu'à ce que ladite toile foit extrêmement féche; & ce qui en fortira fera votre effence, que vous mettrez dans la même bouteille où vous aurez mis l'huile qui fe fera trouvée au fond de votre boîte; vous lui donnerez quelque temps pour repofer & faire fon dépôt, s'il s'en fait; & enfuite la tirerez à clair, en la verfant doucement par inclination dans une autre bouteille. C'eft ainfi que fe font les effences. Il nous reste à dire ce qu'est la tubéreuse, & l'olive, & à donner une façon de faire l'huile ou essence pour les cheveux, parfumée de même aux fleurs, tirée de la pâte d'amande douce; ce que nous allons faire dans le Chapitre suivant.

La Tubéreuse.

Les fleurs de cette plante sont blanches, faites comme celles du lys, en calice, évasées par le haut, & partagées en quatre ou cinq feuilles, grasses, onctueuses, épaisses, & d'une odeur si forte qu'une tubéreuse parfume une chambre entiere. Au cœur de la fleur est un pistil & quelques étamines garnies d'une poussiere très-fine. Cette plante pousse de sa racine plusieurs feuilles semblables aux premieres; mais plus longues, plus larges, proportionnellement à leur grandeur. Cette plante a l'odeur extrêmement forte, & cependant agréable, & par conséquent d'un usage excellent en cette partie des essences parfumées aux fleurs.

L'Olive.

C'est le fruit d'un arbre très-commun dans la Provence, le Languedoc, l'Italie, l'Espagne & autres pays chauds, &c. Son fruit est oblong, verd, d'un goût extrêmement amer avant les préparations qu'on lui fait, âpre au manger; il est charnu & extrêmement huileux; il devient noir en mûrissant; au cœur est un os ou noyau oblong, pointu des deux côtés, extrêmement dur & épais, & sillonné par plusieurs gerçures, ayant très-peu de vuide, dans lequel est une espece d'amande.

Ce fruit est du plus grand usage par l'huile qu'on en tire, & qui fait une des plus considérables parties du commerce de ces pays. On en tire de l'huile sans feu, qu'on appelle l'huile d'olive vierge; c'est de celle-là que nous conseillons l'emploi pour les essences parfumées.

CHAPITRE CXXIII.

L'huile ou essence pour les cheveux, parfumée aux fleurs, & tirée de la pâte d'amande douce.

COmme il est essentiel de ne rien omettre de la façon de tirer les huiles ou essences parfumées, nous continuons cette partie par celle qu'on tire de la pâte d'amande douce parfumée aux fleurs ; & voici comment cela se fait.

On commence d'abord par parfumer la pâte aux fleurs ; ensuite on en extrait l'essence, qui est aussi parfumée, & l'amande dépouillée d'huile se réduit en poudre, dont on fait une pâte à laver les mains, qu'on appelle pâte d'amande parfumée de Provence, & qu'on vend très-bien, outre l'essence ; car elle occasionne d'assez grands frais.

Vous prendrez donc, pour faire cette huile ou essence, des amandes douces, que vous pilerez extrêmement fin : vous passerez cette poudre au tamis, & continuerez de piler & repasser au tamis ce qui n'y aura pas passé les premiere & seconde fois, jusqu'à ce que tout soit bien pulvérisé & bien fin : vous aurez une ou plusieurs boîtes de fer blanc, comme celle que nous avons décrite au précédent Chapitre ; vous étendrez sur la planche de fer blanc piquée, un lit des fleurs dont vous voudrez parfumer votre pâte d'amande, & mettrez sur ce lit de fleurs un lit d'amande pulvérisée ; vous fermerez votre boîte, & la laisserez en cet état vingt-quatre heures ; au bout de ce temps, vous retirerez les fleurs & les amandes pulvérisées, remettrez les fleurs & amandes dans le tamis, vous les passerez pour en séparer les fleurs ; vous les remettrez ensuite dans votre ou vos boîtes, comme la première fois, fur un nouveau lit de la même ou des mêmes fleurs, que vous laifferez encore vingt-quatre heures, & continuerez la même pratique pendant huit jours, en obfervant de changer ainfi les fleurs, comme ci-deffus, toutes les vingt-quatre heures ; au bout de ce temps, vous mettrez votre poudre d'amande dans un linge ou plufieurs, mais qui foient neufs & forts : vous les mettrez à la preffe, & votre preffe étant ferrée, vous la laifferez trois heures en cet état, & l'huile qui en fortira fera parfaitement parfumée ; vous la mettrez enfuite dans un vaiffeau de verre bien bouché, & lui donnerez quelque temps pour fe repofer & faire fon dépôt, après quoi vous la tirerez à clair, en la verfant par inclination dans une autre bouteille. C'eft ainfi que fe fait l'huile ou effence pour les cheveux, à la pâte d'amande douce parfumée aux fleurs.

Quant à cette pâte, elle n'eft point perdue, on la remet dans le mortier, on la pile, & on la remet en poudre comme la première fois ; on la met enfuite dans des pots qu'on bouche bien, de peur que le parfum ne tranfpire & ne s'évapore ; & quand votre pâte eft feche, elle eft parfaite, conferve fon parfum, que vous vendrez enfuite pour pâte de Provence. Je ne parle pas dans ce Chapitre, ni dans celui ci-deffus, des huiles & effences du cédrat, ou de la bergamote, & autres fruits à écorce, dont on peut parfumer lefdites huiles ou effences, en employant leurs quinteffences.

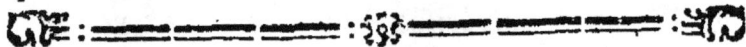

CHAPITRE CXXIV.
DES SIROPS.
Le Sirop de Capillaire.

IL eft d'une extrême importance à un Diftillateur de favoir faire les firops. Souvent cette partie eft la meilleure de fon commerce, & d'ailleurs, il ne peut pas l'ignorer, parce qu'il doit favoir manier le fucre.

Les firops les plus ufités, ce font les firops gracieux : le refte eft la partie des Apothicaires. Ce font les firops de capillaire, d'orgeat, du limon, de grofeille, de violette, defquels je vais donner des recettes à la fuite du firop de capillaire, par lequel je commence. Il faut dire d'abord ce qu'eft la plante qui donne le nom à ce firop.

Le Capillaire.

Le capillaire eft une herbe, ou plante, qui vient dans les lieux fecs & pierreux, fur les rochers, à l'ombre, dans les murs, dans les puits, comme la fcolopendre. Ses feuilles naiffent immédiatement de fa racine, & font rangées fymétriquement le long d'une côte déliée, mais ferme, roide & cannelée, fur laquelle font plufieurs petites taches ou raies roufsâtres & élevées: les feuilles font petites, rondes, fermes, unies, d'un beau verd, rangées fymétriquement des deux côtés, le long de cette côte, & fe touchent ; elles font quelquefois d'un verd moins foncé, quelquefois plus, quelquefois terne. Celui qui vient fur les rochers donne à l'infufion qu'on en fait, un goût aromatique, mais fin & très-agréable, & eft d'un verd terne. Celui qui vient fur les murs eft d'un verd tendre & gai, & eft encore fort aromatique, celui des puits eft du plus beau verd, mais le moins fort en odeur. Cette plante eft très-pectorale, & très-rafraîchiffante.

Le capillaire de Montpellier eft fur-tout renommé & le plus eftimé de tous. On fait plus d'ufage de celui du Canada que de tout autre, parce qu'il eft le plus commun. C'eft celui-là fur-tout qu'on emploie pour faire le firop qui porte fon nom.

Quand vous aurez choifi le capillaire, ainſi que nous venons de le dire, vous le mettrez dans une poële à confiture avec de l'eau, vous le ferez bouillir juſqu'à ce que votre eau ou décoction ſoit bien ambrée ; & lorſque vous verrez que la plante ſera ſuffiſamment imbibée & infuſée, & qu'il ſe ſera précipité au fond de l'eau, ſans que vous l'ayiez plongé avec l'écumoire, vous le retirerez du feu, ou vous paſſerez la décoction ou infuſion dans un tamis, laiſſerez égoutter votre capillaire : vous nettoyerez enſuite la poële, & mettrez dedans votre ſucre ou caſſonnade, avec l'eau qui aura ſervi à infuſer le capillaire, le mettrez ſur le feu, & remuerez le ſucre, juſqu'à ce qu'il ſoit bien fondu. Après cela vous caſſerez des œufs, vous ôterez les jaunes, & ne prendrez que les blancs que vous mettrez dans de l'eau fraîche, les battrez bien avec des branches d'oſier, dépouillées de leur écorce, afin de les bien faire mouſſer. Quand votre ſucre & l'eau bouilliront, vous jetterez une partie de vos blancs d'œufs, ainſi préparés, & vous attendrez que l'écume ſoit montée & attachée à vos blancs d'œufs, qui reſteront toujours ſur le ſirop ; alors vous l'écumerez ; & après avoir écumé votre ſirop, vous remettrez encore des blancs d'œufs, comme la première fois, juſqu'à ce que votre ſirop ſoit parfaitement clarifié. Vous l'écumerez, ainſi qu'il eſt dit, & le laiſſerez bouillir juſqu'à ce qu'il commence à s'épaiſſir, & ſe réduire en conſiſtance de ſirop, ce que vous pourrez connoître en bouillant ; car quand le ſirop avance d'être fait, un très-petit feu le fait monter, & d'ailleurs on le goûte ; & quand il eſt fait, on le paſſe par le tamis : enſuite il faut le laiſſer refroidir, & quand il eſt froid, on le met en bouteille.

C'eſt-là la véritable façon de faire le ſirop de

capillaire. Obfervez qu'il faut que votre firop ne foit ni trop clair, ni trop épais ; trop clair votre firop fermenteroit ; trop épais, il candiroit & fe cryftalliferoit. Le point véritable eft de favoir le milieu jufte dans ces deux cas, qu'aucune regle ne donne, & que le Diftillateur n'acquiert qu'avec la pratique & beaucoup de raifonnement.

Si vous voulez que votre firop ait une couleur moins ambrée, vous ne ferez fimplement que faire infufer le capillaire du foir au matin fur la cendre chaude, fans le faire bouillir, & quand vous aurez paffé votre infufion, vous ferez votre firop avec cette infufion. On prétend que ce dernier eft plus propre pour les malades que celui qu'on fait bouillir.

Recette pour faire le firop Capillaire.

Vous prendrez deux onces de capillaire, & quatre pintes d'eau, fix livres de fucre ou caffonnade, trois œufs, fi vous employez du fucre, & fix œufs, fi vous vous fervez de caffonnade ; le tout pour trois pintes, ou trois pintes & chopine au plus, s'il doit être employé promptement, le réduire à trois pintes, & fuivre votre Chapitre dans tous les points, fi vous voulez bien faire & le faire bon.

CHAPITRE CXXV.
Du Sirop d'Orgeat.

LE firop d'orgeat eft de ceux qui font le plus en ufage. On s'en fert dans plufieurs maifons, préférablement à la pâte, pour laquelle il faut beaucoup de préparation, & un grand travail. Le firop cependant eft inférieur à la pâte ; mais il eft d'un ufage plus commode, parce que la pâte en vieilliffant, fe feche & s'aigrit, & d'ailleurs, il faut la paffer par l'étamine, pour faire l'orgeat, ou par un linge, lorfqu'on le veut boire ; au lieu qu'en prenant une certaine quantité de firop d'orgeat, que vous battrez bien dans l'eau, votre orgeat eft fait fur-le-champ, & vous le pouvez boire ; mais que la pâte foit meilleure, & le firop plus commode, je laiffe cette queftion à décider, pour dire à mes Lecteurs comment fe fait le firop d'orgeat.

Vous prendrez des amandes de Provence, vous aurez foin de les choifir de l'année, fraîchement caffées, ce que vous diftinguerez facilement par la fraîcheur de leur couleur, elles font ordinairement plus blondes & moins ridées quand elles font fraîches.

Vous mettrez quatre onces d'amandes ameres, par livre d'amandes douces : vous mettrez lefdites amandes dans un vaiffeau ou terrine, avec de l'eau bouillante par-deffus, afin de les dépouiller plus aifément de cette peau rouffâtre qui les couvre ; vous les jetterez enfuite dans de l'eau fraîche, à mefure que vous les aurez pelées ; & lorfqu'elles le feront toutes, vous les tirerez de cette eau fraîche, les pilerez dans un mortier, & les pafferez fur une pierre bien unie, pour les broyer encore avec un rouleau de bois, en y mettant de temps à autre quelque peu d'eau, comme pour faire la pâte, de peur que vos amandes ne fe tournent en huile. Quand votre pâte fera ainfi faite, vous la délayerez dans un peu d'eau, & la pafferez par l'étamine, vous prefferez fort pour en exprimer bien la fubftance ; & comme il pourroit refter encore beaucoup de lait dans votre pâte, vous le redélayerez dans de nouvelle eau une feconde fois, & même une troifieme, s'il eft befoin, afin qu'il ne refte point de lait dans la pâte. Obfervez toujours de mettre trèspeu d'eau à chaque fois que vous laverez votre

pâte, afin que le lait en soit épais : vous ferez ensuite du sirop à l'eau simple avec le sucre, & le réduirez à casser, c'est-à-dire, qu'il
se crystallise & qu'il soit prêt à candir ; alors
vous mettrez votre lit d'amande & le laisserez
bouillir ; vous aurez cependant le soin de le
remuer pendant quelque temps aux premiers
bouillons, selon son épaisseur, par la force
du sucre ; & quand vous vous appercevrez que
votre sirop sera assez épais, vous le retirerez
du feu pour le laisser refroidir, & de temps à
autre vous le remuerez, pour empêcher que
votre orgeat ne monte trop. Lorsqu'il sera froid,
vous le mettrez en bouteille, en remuant toujours votre sirop. Si vous voulez que votre
sirop sente la fleur d'orange, vous mettrez de
l'eau de fleurs d'orange dans le lait d'amande,
ou telle autre odeur dont vous voudrez que
votre sirop soit parfumé.

Ce Chapitre est essentiel dans tous ses points,
ainsi il est bon de n'en omettre aucun.

Recette pour quatre pintes de sirop d'Orgeat.

Pour faire quatre pintes de sirop, vous
employerez sept livres de sucre, une livre d'a-
mandes douces, deux onces d'amandes améres,
ou quatre onces d'amandes de noyau d'abricot
de l'année, parce qu'elles sont beaucoup moins
ameres que les vraies amandes.

Si vous ajoutez de la fleur d'orange, vous en
mettrez à discrétion, le tout selon votre jugement, le goût général & le goût des particu-
liers que vous voudrez contenter.

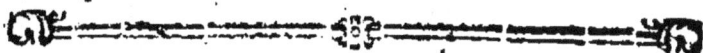

CHAPITRE CXXVI.

Du sirop de Limon.

LE sirop de limon est autant en usage que
celui d'orgeat. On s'en sert de même pour les

rafraîchiſſemens dans pluſieurs maiſons. Pour bien faire ce ſirop, il faut choiſir des limons qui aient l'écorce un peu épaiſſe, & la couleur de ladite écorce plus pâle que celle du citron. Il faut pour employer le limon, qu'il n'ait aucune tache de verdeur, & que ſa couleur cependant ne ſoit pas bien jaune, parce que lorſqu'il eſt verd, il n'eſt pas ſi ſucculent, & le jus eſt plus acide & moins bon que quand il eſt pris à ſa maturité; & lorſqu'il eſt trop jaune, le ſuc en devient trop doux & moins propre, parce que, s'il ne faut pas qu'il ſoit trop aigre, auſſi faut-il qu'il ait une petite pointe qui fait tout l'agrément de ce fruit. On coupe les zeſtes de ce fruit, on les fait bouillir dans de l'eau, & on paſſe cette décoction par le tamis; enſuite il faut faire un ſirop à caſſer, c'eſt-à-dire, prêt à ſe criſtalliſer ou candir. Avec l'eau où vous aurez fait bouillir vos zeſtes, & pendant le temps que votre ſirop cuira, vous preſſerez vos limons pour en tirer le jus; & quand vous les aurez preſſés, vous paſſerez le jus à la chauſſe pour le clarifier; & lorſque votre ſirop ſera fait, comme nous avons dit, vous le tirerez du feu, vous mettrez votre jus dans le ſirop, en le verſant doucement, & vous remuerez le ſirop: quand tout le jus ſera verſé & ſuffiſamment remué, vous le laiſſerez refroidir pour le mettre en bouteille: c'eſt ainſi que ſe fait le ſirop de limon; & ſi, ayant beſoin de faire ce ſirop, vous ne trouviez pas de limons, vous employerez des citrons à leur place, en obſervant exactement tout ce que nous venons de dire du degré de maturité. Et pour la façon de le faire, vous obſerverez de ne mettre le jus dans le ſirop qu'après la cuiſſon, & vous ne le ferez plus bouillir quand vous l'aurez mis, parce que cette petite pointe d'aigre qui fait la meilleure partie de ſon mérite, ſe diſſiperoit, & votre ſirop ne vaudroit plus rien.

Recette pour quatre pintes de firop de Limon.

Si vous voulez faire quatre pintes de firop de limon, vous ferez votre décoction comme pour le firop de capillaire ; vous mettrez les zeftes du fruit, avec quatre pintes & chopine d'eau, fept livres de fucre ; & votre firop étant prêt à caffer, vous mettrez une pinte de jus de limon ou citron ; mais la quantité de limons ou citrons n'eft pas bornée, parce qu'un fruit rend d'ordinaire plus ou moins qu'un autre.

CHAPITRE CXXVII.
Le firop de Grofeille.

LE firop de grofeille eft une boiffon qu'on fait pour fuppléer au défaut du fruit, qui ne dure au plus que deux mois dans l'année ; & dans le refte, il fe trouveroit un vuide pour ceux qui aiment ce rafraîchiffement : c'eft donc pour conferver ce fruit qu'on fait le firop de grofeille.

Vous prendrez des grofeilles dans le fort de leur faifon, qui foient parfaitement mûres, vous en ôterez les grappes, les écraferez, & les pafferez dans un linge blanc & fort, pour en bien exprimer tout le jus ; pour ce, vous les pafferez bien fort, vous clarifierez votre jus en le faifant paffer à la chauffe, & lorfqu'il fera clair fin, vous y mettrez autant d'eau que vous aurez de jus, parce que le fruit tout feul de ce jus deviendroit gelé, au lieu d'être fimplement firop : vous mettrez votre fucre enfuite dans ce jus mêlangé avec de l'eau. Si vous employez du fucre, vous clarifierez tout enfemble fur le feu. Si c'eft de la caffonnade que vous employez, vous commencerez votre firop à l'eau fimple avec la caffonnade, & le clarifierez à fond, avant que de mettre votre jus, fans être mêlé d'eau, dans votre firop fimplement clarifié, qui fera une nouvelle écume, que vous mettrez à part. Cette écume n'étant pas mauvaise, vous la mettrez égoutter dans un tamis, & vous mettrez ce qui sera égoutté dans votre sirop; vous ferez cuire votre sucre à propos dans une poële à confiture; & quand il sera comme il doit être, vous le retirerez du feu, & le laisserez refroidir pour le mettre en bouteille.

Voilà la façon de faire le sirop de groseille: nous donnons tous ces Chapitres abrégés; mais aussi rien ne s'en doit négliger. Il faut à ce sirop une très-grande attention, sans quoi vous pourriez bien le manquer; ce qui ne laisse pas d'arriver fort souvent à ceux qui se croient supérieurs aux regles, & cherchent de nouvelles méthodes. Ce Chapitre doit être suivi exactement, toutes les parties en sont essentielles. Il faut que ce sirop soit très-épais, & cependant il ne faut pas qu'il fige.

Recette pour quatre pintes de sirop de groseille.

Pour faire quatre pintes de ce sirop, vous prendrez sept livres de sucre, deux pintes & demie d'eau, deux pintes de jus de groseille, ensuite vous clarifierez votre sirop avec des blancs d'œufs à l'ordinaire. Il faut, pour le mieux, mettre avec le jus de groseille, un quart de jus de framboise.

CHAPITRE CXXVIII.

Le sirop de Violette.

DE toutes les fleurs dont on peut faire des sirops, telle que la fleur d'orange & autres, il n'y en a pas de plus en usage, ni de meilleure pour cet emploi, que la violette. Ce sirop est particulier par sa façon & par sa couleur, qui est d'un beau violet foncé, le seul de tous les sirops qui ait cette couleur: il conserve la suavité

de son odeur, & on s'en sert pour plusieurs remedes ; mais ce sirop est très-difficile à faire.
Il faut prendre la violette, qui vient au commencement du Printemps, c'est toujours la meilleure à employer. Il ne faut se servir que de la
simple ; la double n'est bonne que pour en extraire la couleur. Il faut la prendre dans le temps
le plus chaud & le plus sec de la saison ; vous
l'éplucherez, ôterez le verd, & mettrez infuser les feuilles de cette fleur dans un pot, avec
un peu d'eau sur la cendre chaude ; mais il faut
bien prendre garde que votre infusion ne bouille,
parce que la couleur deviendroit verte ; ainsi vous
aurez soin de bien ménager le feu, pour faire
cette infusion.

Lorsque vous aurez préparé votre infusion,
ainsi que nous venons de dire, vous la passerez
dans un tamis, & ferez ensuite votre sirop à
casser, prêt à candir ; & lorsque votre sirop sera
fait, & parfait, vous l'ôterez de dessus le feu,
& le passerez au tamis, que vous mettrez sur
un bassin où vous aurez mis votre infusion,
afin que le sirop passant à travers le tamis, tombe
dans l'infusion. Aussi-tôt que le sirop sera passé
par le tamis, & mêlé avec l'infusion, vous remuerez bien ce mélange, jusqu'à ce que le sirop & l'infusion soient parfaitement incorporés
l'un dans l'autre ; & quand le tout sera froid,
vous le mettrez en bouteille. Il faut observer
qu'il ne faut pas laisser refroidir l'infusion aux
fleurs pour y mettre le sirop, parce qu'en passant par le tamis, & tombant dans l'infusion
froide, il se figeroit sur l'infusion, attendu que
ce sirop est prêt à candir lorsque vous le retirerez du feu ; & en conservant la chaleur de l'infusion, votre sirop se mêlera plus facilement.

Ce sirop est très-agréable à prendre avec le
thé, & si on s'en sert rarement, c'est parce

qu'il eſt très-coûteux.. Le prix que l'on eſt obligé de le vendre, fait que la conſommation n'eſt point avantageuſe au Diſtillateur. Je dois recommander extrêmement d'attention pour ce ſirop, parce que faute d'attention à l'infuſion ou au ſirop, une infinité de perſonnes le manquent ; & le ſeul moyen d'éviter ce mal, qui fait une perte, eſt de ſuivre exactement & de tout point ce qui eſt dit dans ce Chapitre. Pour ce qui regarde la violette, vous lirez ce que nous en avons dit à la partie de fleurs, où nous avons expliqué tout ce qui regarde cette fleur.

Recette pour quatre pintes de ſirop de Violette.

Pour faire quatre pintes de ce ſirop, vous employerez ſept livres de ſucre, quatre pintes d'eau, trois ou quatre œufs, pour clarifier, & deux livres de fleurs de violette, & que ces deux livres ne fourniſſent qu'une pinte de décoction. Si elles fourniſſoient davantage, le ſirop ne ſeroit pas aſſez épais, & il pourroit fermenter., comme il arrive ſouvent, faute d'obſerver les regles ci-deſſus, qui ſont cependant d'une grande conſéquence, à cauſe que ce ſirop eſt pour les remedes.

CHAPITRE CXXIX.

Sur tous les ſirops.

LEs différens ſirops dont nous venons de donner les recettes, ſuffiſent pour mettre nos Lecteurs à même de faire tous les ſirops qu'on peut faire, en ſuivant avec attention pour chaque eſpece, le Chapitre qui traite de celle qu'on ſe propoſe de faire, & on fera toujours bien. Le ſirop d'orgeat ſuffit pour l'inſtruction générale de tout ceux qu'on peut faire des fruits-à coque, des graines & ſemences froides. Le ſirop de capillaire eſt la regle de ceux qu'on peut faire de tous les vulnéraires. Celui de groseille met au fait de la façon de faire tous ces fruits rouges, comme la mûre, la griotte, la grenade, & autres, &c. Le sirop de limon indique la façon d'employer les fruits à écorce dans cette partie, comme la bigarrade, la bergamote, le cédrat & l'orange de Portugal ; de sorte que, dans tous les cas, vous avez une méthode servant de regle pour tous ceux de cette espece, & l'un de ces fruit fait regle pour tous les autres dans les matieres de même espece.

Si vous voulez faire quelque sirop de fleurs blanches, vous ferez une infusion, qui vous tienne lieu de décoction, c'est-à-dire, vous prendrez vos fleurs, que vous ferez bouillir dans de l'eau, dans laquelle vous ferez votre sirop, après avoir passé ladite décoction, ou infusion, par le tamis.

Si vous voulez extraire la couleur de certaines fleurs, vous ferez comme pour le sirop de violette. Nous avons dit qu'on la faisoit infuser à chaud, c'est-à-dire, sur des cendres chaudes, ou petit feu bien couvert, & vous ferez toujours sûr de réussir, & de dépouiller parfaitement les fleurs de leur couleur, & même de leur parfum, en observant ce point. Si vous faites du sirop d'œillet, vous tirerez votre couleur à grande eau, & ferez votre sirop avec cette décoction.

Si vous faites des sirops de racine, comme celui de guimauve & autres, vous raclerez & laverez vos racines, les fendrez, & les ferez bouillir, & l'eau qui aura servi à faire cette coction, vous servira pour faire votre sirop, quand vous l'aurez passé au tamis.

Ces sortes de sirops ne font pas d'un grand usage pour le goût précisément ; mais il est bon de les savoir faire, parce qu'ils sont remedes. Sur la partie la plus facile, à un homme

qui a quelque pratique, rien n'eſt recetté en
cette partie, parce que, dans le même ſirop,
les uns le veulent plus fort en fruit, racine,
vulnéraire, fleurs ou amandes, que d'autres;
mais la cuiſſon eſt le ſeul véritable point à attraper : le jugement & beaucoup de pratique,
ſont pour ce point les ſeules recettes.

CHAPITRE CXXX.

Sur les Infuſions.

L'Infuſion, par laquelle nous terminons le
préſent Traité, a cependant précédé la Diſtillation. Nos perés, qui ignoroient la Diſtillation, s'étoient d'abord ſervis de l'infuſion ; elle
venoit la premiere à l'eſprit, ſans étude &
ſans art. Le vulgaire de nos jours ſe ſert encore des infuſions ; cependant, d'elle à la Diſtillation, quelle prodigieuſe différence pour la
beauté, le goût, & même le profit ! Cependant, quelque ſupérieure que ſoit la Diſtillation à l'infuſion, un Diſtillateur ne peut pas
l'abandonner abſolument ; il lui eſt extrêmement
utile de la connoître, & de ſavoir la pratiquer
dans une infinité de circonſtances, & ce, pour
beaucoup de raiſons. La premiere eſt, qu'il
faut contenter pluſieurs perſonnes qui ſont très-
perſuadées, & auxquelles on n'ôtera jamais de
l'eſprit, que tout ce qui eſt paſſé à l'Alambic
eſt préjudiciable à la ſanté. En ſecond lieu,
c'eſt qu'elle fait la plus grande partie de la
ſcience même des Diſtillateurs d'à-préſent, &
qu'il ſeroit honteux d'être en défaut ſur la partie la plus inférieure de cet art, vis-à-vis de
gens qui n'ont de connoiſſance du métier que

cette feule , & parce qu'elle eft celle de prefque tout le monde. Troifiémement , c'eft qu'elle
eft d'une reffource infinie dans les endroits où
l'on n'a pas des inftrumens pour diftiller. Enfin,
pour être en état de faire tout ce qui ne peut
paffer à l'Alambic , fans dommage , & pour lequel il faut néceffairement avoir recours à
l'infufion.

Ce qu'on entend par infufion , c'eft une
boiffon qui a pris le goût ou la couleur de
ce qu'on juge à propos d'y faire infufer.

On fait de plufieurs fortes d'infufions à l'eau
pour les firops & remedes. On en fait au vin ,
pour remede auffi. A l'eau-de-vie & à l'efprit
de vin pour des liqueurs & ratafias.

On met donc la recette dans un vaiffeau
qu'on bouche bien : on pulvérife lefdites recettes , ou on les laiffe dans leur entier , comme
fi on les vouloit diftiller , & on les remue tous
les deux ou trois jours , pendant quinze jours,
un mois , fix femaines , ou deux mois , après
lequel temps , on les tire doucement , jufqu'à
ce que le marc demeure à fec ; & enfuite vous
les mêlerez avec le firop préparé à cet effet,
qui n'affoibliffe point votre infufion , & après
on paffe le tout à la chauffe. Il eft des infufions plus promptes ; il y en a de huit jours,
telles font les infufions ou digeftions d'épices :
d'autres de vingt-quatre heures , comme feroient celles faites pour dépouiller les fleurs
de leurs couleurs , & autres dont nous avons
parlé dans plufieurs endroits de ce Traité. On
fait à l'eau-de-vie des infufions des plantes aromatiques ; cet ufage eft commun parmi les
bourgeois. On expofoit autrefois les infufions
au foleil ; d'autres les mettoient fur le feu :
quelques perfonnes en font encore de cette façon ; mais elles ne favent pas que le feu qui pouffe

l'infusion, lui donne un goût étranger, & diminue les esprits. Pour faire les infusions en général, il faut les placer dans les endroits bien frais, excepté quelques cas, comme ceux d'extraire les couleurs des fleurs, & quelques autres. Nous avons donné assez de recettes d'infusion, pour que nos Lecteurs ne doivent point être embarrassés, & assez de regle de conduite pour les mettre à même de ne pas se tromper.

FIN.

TABLE

DES CHAPITRES.

TABLE

TABLE

LXXV·

Q

DES CHAPITRES.

Fin de la Table.